U0306477

花生抗逆 栽培理论与技术

万书波 李新国 等 编著

中国农业科学技术出版社

图书在版编目（CIP）数据

花生抗逆栽培理论与技术／万书波等编著 . —北京：中国农业科学技术出版社，2018.11

ISBN 978-7-5116-3918-9

Ⅰ . ①花… Ⅱ . ①万… Ⅲ . ①花生–抗逆品种–栽培技术 Ⅳ . ①S565.2

中国版本图书馆 CIP 数据核字（2018）第 253870 号

责任编辑　白姗姗
责任校对　贾海霞

出 版 者　中国农业科学技术出版社
　　　　　北京市中关村南大街 12 号　邮编：100081
电　　话　（010）82106638（编辑室）　（010）82109702（发行部）
　　　　　（010）82109709（读者服务部）
传　　真　（010）82106650
网　　址　http://www.castp.cn
经 销 者　各地新华书店
印 刷 者　北京建宏印刷有限公司
开　　本　787mm×1 092mm　1/16
印　　张　16.75　彩插　8 面
字　　数　400 千字
版　　次　2018 年 11 月第 1 版　2018 年 11 月第 1 次印刷
定　　价　198.00 元

《花生抗逆栽培理论与技术》
编著名单

主 编 著：万书波　李新国

编著人员：(按姓氏拼音排序)

崔　利	耿　耘	郭　峰	李　林
李庆凯	刘登望	孟静静	唐朝辉
王建国	吴正锋	杨　莎	张佳蕾
张　正	张智猛	赵海军	赵红军

作者介绍

万书波，男，1962年10月生，山东省栖霞市人，中共党员，研究员，博士生导师。1982年7月莱阳农学院农学专业本科毕业，获学士学位。历任山东省花生研究所栽培生理研究室副主任、科研办公室主任、所长助理、副所长、所长、所党委书记、山东省农业科学院副院长等职务。现任山东省农业科学院院长、党委副书记，农业部食品质量监督检验测试中心（济南）主任，山东省作物遗传改良与生态生理重点实验室主任，农业部花生产业技术体系岗位科学家。

主要社会兼职：联合国开发计划署南南合作专家委员会专家，农业部第九届科学技术委员会委员，农业部主要农作物生产全程机械化推进行动专家组成员，中国农业科学院第八届学术委员会委员，中国作物学会第九届、第十届理事会常务理事，山东省高层次人才发展促进会副会长，山东省农业专家顾问团副团长兼花生分团团长，山东省科学技术协会第八届委员会副主席，山东农学会理事长，山东大学、湖南农业大学博士生导师等。

长期从事花生栽培生理研究和科研管理工作。"十五"以来，主持承担了农业部"948"计划"出口创汇花生种质及安全生产关键技术引进"、国家"十五"科技攻关计划"粮食主产区主要经济作物（花生）增效技术研究"、UNDP援助计划"在WTO框架内提高中国农产品加工能力建设"、国家"十一五"科技支撑计划重大项目"花生优质安全增效关键技术研究与示范"、国际合作计划"花生染色质免疫共沉淀—高通量测序技术引进"、国家自然科学基金、农业部花生产业技术体系岗位、山东省农业良种工程等重大研究和平台建设项目20余项。

获国家及省部级等科技成果19项，其中"花生品质生理生态与标准化优质栽培技术体系""花生高产高效栽培技术体系建立与应用"和"花生千斤高产栽培技术及其规律的研究"获国家科技进步二等奖，"花生产业标准化技术体系建立与应用"获山东省科技进步一等奖，"花生安全生产关键技术研究与应用"获山东省科技进步二等奖，"一种夏玉米夏花生间作种植方法"获第二届山东省专利奖二等奖，"花生品质评价及标准指标体系的建立"获中华农业科技奖二等奖，"出口创汇型花生种质及安全生产技术引进"获中华农业科技奖三等奖，"花生连作障碍及其对策研究"获山东省科技进步二等奖，"花生氮素化肥经济施用技术的研究"获农业部科技进步三等奖，"山东省50万亩小麦花生两熟高产更高产技术开发试验"获山东省科技进步三等奖，"花生高产、超高产生育规律及关键技术研究与应用"获青岛市科学技术奖等。

此外，领衔的"花生栽培与生理生态创新团队"获2016—2017年度神农中华农业科技奖优秀创新团队奖。2001年被评为全国农业科技先进工作者，被山东省人民政府记一等功。2009年被评为山东省先进工作者。2016年获第六届中国作物学会科技成就奖。

主编、参编学术专著、科普著作 20 部；在国内外刊物上发表学术论文 190 余篇，其中 SCI 论文近 20 篇；授权发明专利 25 项（首位 6 项）；主持和参与制定行业标准 22 项（首位 17 项）、省级标准 47 项（首位 20 项）。主编的《中国花生栽培学》被列为"十五"国家重点出版图书，获得第十四届中国图书奖；撰写的《花生品质栽培理论与调控技术》《花生产业经济学》《花生品种改良与高产优质栽培》《麦油两熟制花生高产栽培理论与技术》等著作对促进我国农业科技进步和花生产业的发展发挥了重要作用。

序　言

花生是我国重要的油料作物和经济作物，也是传统的出口创汇农产品。改革开放以来，我国花生生产和科研均得到了快速发展，取得了前所未有的成就。目前，我国花生种植面积居世界第二，但总产、出口均居世界第一位。中国统计年鉴显示，2016 年我国花生种植面积达到 472.7 万 hm²，单产为 3 657kg/hm²，总产达到 1 729万 t。随着国家种植业结构调整，花生面积有扩大的趋势，据有关部门预测，2018 年全国花生种植面积已达到 520 万 hm²，总产量突破 1 900万 t。花生产业为我国经济发展、保障植物油供给和增加农民收入作出了重要贡献。

由于我国耕地面积有限，人口众多，食用植物油需求量巨大，食用油脂供需矛盾日益突出。多年来，我国一直把提高花生产量作为主攻目标，虽然山东、河南、安徽、新疆等部分省（自治区）单产水平已与美国相当或超过美国，但全国平均单产与美国差距较大，提升的空间很大。但一直以来，花生相当大的面积分布在瘠薄地块，常常遭受干旱、渍涝、盐碱、土壤酸化等影响，在花生抗逆高产栽培方面缺乏系统深入研究，影响了花生单产水平提高。为此，探索花生抗逆高产栽培理论、研究逆境高产技术，对于提高花生单产、缓解食用油供需矛盾和增强我国花生产业国际竞争力具有重要意义。

为此，山东省农业科学院万书波研究员针对我国花生生产中存在的重大问题，从提高花生单产、扩大花生面积着想，提出了解决这些问题的思路，带领他的研究团队历经多年开展了花生抗逆高产栽培研究，并进行了长期的生产试验与实践，取得了较为理想的效果。在此基础上，万书波研究员带领团队编著完成了《花生抗逆栽培理论与技术》一书，凝聚了他本人和团队成员大量心血，丰富了作物栽培学科。

该书以理论探索为主线，以生产应用为目标，以试验研究为依据，文字深入浅出，理论与实践结合，内容新颖，有较强的适用性，可供广大农业科研人员、农业院校师生以及花生种植者等有关人员学习、参考。该书的出版对促进花生栽培学科的发展、提高国际竞争力、保障花生产业的健康发展等方面具有重要推动作用。

中国工程院院士
河南省农业科学院院长

前　言

我国人口众多，食用植物油需求量巨大，有统计表明，国内人均食用植物油消耗量从 2008 年的 20.7kg 上升到 2016 年的 24kg，每年呈现增长态势，国内油料油脂的总产量却越来越不能满足需要。有资料显示，2015—2016 年度，我国食用油的消费总量为 3 426.5 万 t，利用国产油料（除大豆、花生、芝麻和葵花籽 4 种油料部分直接食用外）的榨油量为 1 105.5 万 t，国产食用油自给率不足 35%，这就意味着我国 2/3 的食用油需要依赖进口；2017 年我国植物油以及油籽进口量均大幅增加，植物油总进口（含油料折油）达到 2 770 万 t，巨大的社会需求为我国油料产业发展提供了新的机遇。

花生是我国主要的油料作物、经济作物和出口创汇作物，在油料作物中种植面积位居第二位，仅次于油菜，但总产、单产均居第一位，是我国重要的食用植物油来源之一，在保障我国油脂安全、提高人民健康水平、增加农民收入、促进农业种植业结构调整等方面具有举足轻重的地位。因此，扩大花生面积、提高花生单产对保障我国油脂供给意义重大。一直以来，花生多数种植在瘠薄地块，常常遭受干旱、渍涝、盐碱、土壤酸化等影响，但在花生抗逆高产栽培方面缺乏系统深入研究，影响了花生生产潜力发挥。

作者及其团队依据花生自身生物学特性，在充分总结已有研究、分析我国花生产业发展趋势的基础上，自 20 世纪末开始研究花生抗逆高产栽培理论与技术，先后得到多项国家项目支持：2001 年山东省花生研究所与山东农业大学和青岛农业大学（原莱阳农学院）等单位承担了国家科技攻关计划"花生优质高效生产技术研究与示范"（2001BA507A-07），2006 年山东省农业科学院与山东农业大学、青岛农业大学和青岛万农达花生机械有限公司等单位承担了国家科技支撑计划"花生优质安全增效生产技术研究与示范"（2006BAD21B04），2009 年山东省农业科学院、山东农业大学、青岛农业大学、湖南农业大学和青岛万农达花生机械有限公司等单位共同承担了国家科技支撑计划"花生抗逆与节本增效关键技术研究与应用"（2009BADA8B03），2014 年山东省农业科学院与山东农业大学、青岛农业大学、湖南农业大学、河南省农业科学院和青岛万农达花生机械有限公司等单位承担了国家科技支撑计划"花生高产高效关键技术研究与示范"（2014BAD11B04）。以限制花生产量提高的主要逆境因子为对象，以明确逆境胁迫机理、创建生产调控技术为主要研究目标，对花生抗逆高产栽培技术体系进行了系统研究，并编著完成了该书。

本书共分十章，第一章概括了花生生产现状；第二章针对花生逆境胁迫进行了阐释；第三章阐述了弱光逆境胁迫响应机制；第四章从钙元素及钙离子信号参与的花生抗逆关系和分子机制进行了分析；第五、六章分析了非生物逆境胁迫机制及栽培配套措施；第七、八章围绕单粒精播理论与技术进行了阐述；第九章介绍了花生抗逆鉴定评价体系；第十章介绍了抗逆高产栽培技术体系。

中国工程院张新友院士欣然为本书作序，是对我们工作的极大支持与肯定，在此向张院士致以真诚的感谢。在研究过程中，除得到国家科技支撑（攻关）计划的支持外，还得到了山东省农业农村专家顾问团、国家花生产业技术体系［2008—2010 年（NYCYTX-19）、2011—2015 年（CARS-14）、2016—2020 年（CARS-13）］、国家自然科学基金（31571581、31571605）、山东省农业重大应用技术创新课题、山东省现代农业产业技术体系花生创新团队、山东省农业科学院科技创新工程等项目和工程的资助，在此一并致谢。

本书突出理论与实践相结合，内容丰富，力求文字深入浅出，通俗易懂，可供广大农业科研人员、农业院校师生、农技推广人员以及广大花生种植者等有关人员参考。

由于我国花生种植范围广，南北方气候及生态条件差异大并且复杂，种植制度多样，所以影响花生生长发育的逆境条件众多，需要研究的内容还较多；加之编著时间仓促以及编写人员水平、研究条件所限，疏漏之处在所难免，恳请广大读者和同仁指正。该学科发展需要广大科技工作者积极参与、继续深入研究，相信在大家的共同努力下，花生抗逆栽培理论与技术将会不断发展。

万书波
2018 年 10 月 30 日于山东省农业科学院
E-mail：wansb@saas.ac.cn

目　　录

第一章 花生生产现状

第一节 花生在国民经济中的地位

花生是我国传统的油料作物和经济作物。目前，中国花生种植面积居世界第二位，而总产量和出口量均已居世界第一位。2016 年，花生种植面积达到 473 万 hm^2*，单产为 3 657kg/hm^2，总产量达到 1 728.98 万 t（数据来源：中国种植业信息网农作物数据库）。我国花生及其制品常年出口量为 50 万~70 万 t，创汇达 6 亿~8 亿美元，占世界花生出口市场份额的 1/3 以上（数据来源：国家统计局）。花生产业的发展在保障我国油脂安全、出口创汇、农民增收、经济增长等方面具有举足轻重的地位（万书波，2003）。

一、重要的经济作物及食、油兼用作物

花生是一种商品率很高的经济作物，综合加工利用增值效果明显。花生用途广泛，既可以食用、油用，又可以出口创汇，是促进我国农业可持续发展的主导因素之一（万书波，2010）。相同生产条件下，种植花生与其他作物相比，投资小，比较效益高，还可以改良土壤，增加茬作物产量（范映珍等，2010）。花生抗旱耐贫瘠，适应性强，在条件差的丘陵旱薄地，种植玉米等作物产量很低，而种植花生则能取得一定或较好收成。近年来，随着花生科技的进步和生产水平的提高，花生单位面积产量不断增加，种植花生的经济效益大幅提高，成为农民致富的一条重要途径（万书波，2009b）。

花生籽仁中含有丰富的脂肪和蛋白质，具有很高的营养价值和经济价值。花生蛋白质主要以花生球朊和伴花生朊的形式存在，含氮量约为 18.3%，高于一般作物蛋白质含量。花生蛋白质易被人体吸收利用，消化系数可达 90%。花生蛋白质内人体必需氨基酸的含量比较平衡，且富含核黄素、烟碱酸和维生素 E 等，都是重要的营养成分（万书波，2007）。近十年来，我国花生蛋白开发利用取得了较大的发展，各类花生蛋白粉的制造工艺为花生蛋白质的利用提供了多条途径和渠道，扩大了花生蛋白的利用范围（张宇昊等，2005；张倩等，2017；马铁铮等，2017）。当今，在世界蛋白质缺乏日趋严重的情况下，花生作为重要的植物蛋白质，对改善国人食物结构、促进加工业发展方面发挥着重要的作用（王强，2013）。

花生含油量高，粗脂肪含量 38%~60%。自 20 世纪 70 年代以来，我国所产花生 29%用于食用，50%以上用于榨油，是我国人民日常的主要食用油源（周雪松等，

---

* 1hm^2 = 15 亩，1 亩 ≈ 667m^2，全书同

2004）。花生油气味清香，滋味纯正，是人们喜爱的优质食用油。花生油约含饱和脂肪酸 20%，不饱和脂肪酸 80%，可基本满足人体的生理需要（顾黎，2007）。油酸和亚油酸可调节人体生理机能，促进生长发育，对预防成年人胆固醇上升、婴幼儿亚麻酸缺乏症、老年性白内障等均有显著功效。花生油中除含有对人体健康具有重要价值的脂肪酸外，还含有植物固醇和磷脂等。长期食用花生油对人体健康非常有益（徐贵发等，2004）。

二、重要的工业原料型农作物

世界花生生产是随其榨油业的兴起和发展而发展的，花生工业是继大豆之后的又一新兴工业，在国民经济发展中占有突出的地位（万书波，2003）。

花生仁具有较高的营养价值和特殊的香气与口味以及耐咀嚼质地，是食品工业良好的原料。利用花生可直接生产烤花生、油炸花生仁、花生糖果、花生糕点、花生酱等花生制品；花生和花生酱作为原料和添加料可制成上百种花生糖，如花生牛轧糖、花生板糖、花生酥心糖、奶油花生糖和花生酥等（赵志强，1996）；花生油可用于制造人造奶油、起酥油、色拉油、调和油等，还可以用作制造肥皂、去垢剂、雪花膏、洗发液和其他化妆的基质（周瑞宝，2003）；脱脂或半脱脂的花生可加工成花生蛋白粉、组织蛋白、分离蛋白、浓缩蛋白，这些蛋白粉是食品工业重要的原料，既可直接用于制作焙烤食品，也可与其他动植物蛋白混合制作肉制品、乳制品和糖果等（贾丽娇，2011）；以花生蛋白粉作为原料、添加剂或强化剂的食品，既能提高食品的营养价值，又能改善食品的功能特性（邢本鑫等，2009）。如美国在面食中添加 10%~30% 的花生蛋白粉，提高了面类食品的营养价值。我国的面条中添加 10%~15% 的花生蛋白粉，提高了面条蛋白质的含量和耐煮性。

花生壳中含蛋白质 4.8%~7.2%、脂肪 1.2%~2.8%、可溶性碳水化合物 10.6%~21.2%、淀粉 0.7%、半纤维素 10.1%、粗纤维 65.7%~79.3%、灰分 1.9%~4.6%，是制取食用纤维和制作酱油的良好原料，每 100kg 花生壳可产乙级酱油 150kg，酱油成本可降低 30%~40%（武秀琴等，2008）。花生茎叶、果壳、种皮、籽仁都具有较高的药用价值，既可以直接药用，也可以作为制药原料。花生壳经干馏、水解后，可制取醋酸、糠醛、活性炭、丙酮、甲醛等十余种工业产品（杨莉等，2008）。花生籽仁有补脾润肺、补中益气、开胃健脾的作用，生食有减轻或延缓痔疮的明显效果。花生种皮内富含丹宁，是治疗血小板减少症的药品——血宁的主要原料。

三、传统的出口创汇型农产品

我国花生品质优良，在国际市场上享有盛名，尤其是山东生产的大粒花生，以颗粒肥大、色泽鲜艳、清脆香甜、无黄曲霉素而著称于世，在国际市场上具有较强的竞争力，畅销许多国家。自 20 世纪 80 年代以来，我国花生出口贸易量逐年稳步趋升。到 21 世纪初，我国加入 WTO 后，随出口环境的不断改善，出口数量和创汇额大幅增长。花生出口产品结构也由以原料为主向向以原料和花生制品并重的方向发展与转变，从原来单纯出口花生仁、花生果，发展到目前出口筛选分级仁、原料果、烤果、乳白（脱衣）花生、花生酱及其他花生制成品等多个品种（万书波，2010）。

我国出口花生主要以普通型、珍珠豆型和中间型大粒种为主，多粒型花生出口量较少。花生及其制品作为我国传统出口商品，不只是为国家赚得了大量外汇，由于花生出口的拉动作用，带动了一大批花生加工出口企业的发展（周朋朋和蒸晓明，2017）。以主要出口省份山东为例，花生主要生产县（市）莒南、文登、荣成、平度、莱西等具有大大小小的花生加工厂上百家，参与花生加工出口人员上百万人，以花生的生产、流通、加工和贸易为主要内容的花生产业已成为这些县（市）的农业支柱产业，在农产品加工增值、延长产业链条、促进农村经济发展、增加农业人口就业等方面发挥了重要作用（赵明明和赵红娟，2018）。

四、重要的营养保健功能

花生及其制品富含不饱和脂肪酸、植物固醇、白藜芦醇、维生素 E 和维生素 C、叶酸等植物活性物质，具有滋补益寿之功和很多药疗功效，对促进健康、预防疾病十分有益，被人们称为"长寿果"（万书波，2007）。据《本草纲目》记载："花生悦脾和胃，润肺化痰，滋养补气，清咽止痒"。明朝兰茂所著《滇南本草》载："花生盐水煮食治肺痨，炒用灶火行血，治腹内冷积肚疼"。《药性考》载："本品炒熟食用胃醒脾，滑肠润燥"。花生适用于治疗营养不良、脾胃失调、各种贫血、咳嗽喘痰、肠躁便秘、乳汁缺乏等症。

花生油中含有的不饱和脂肪酸可使人体内胆固醇分解为胆汁酸排出体外，避免胆固醇在体内沉积，减少胆固醇在血液内的含量过高而引发多种心脑血管疾病的发生率，适宜于动脉硬化、冠心病、高血压等心脑血管病人食用（曹明明，2003）。花生中丰富的脂肪油可起到润肺止咳的作用，常用于久咳气喘、咯痰带血等病症。花生衣中含有油脂和多种维生素，并含有使凝血时间缩短的物质，能对抗纤维蛋白的溶解，有促进骨髓制造血小板的功能，对多种出血性疾病，不但有止血的作用，而且对原发病有一定的治疗作用，对人体造血功能有益（严君，2011）。

花生中的锌元素含量普遍高于其他油料作物。锌是人体不可缺少的微量元素，可促进儿童大脑发育，增强大脑的记忆功能，可激活中老年人脑细胞，有效地延缓人体过早衰老，具有抗老化作用；花生中还含有丰富的钙元素，钙可促进儿童骨骼发育，并有防止老年人骨骼退行性病变发生；花生中丰富的 β-谷固醇可养心防癌（万书波，2007）。花生、花生油中富含的植物固醇可通过多条途径防治癌症。美国科学家在花生中发现了大量的白藜芦醇，且花生根系中白藜芦醇的含量是葡萄酒的 10 倍甚至数百倍。白藜芦醇是一种具有广泛保健功能的成分，主要有降脂、消炎、抑癌和治疗冠心病的作用（刘兆平和霍军生，2002）。我国从花生根中提取了白藜芦醇药物，从 20 世纪 60 年代至今，我国研究白藜芦醇的工作进展非常迅速，对于治疗心血管疾病、抗癌等方面有重大意义。花生中的叶酸含量也很高，孕妇补充叶酸可防止新生儿畸形。花生中还含有一般杂粮少有的胆碱、卵磷脂，可促进人体的新陈代谢、增强记忆力及神经系统的作用（严君，2011）。

五、在农业种植结构中发挥重要作用

花生属豆科植物，与其共生的根瘤菌固氮能力较强。应用^{15}N标记测定，在中等肥力沙壤土上，根瘤菌固氮率为50%~60%（张思苏等，1988）。每公顷产7 500kg荚果的花生田，根瘤菌固定的氮素1 125~1 350kg。这些氮素约有2/3供当季花生自身需求，其余1/3遗留在土壤中，相当于亩施20~25kg标准氮肥，有利于后茬作物生长。花生根系发达，主根可深扎入土层2m以上，根系分泌的有机酸可将土中难溶性磷释放出来，具有活化土壤磷的作用（章爱群等，2008）。加之花生所具有的抗旱、耐瘠、耐酸等特性，因此，花生可作为新整地、新垦田、新造田的先锋作物。花生与粮食作物轮作，既可减轻病虫草害的发生，也能减少环境污染和土壤侵蚀，提高后作产量的作用。

当前，我国人口、土地资源等制约社会经济发展的矛盾在农业中显得尤为突出，如何利用有限的土地资源生产更多的农产品成了普遍关注的问题。利用花生生长特点和生育特性改革耕作栽培制度，实现花生与其他作物间作套种，是充分利用有限的土地、解决粮油争地矛盾、争取粮油双丰收的有效途径（颜石和杨琨，2015）。花生植株较矮，株高一般50cm左右，中、早熟品种生育期较短，春播120~145d，夏直播90~130d，适宜于小麦、玉米、果树、瓜菜等作物实行间作套种（万书波，2003）。麦套花生是北方花生产区的主要套种方式（王伟，2012），较纯种一季花生每公顷可增收小麦3 000~4 500kg，花生略有减产，但每公顷可增收3 000多元，比小麦和玉米两季每公顷增收4 500~6 000元，经济效益十分显著。玉米和花生间作是黄淮海平原一种重要的种植方式，可发挥玉米边际效应和花生生物固氮双重优势，充分利用光热资源和改善土壤生态环境的自然功能，在实现玉米稳产高产的同时，每亩增收花生150kg以上，缓解了粮油争地矛盾（夏海勇等，2015；孟维伟等，2016）。另外，通过发挥复合种植模式，较好解决了小麦—玉米单一种植模式造成的土壤板结、地力下降以及化肥农药使用量较多等问题。

第二节 国际花生生产现状

一、花生生产国际现状分析

花生是世界上最重要的油料作物之一，在世界油脂生产中具有举足轻重的地位。近年来，世界花生生产有了较大发展，花生的单位面积产量、总产、贸易量增长显著，花生生产目的与贸易格局发生了较大变化，花生科技有了较大发展。随着世界人口的不断增加和人们生活水平的日益提高，人类对富含脂肪和蛋白质的花生需求日益增加，世界花生生产、贸易、科技都将持续发展并得到提高。

（一）生产现状

世界花生收获面积维持在2 300万hm²左右，自20世纪90年代以来，世界花生收获面积持续增长，2004年突破2 600万hm²，创历史最高纪录，以后面积有所下降，

2007—2011 年全球花生播种面积平均为 2 330万 hm²；近几年全球花生面积稳步增长，2016 年达到 2 540万 hm²。世界花生基本上分布于亚洲、非洲和美洲，分别占世界花生种植面积的 47%、49% 和 4% 左右；欧洲和大洋洲仅零星种植，没有形成规模化生产。自 20 世纪 90 年代以来，美洲种植面积较 80 年代略有下降，非洲略有增加，亚洲增加较多。而亚洲面积的增加又主要是中国。发展中国国家占全球花生种植面积的 90% 以上（数据来源：国家统计局）。

世界花生产量总体呈现上升趋势，2001 年首次超过 3.50×10^7 t，2002—2009 年稳定在 3.30×10^7 t 以上，2010 年首次超过 4.27×10^7 t，创历史新高。2011—2014 年基本稳定在 4.0×10^7 t 左右（图 1-1）。由于世界花生种植主要集中在亚洲、非洲、美洲，因而世界花生产量主要集中于上述地区。亚洲花生产量与世界花生总产增加趋势一致，约占世界花生总产的 65.8%，由此也可以看出亚洲花生产量对世界花生总产的贡献。非洲花生产量也呈现持续增长态势，约占全球产量的 25.8%。美洲花生产量波动较大，占全球产量的 8.3%。欧洲和大洋洲花生总产占世界总产很少，仅为全球产量的 0.1% 左右（数据来源：FAO，2000—2014）。

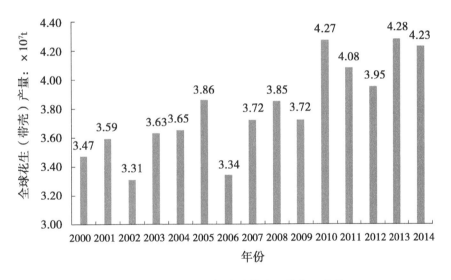

图 1-1 2000—2014 年全球花生（带壳）产量

（数据来源：FAO，2000—2014）

（二）贸易现状

世界花生的贸易十分活跃，进出口贸易数量较大。花生的贸易分油用和食用两种。2012—2016 年花生油的世界贸易量平均每年约为 45.2×10^7 kg，中国、欧盟和美国是主要的花生油进口国家和地区，2016 年，中国花生油进口量为 13 万 t，占全球花生油进口总量的 52%，欧盟花生油进口量为 7 万 t，占全球花生油总进口量的 26%，美国花生油进口量为 3 万 t，占全球花生油进口总量的 12%。同时，中国、欧盟和美国是出口花生油的主要国家和地区，据统计，2016 年，中国的花生油出口量为 13.0 万 t，占全球花生油总出口量的 50.0%，欧盟的花生油出口量为 6.5 万 t，占全球花生油总出口量的 25.0%，美国的花生油出口量为 2.9 万 t，占全球花生油总出口量的 11.2%（数据来源：USDA、中商产业研究院整理）。

国际贸易中的花生主要是食用花生，贸易量每年约为 $120×10^7$kg，世界食用花生出口集中在少数几个国家。过去几十年中，花生贸易大国的市场份额也发生了剧烈变化。20 世纪 60 年代，尼日利亚出口量占世界第一位，约 $50×10^7$kg；塞内加尔占第二位；70 年代，由于美国"兰娜"型花生品种的育成推广，因品质好，风味佳，出口量取代尼日利亚而居世界首位，称雄于世界食用花生市场。20 世纪 80 年代前，美国花生在国际市场上一枝独秀，中国、阿根廷后来居上，形成三足鼎立的格局，市场份额大幅度提高，特别是中国从 1986 年开始花生出口量一直占据世界第一位。目前中国、美国、阿根廷三国分列世界花生产品出口前 3 名，三国花生出口量占世界总出口量的 65%左右，角逐世界最大的欧洲市场。非洲花生出口优势已丧失，各国已基本退出国际市场，如苏丹曾是世界花生出口大国，因花生干旱减产、黄曲霉毒素污染等，出口量已很少。目前，中国食用花生出口量暂居世界第一位。然而由于阿根廷花生成本竞争优势和商品品质较好，其出口量进一步上升，大有跃居世界第一位的趋势（1996 年的出口量曾居世界第一位）。近年来，印度和越南花生出口发展迅速，年出口量达到（5~10）$×10^7$kg，成为中国在东南亚市场的主要竞争对手（数据来源：国家统计局）。

近十年来世界主要进口国的花生进口数量也有较大变化。20 世纪 90 年代后期，年均花生进口量在 $10×10^7$kg 以上的国家依次为荷兰、印度尼西亚、英国、加拿大和日本，这几个国家合计的进口数量占世界花生总进口量的 55%以上。2000 年以后，由于经济发展和食品加工能力的提高，独联体、东欧国家及中东、北非地区的花生进口快速增长。与此相反，西欧和北美地区的花生进口停滞不前，甚至稍有下降。目前世界花生进口的主要地区仍是欧洲，尤其是欧盟，其次是亚洲，再次是美洲（数据来源：国家统计局）。

欧盟：欧盟是世界最大的花生进口市场，对进口花生要求也最为严格。要求进口的花生必须是加工严格，没有玻璃、石块等恶性杂质，花生仁果粒均匀，色泽好。大花生仁要求最好是弗吉尼亚型，小花生仁要求最好是西班牙型。除意大利要求花生果是弗吉尼亚型外，其他国家对花生果的类型要求不严，但都要求进口的花生不含黄曲霉毒素。2010 年 2 月 27 日，欧盟发布条例（EU）No. 165/2010，修订条例（EC）No. 1881/2006 中关于食品中黄曲霉毒素的最大限量值。该条例于 2010 年 3 月 6 日起正式生效。新限量规定，人类直接食用或作为食品成分的花生和其他油籽及其加工制品中，黄曲霉毒素 B_1 限量 $2\mu g/kg$，总限量（$B_1+B_2+G_1+G_2$）$<4\mu g/kg$；在食用前经过分类、其他物理处理或用于食品成分的花生和其他油籽中黄曲霉毒素 B_1 限量 $8\mu g/kg$，总限量$<15\mu g/kg$。市场可分为两部分：一是英国、荷兰和德国三国，年进口 $30×10^7$kg 以上，以小白沙/RunnerTpye 为主，有许多大型工厂进行油炸、涂层等深加工，主要进口阿根廷、美国和中国产花生；二是地中海沿岸国家，包括意大利、西班牙、葡萄牙等国家，偏好多品种、多口味，以中小工厂加工为主，花生果类消费量较大，主要进口中国大花生果和脱皮生仁以及阿根廷、美国的 RunnerType。

日本：日本也是世界上的主要花生进口市场，由于地理位置的关系，日本较喜欢进口山东花生，对规格要求也较高，一般喜欢两粒的，如24-26、28-30。20世纪90年代以后，日本基本上不进口花生果，以进口弗吉尼亚型花生仁为主，近年订货多是手拣，对不完善粒限量一般在1%~2%，同时还要求检验斑点、酸价、游离脂肪酸、过氧化值、黄曲霉毒素。1994年，增加了对丁酰肼的检测要求，规定进口花生中不允许检出丁酰肼，并对进口小花生仁实施强制检验。2003年5月28日，日本厚生劳动省发出通告，修改部分农药残留标准，其中涉及花生产品的有4种，分别是毒死蜱的限量标准从原来的0.5mg/kg降至0.2mg/kg，速收的限量标准0.02mg/kg，扣芽丹的限量标准0.2mg/kg，除草剂恶唑禾草灵的限量标准0.05mg/kg。2005年6月21日，日本厚生劳动省正式发布了肯定列表制度，并于2006年5月29日正式生效实施。肯定列表制度对农药残留提出了更加严格的限量标准，将食品中所有农药残留限制在0.01mg/kg之内，检测项目增加到285项。

澳大利亚：澳大利亚虽然也是花生生产国，但由于满足不了国内的消费需要，每年仍需要进口一定量的花生。然而，澳大利亚政府对进口花生的重金属镉限量是世界上最严格的，1996年以来，中国花生对澳洲出口受此限制的影响，出口量明显减少。2009年1月15日，澳大利亚与新西兰政府批准了修改澳新食品标准法的提案，将花生中镉的最高限量由0.1mg/kg放宽至0.5mg/kg。

韩国：韩国订货多是些小规格的、品种类型不限的大粒种花生仁，如每盎司（1盎司≈28.35g）34~38粒、38~42粒等，检验证书也只要求水分、杂质、不完善粒、规格这些常规项目，黄曲霉毒素检验证书要求证明未检出黄曲霉毒素即可，但韩国政府招标的进口花生则要求检验40多种农药残留，对丁酰肼的限量要求不超过0.1mg/kg。

中东地区：中东地区是世界主要进口花生市场，其中，约旦、沙特、科威特和黎巴嫩等是中国的传统的出口市场。过去对进口花生要求不高，近几年也开始要求进口花生必须检验黄曲霉毒素，黎巴嫩还要求检验丁酰肼。另外，这一地区对进口花生中游离脂肪酸或酸价、过氧化值、斑点粒的要求也较多，中国的大规格大粒种花生仁在中东较受欢迎。阿尔及利亚是中国近几年新开拓的市场之一，年进口中国花生3万多吨。阿尔及利亚进口花生要求黄曲霉毒素总量（$B_1+B_2+G_1+G_2$）控制在10μg以下，霉菌总数控制在100个/g以内。

东南亚地区：中国花生的另一个传统市场是东南亚地区，对进口花生的黄曲霉毒素含量，新加坡要求最为严格，规定总量（$B_1+B_2+G_1+G_2$）为0；菲律宾规定总量（$B_1+B_2+G_1+G_2$）不超过20μg/kg；越南规定B_1含量不超过20μg/kg，其余国家和地区一般要求出示常规品质检验证书。近年来由于该地区经济萧条，中国出口花生价格相对偏高，越南、印度几乎取代了中国花生这一市场的地位。

（三）科技现状

近年来，世界花生主产国的花生科技有了较大的发展，许多方面有重大突破，技术成果推广成绩斐然，有力地推动了花生生产的发展。花生科技水平以美国最高，科技力量雄厚，设备先进，人才济济。美国花生从品种资源收集、保存、利用、创新，遗传育种，到病虫草害防治、食品加工利用等，都进行广泛深入的研究；印度有国际半干旱热带地区作物研究所，其主要科研任务之一是花生研究，该国主要花生生产邦（省）均有从事花生研究的专业机构或专业人员；中国花生的科技水平亦较高，许多研究达到国际先进水平（何宝国，2009）。

由于遗传学的进步和育种的突破，世界各国均在不断更新和推广花生新品种，世界花生总产量增加的20%以上来自品种的更新。目前花生育种除了注重高产、优质外，为保持花生的持续发展，同样注重抗虫、抗病品种及专用型品种的选育，并大见成效，已育成抗青枯病、白绢病、线虫病、黑腐病、叶斑病等以及抗黄曲霉毒素的品种或材料。美国已将Bt抗虫基因转移到花生栽培品种中，不久抗虫花生即将问世。美国新闻界近年来大力宣传花生导致人体肥胖，食用量受到影响，育种专家开始选育低脂肪含量的花生（张建成等，2009）。

新的栽培技术不断出现，日本20世纪70年代在花生上创造的地膜覆盖栽培技术，已引入一些国家，中国已大面积推广应用，增产效果十分显著（张建成等，2009）。大面积7 500kg/hm^{2}的高产栽培技术已规范化，已在适宜地区推广，在病虫害防治、灌溉技术和平衡施肥等方面均快速发展。

美国的花生生产技术领先世界，广泛应用良种、包衣精播，全部应用除草剂除草，生产全程机械化，灌溉已达指标化，应用计算机平衡施肥等，近几年一些经济基础雄厚的大农场已开始应用卫星和微机进行花生田施肥，这种施肥方法达到全田肥力基本一致。中国、印度的技术水平提高较快，对推动花生生产的发展起到了至关重要的作用。

二、花生生产主要国家和地区情况

目前全球种植花生的国家和地区有100多个，据联合国粮农组织统计数据，近年来年全球花生种植面积居前10位的国家依次是印度、中国、尼日利亚、苏丹、塞内加尔、印度尼西亚、美国、缅甸、乍得和刚果。

印度面积约298万km^2，居世界第七位。印度位于亚洲南部，是南亚次大陆最大的国家。印度全境分为德干高原和中央高原、平原及喜马拉雅山区三个自然地理区。属热带季风气候，气温因海拔高度不同而异，喜马拉雅山区年均气温12~14℃，东部地区26~29℃，德干高原南部是花生种植最集中的地区。印度花生种植面积世界最大，年均播种面积600万~700万hm^2，约占世界花生总面积的26%，居首位。

中国幅员辽阔，疆域广大，陆地总面积约960万km^2，在世界各国中居第3位，是世界上面积较大的国家。地形复杂多样：地势西高东低，呈阶梯状分布。气候复杂多样：冬季南北气温差异大，南方温暖，而越往北气温就越低。夏季南北普遍高温。气候类型分为温带季风气候、亚热带季风气候、热带季风气候、温带大陆性气候、高原高山气候。中国非常适合花生的种植，北起松嫩平原南至海南岛，西起塔里木盆地东到沿海，除青海、西藏自治区（以下简称西藏）、宁夏回族自治区（以下简称宁夏）等省区外均有种植，但以东部辽宁以南的暖温带、亚热带、热带地区分布最多。中国花生种植面积常年在450万~500万hm^2，约占世界花生面积的21%，居第二位。

尼日利亚面积92万多平方千米，位于西非东南部，南濒大西洋几内亚湾。地势北高南低。属热带季风气候，高温多雨，全年分为旱季和雨季，年平均气温为 26~27℃，适合花生种植。1960 年尼日利亚获得独立之前，英国殖民者就已经在尼日利亚种植花生，成为当时殖民政府最重要的产业之一，为农业深加工业提供了重要的基础，创造着大量的利润和外汇收入。1960 年独立初期到 70 年代以前，尼日利亚是一个农业为主的国家，棉花、花生等许多农产品在世界上居领先地位。曾以出口花生、橡胶、可可等农产品闻名于世。1960 年，农业在国内生产总值中所占的比重为 64%，农产品出口额占出口总额的 85%。根据 1969 年有关资料，当年世界上花生出口总量最多的国家排名依次是中国、印度和尼日利亚，尼日利亚花生总产量达到 $195×10^7$kg，成为当时尼日利亚最重要的农业出口创汇产品。尼日利亚花生产量在 1965—1967 年达到最高历史纪录，随后便走上了下坡路，1983 年尼日利亚花生总产量竟然滑落到仅 $40×10^7$kg。20 世纪 90 年代之后，尼日利亚花生产业稍有起色，但发展缓慢，远远落后于同期世界发展水平。目前，在尼日利亚全国种植花生 270 万 hm² 左右，约占世界面积的 12%，名列第三。

苏丹面积约 250.6 万 km²。位于非洲东北部，红海西岸，是非洲面积最大的国家。境内大部为盆地，南高北低。苏丹全国气候差异很大，自北向南由热带沙漠气候向热带雨林气候过渡。苏丹经济以农业为主，农业占国内生产总值的 45.6%，花生种植面积 150 万 hm² 左右，是苏丹换取外汇的主要出口经济作物之一。

塞内加尔面积 19.67 万 km²。位于非洲西部凸出部位的最西端，西濒大西洋。塞内加尔东南部为丘陵区，中东部为半沙漠地带。地势自东向西略倾斜，属热带草原气候。塞内加尔是一个农业国，被联合国列为世界最不发达的国家之一，主要经济作物有花生和棉花，花生种植面积很不稳定，最多时达到 100 万 hm²，最少时只有 50 万 hm²。

印度尼西亚位于亚洲东南部，地跨赤道，是世界上最大的群岛国家，陆地面积为 190.4 万 km²，火山灰以及海洋性气候带来的充沛雨量，使印度尼西亚成为世界上土地最肥沃的地带之一。印度尼西亚属于热带海洋性气候，具有高温、多雨、风小、潮湿等特点；年平均气温在 25~27℃，终年温差非常小，没有寒暑季节变化。每年分旱、雨两季，年平均降水量在 2 000mm 以上，全年均适于作物生长。近几年该国花生种植面积为 60 万 hm² 左右。

美国位于北美洲中部，面积 962.9 万 km²，大部分地区属于大陆性气候，南部属亚热带气候，中北部平原温差很大。花生种植面积 55 万 hm² 左右。

花生年总产居前 10 位的国家依次是中国、印度、尼日利亚、美国、印度尼西亚、苏丹、缅甸、塞内加尔、阿根廷和越南。中国因单产较高，总产达 $1\,600×10^7$kg 以上，且近几年持续增加，居世界第一位；印度虽面积最大，但因单产较低，总产约为 $700×10^7$kg，居第二位。其次是尼日利亚，产量缓慢增长，总产约为 $300×10^7$kg；因美国单产水平较高，花生总产 $200×10^7$kg 左右，但产量波动较大。其他国家均低于 $200×10^7$kg 左右。

花生单产：当前世界花生平均单产基本保持在 1 600kg/hm² 左右，当前世界花生平均单产水平最高的国家是以色列，达到 6 000kg/hm² 以上；其次是美国，3 800kg/hm² 左右；中国已突破 3 500kg/hm²，居第三位，仅次于以色列和美国。2010—2016 年，我国花生的平均单产水平已稳定在 3 300kg/hm² 以上。我国与美国之间的差距也正在逐步缩小，已经接近美国的水平，甚至在一些年份已经超过美国；与阿根廷相比，我国花生的平均单产水平基本保持了20%左右的优势；与印度相比，我国花生在生产上的优势更为明显，基本保持在印度平均单产水平的2~3倍。因此，从单产水平来看，在世界主要的花生生产和出口国中，我国略低于美国，对阿根廷保持了一定的优势，远超过印度的水平。非洲总体单产水平低于世界平均水平，也低于印度单产水平。

三、世界花生发展趋势分析

世界花生生产的发展具有许多优势条件：一是各国政府十分重视花生生产。随着世界人口的急剧增长和人民生活水平的提高，世界各地对植物脂肪和蛋白质的需求也日益增长，花生主产国都把花生生产放在很重要的位置上，进行政策调控、增加物质和科技投入，积极发展花生生产。二是世界花生贸易量增大，竞争日趋激烈，必将促进花生生产的发展。三是种植花生比种粮食作物效益高，生产者种植花生的积极性较高。四是种植者既有丰富的传统种植花生的经验，又有较多的新技术成果储备。五是经过多年来的努力，世界范围内花生生产条件都有了较大改善，灌溉面积有了扩大，为花生高产奠定了良好的基础（毛兴文，2000）。因此，21世纪前期花生生产将处于较快发展阶段，将呈现以下几个突出特点。

花生总量的增加将不再靠扩大面积来实现，而是由提高单产来实现。在世界人口日益增加、耕地面积减少不可逆转的严重问题面前，依靠扩大面积提高总产已不是最佳选择，唯一出路是促进单产的提高。单产的提高将由过去主要依靠物质投入向主要依靠科技方向发展。在花生低产水平下，单纯增加肥料、农药等，可显著提高花生产量，但在较高产的水平下再依靠增加物质投入来增加产量就比较困难，甚至适得其反，因此单产的提高主要应是依靠科技进步（张智猛等，2005a）。

花生生产目的将以油用为主逐步向食用方向发展。近年来，世界花生食用量在不断增加。美洲用于食用的花生已接近57%。欧洲用于油用的很少，80%食用。印度尼西亚用于榨油的仅为5%，而食用的达到84%，成为花生生产国食用率最高的国家，今后花生生产的目的不单是榨油，而是获得高蛋白的营养食品（杨伟强等，2006）。

21世纪前期，花生的世界贸易非常活跃，竞争力激烈，贸易量进一步增加。进口国将对花生外观和内在品质的要求更加严格。随着发展中国家食品加工工业的发展，花生的原料出口将减少，加工制品将增加。随着花生生产目的转换，花生油的进出口将减少，食用花生的进出口数量将增加（张吉民等，2002）。以生物技术为基础的新农业科技革命必将给花生科技带来蓬勃发展。转基因花生等遗传工程将有突破，Bt抗虫花生有望大面积推广。花生野生种的利用将在抗病虫害中发挥重大作用。增产潜力高的品种、专用型品种将育成推广，病虫草害防治、高产栽培技术理论与实践、食品加工利用等研究都将产生重大突破，科技推广将通过政府行为得以加强，科技贡献率将有大的提高，都将更有力地推动花生生产的发展。

第三节 我国花生的生产现状

花生是我国传统的油料作物，与大豆、油菜共同构成我国三大主要食用油源。在当前国内大豆产业逐渐滑坡、油菜籽进口量激增的大背景下，花生产业能否持续发展不仅关系我国的出口创汇能力，更直接影响到我国油料的战略安全问题。我国花生生产的区域广泛，除西藏、青海、宁夏、香港等省区外都有种植。主要集中在北部华北平原、渤海湾沿岸地区和南部华南沿海地区及四川盆地等（万书波，2003）。

一、花生种植面积和总产波动增长

新中国成立以来，我国花生种植面积经历了快速上升期（1949—1956年）、急速下滑期（1956—1961年）、恢复发展期（1961—2003年）、徘徊调整期（2003—2007年）和稳步增长期（2007—2016年）5个阶段，总体呈波动增长趋势（图1-2）。由于党和政府一系列关于油料作物增产和农民积极种植花生的政策与措施的激励（杨静等，2002；万书波等，2005），1949—1956年，我国花生种植面积快速增长，从1949年的125.44万hm^2增长到1956年的258.17万hm^2；1956—1961年，受自然灾害和社会经济的影响，花生生产急剧下滑，下降到1961年的119.98万hm^2，创历史最低纪录；1961—2003年是我国花生生产恢复发展期，花生种植面积增长到2003年的505.68万hm^2，尤其是1978年我国农村土地实行家庭联产承包责任制后，农民的花生种植积极性高涨，全国花生生产快速恢复并逐步趋升，2003年的花生种植面积达到505.67万hm^2，创历史新高；2003—2007年，受农业宏观政策因素影响，我国花生生产进入徘徊调整期，种植面积下降至2007年的394.49万hm^2；2007—2016年，我国花生种植面积步入稳步增长期，中间仅个别年份调减生产。其中，2010—2016年，种植面积稳定在460万hm^2左右（数据来源：中国种植业信息网农作物数据库）。

新中国成立以来，我国花生总产量总体呈波动增长趋势，2000年以前的走势基本与播种面积的走势保持一致（图1-3）。1949—1956年我国花生总产量持续增加，这一时期总产量从1949年的126.83万t增长到1956年的333.61万t；1956—1961年总产量有所下滑，总产量下降到1961年的104.86万t；由于严重的自然灾害和花生播种面积大幅滑坡所致，1960年的总产量仅为80.45万t，创历史最低纪录。1961—2002年，得益于花生收购价格的提高和花生种植面积的增长，我国花生总产量有所恢复和发展，花生总产量增至2002年的1 481.76万t；2002—2006年，由于我国农业宏观政策的影响，我国花生总产量震荡下跌至1 288.69万t；2006—2016年，我国花生总产量稳步增长，至2016年已达到1 729万t，创历史最高水平。其中，2010—2016年，中国花生总产量稳定在1 500万t以上（数据来源：中国种植业信息网农作物数据库）。

据统计，2010—2016年我国花生总产量已到达1 650.93万t，占世界总产量的40%左右，居世界第一位；种植面积461.82万hm^2，仅次于印度，居世界第二位。国内花生种植以山东、河南、河北、辽宁、广东、四川、湖北、安徽、广西壮族自治区（以下简称广西）、江西、吉林等省为主，总产约占全国的86.98%，各省份年均产量均在

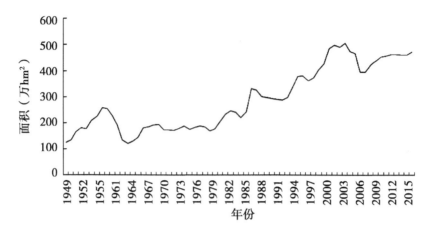

图 1-2　1949—2015 年中国花生种植面积

（数据来源：中国种植业信息网农作物数据库）

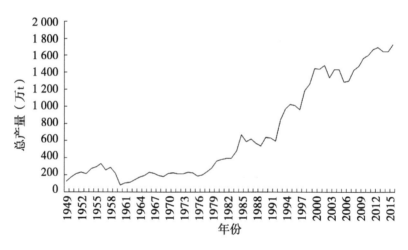

图 1-3　1949—2015 年中国花生总产量

（数据来源：中国种植业信息网农作物数据库）

45 万 t 以上，其中河南、山东产量最大，均超过 300 万 t，两省的花生产量之和约占全国的 48.83%。花生年种植面积超过 10 万 hm² 的省份有 13 个，合计占全国花生面积的 91.74%，其中黄淮、东南沿海、长江流域是三片相对集中的主产区，尤其以河南、山东、河北、广东、四川、辽宁、湖北、广西的种植面积较大，各省年均超过 20 万 hm²，其中河南和山东两省种植面积在 180 万 hm² 以上，占全国花生面积的 39.41%，见下表。

表　2010—2016 年（平均）国内花生主产省份生产情况统计

省　份	面积（万 hm²）	面积占全国（%）	总产（万 t）	总产占全国（%）
全　国	461.82	—	1 650.93	—

（续表）

省 份	面积（万 hm²）	面积占全国（%）	总产（万 t）	总产占全国（%）
河 南	106.43	23.04	477.85	28.94
山 东	75.62	16.37	328.41	19.89
河 北	34.85	7.55	128.52	7.78
辽 宁	30.26	6.55	70.74	4.28
广 东	35.86	7.77	104.90	6.35
四 川	26.21	5.68	66.77	4.04
湖 北	20.14	4.36	68.83	4.17
安 徽	18.92	4.10	91.85	5.56
广 西	20.61	4.46	58.01	3.51
江 西	16.28	3.52	45.68	2.77
吉 林	16.54	3.58	54.98	3.33
湖 南	11.63	2.52	29.85	1.81
江 苏	9.30	2.01	35.56	2.15
福 建	10.36	2.24	27.86	1.69

注：数据来源于中国种植业信息网农作物数据库

二、花生单产变化动态

由于科技进步的作用，与花生种植面积增长同步，花生单产水平稳步提高。除 1960 年因严重自然灾害导致单产水平急剧下降以及个别年份较低外，其他年份基本保持波动增长态势。我国花生单产增长最迅速的两个阶段为：1976—1985 年和 2003—2016 年（图 1-4）。由于家庭联产承包责任制的推行和科技进步的推动作用，1976—1985 年我国花生单产水平的迅速提高；2003—2016 年单产水平稳步提高主要得益于栽培技术和机械化播种水平的提高。1949 年我国花生单位面积产量为 1 011.04kg/hm²，而 1960 年的自然灾害更是使单产降到了前所未有的低水平，仅为 598.05kg/hm²，之后单产水平不断提高，2016 年已提高到 3 657.30kg/hm²（数据来源：中国种植业信息网农作物数据库）。花生单产的年际变化很大程度上与气象因素有关，特别是生长后期遭遇大量降雨，可造成单产大幅下降乃至绝产，1989 年、1992 年、1997 年和 2003 年等年份单产较低，均与降雨密切相关（王启现，2005）。

三、我国花生主产区发展及演变趋势

（一）种植范围更广

花生具有广适性，但在我国不同区域的种植面积却存在较大差异。改革开放以来，

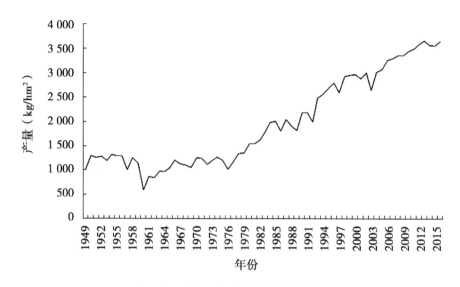

图 1-4 1949—2016 年中国花生单产
（数据来源：中国种植业信息网农作物数据库）

花生种植面积在不同区域发生了消长不同的变化（万书波，2003）。花生种植省份由改革开放初的 22 个增加到目前的 28 个。花生年种植面积超过 10 万 hm² 的省份由 4 个发展到 13 个（数据来源：中国种植业信息网农作物数据库）。

（二）主产区有北移西进的趋势

山东、广东、广西、福建和江苏等沿海地区花生种植面积虽与改革开放初相比有较大幅度增长，但在国内占有比重却大幅下降，5 省由改革开放初花生种植面积占全国的65.7%下降为32.9%。而中部及东北的河南、河北、辽宁、四川、湖北、安徽、江西和吉林 8 省种植面积占全国比重由 26.9%上升为 58.38%。东北三省种植面积占全国比重由 2.6%上升到 10.82%，西部地区种植面积占全国比重也有所增长。虽然这些地区花生种植面积与全国相比仍较小，但这些地区种植热情高，发展速度很快，尤其是东北三省和新疆地区，有望成为我国新的花生主产区（中国种植业信息网农作物数据库2010—2016 年统计）。

（三）主产区种植结构的调整促进了花生种植面积增加

花生种植面积的扩大伴随着种植结构的变化。在我国黄淮花生主产区，花生种植面积的快速增加主要伴随着大豆面积的减少和棉花面积的减少对于花生种植面积的增加起了一定的推动作用（董文召等，2012）。近年来，国家压缩玉米种植面积的政策和玉米价格的走低也在一定程度上增加了花生种植面积。

（四）面积的增加促进了主产区花生产业化的发展

随着种植面积的扩大，花生主产区产业化水平有所提高。近年来，主产区先后从美国、德国引进多条花生加工生产线和花生酱生产线，主要在山东青岛、烟台、潍坊、枣庄，江苏东海，安徽合肥，湖北红安，河北滦县，以及河南开封等花生产区。引进的花生加工设备多数可以加工出口脱皮乳白花生仁、油炸花生仁和其他花生制品（周瑞宝，2003），同时已培植一批科技含量高的花生加工名牌企业。随着企业的加入，促进了优质花生生产的发展，目前高油高产花生已成为花生主产区追求的主要目标。

四、限制我国花生高效生产的因素

（一）农机农艺技术不配套

目前，我国农业生产劳动力成本过高，种植效益低。由于花生生产的特殊性，生产过程中对劳动力的要求较为复杂，难以实现大规模的机械化生产，基本属于劳动密集型生产的范畴，现有花生机械装备可靠性低，适应性较差，花生机械化水平问题现已成为制约我国花生生产发展的产业成长的主要因素（万书波等，2013a）。

我国花生机械化装备水平无论是同其他主要粮食作物相比，还是同世界发达国家相比，均处于较低水平，花生生产占用劳动力多、劳动强度大的播种和收获环节，其机械化水平严重不平衡。在播种方面，除了花生主产区基本实现机械化外，非主产区尤其是南方产区种植还基本以人力和畜力为主。大部分地区的花生收获方式仍以人工收获为主，部分地区用花生挖掘犁，少部分地区采用花生收获（挖掘）机，联合收获技术正处于研制发展阶段，目前还没有成形的花生联合收获机能够满足生产要求（吕小莲等，2012；尚书旗等，2005；胡志超等，2006）。据统计，在我国现有的花生生产机械中，耕整地、田间管理（灌溉、植保等）机械多采用通用机具，已相对成熟；播种、覆膜等种植机械有待完善；花生收获机械水平较低，收获、摘果和脱壳等收获环节的机械品种少，性能和质量还不能完全满足要求。目前研制和生产的花生收获机械主要有花生挖掘犁、花生挖掘机、花生复收机、花生摘果机、联合收获机等，但其装备可靠性低，适应性较差（胡志超等，2010）。

（二）花生品质不高、优质专用品种较少

出口花生在国际市场上价格低于美国等国同类产品的 20% 以上，我国的花生生产过去单纯注重产量而忽视品质，而且长期以来从中央到地方对花生科技的投入远远少于具有同样经济重要性的其他许多作物，使我国花生品质和重要抗病、抗逆性育种以及高新技术应用相对滞后。我国花生适销品种少，退化混杂情况严重；虽然产量高，但果（仁）形、均匀度、外观、口味下降，油亚比值下降；有的花生虽然果形均匀，外观色泽好，但其出仁率低，食用口味差。随着我国花生生产规模的扩大，黄曲霉毒素污染问题和农药残留方面日益突出，严重威胁着我国花生在国际市场上的竞争力（李广前等，2008；胡志英，2011）。

花生的用途主要分为榨油用、食品用和出口用，不同的用途需要不同的产品品质。目前，我国花生专用品种面积的比重还很少，优质花生形不成批量商品。花生品质改良一直缺乏科技投入支持，优质新品种及保优生产技术的推广工作举步维艰，品种多、

乱、杂。此外，混收混加工抵消了部分优质品种的效益，降低了花生油等花生深加工产品的经济效益（杨新道等，2004；张建成，2005）。美国、阿根廷等花生生产先进国家早在20世纪80年代就十分重视优质花生的选育，不仅推广优质品种，而且在栽培技术上以提高花生品质为主攻目标。为了促进优质花生生产，美国还对花生产业实行经济补贴。目前国内仅山东、河南等少数省份已建成了一批优质花生商品基地县，既抓产量，又抓质量。

（三）标准化和产业化水平不高

在当今西方发达国家，农业标准化实施的程度普遍较高，农产品从育种、栽培、植保到产后加工、贮藏、运销以及生产资料供应和技术服务等，全过程都实现了标准化的生产管理。我国包括花生在内的许多农产品因缺乏规范的生产和加工，质量时好时坏，商品率不高，市场竞争力不强。花生的标准化工作比我国农产品标准化的水平更低，在良种标准化、原料基地建设及原料生产标准化、加工标准化等方面都不健全，不利于花生产业的发展壮大（邵长亮和王铭伦，2003；万书波，2017）。

我国通常把花生作为油料作物，而美国近2/3的花生作为食用，欧盟和西欧各国花生90%以上也用作食品被消费，在我国花生生产中，约有一半用来榨油，对其作为营养保健食物乃至医用食品的价值还没有全面的认识。目前，我国花生出口产品中，属于初级产品的带壳花生和粗加工花生的出口总额占花生产品出口总额的90%以上，而加工产品花生饼、花生酱和花生油仅占不足10%，说明我国花生产品的深加工程度还很低，没有形成完善的产业链，附加价值低，农民收益比较低，影响了农民种花生的积极性（杨伟强等，2006；王移收，2006）。

（四）逆境胁迫因素多

逆境是指对花生正常生长发育和产量品质形成不利因素的总称。对花生而言，逆境就是环境胁迫，可分生物胁迫和非生物胁迫（王忠，2006）。我国幅员辽阔，气候差异较大，在花生生产中，经常会遇到各种不良的环境条件，如干旱、洪涝、盐渍以及土壤酸化等非生物逆境胁迫，每年对花生产量造成20%以上的产量损失。而生物胁迫包括病、虫、草以及生物竞争等，其中花生传统一穴多粒种植造成的株间竞争是一种典型的生物胁迫。

目前，我国食用植物油的供给率不足35%，在有限的耕地条件下，为不影响粮食作物的生产，要提高花生荚果的总产，拓展花生的种植区域以及提高花生单产是重要的途径。

第二章　花生逆境胁迫总论

国务院印发了全国现代农业发展规划（2011—2015 年）（国发〔2012〕4 号），提出"农业现代化已进入全面推进、重点突破、梯次实现的新时期"。农业的根本出路在于现代化，农业现代化是国家现代化的基础和支撑。城市化及工业化过程而使耕地大量减少。在发展农业现代化的过程中，既要解决农民的增收问题，又要转换生产方式、调整种植结构、改善生态环境。这必将有力推动农业供给侧结构性改革，培育农业生产新动能，加速新旧动能转换。因此，现代农业基础理论的深入研究将有助于推进农业供给侧结构性改革、加快农业绿色高效发展，为创制环境友好和养分高效利用新品种提供理论与技术支撑。鉴于我国人多地少，保障粮油供给关系到我国粮食安全的重大课题，明确农作物抗逆机制、提高农作物耐盐、抗旱性等对于拓展农作物种植区域、提高农作物总产、保障安全供给具有重要的理论与实践意义。因此，提高农作物抗逆能力有助于拓展农作物在盐碱地、干旱等瘠薄地的种植是提高作物总产量、保证我国粮食供给安全的重要途径之一，也是我国农业生产实现生态、绿色的重要途径。

植物逆境也称为环境胁迫，是对植物生存、生长和发育不利的各种环境因素的总称。根据引起胁迫的主体可分为生物逆境和非生物逆境。对植物产生重要影响的非生物逆境主要有水分亏缺、湿涝、低温、高温、盐碱、环境污染等，生物逆境主要有种间、种内竞争等。每年全球由于逆境胁迫造成的经济损失约有上千亿美元。非生物逆境（盐碱、水分胁迫、土壤酸化等）和生物逆境（花生传统一穴多粒栽培造成的株间竞争）都可引起活性氧伤害，这是逆境胁迫的共性机制。植物对逆境的抵抗也存在共同的机制，即消除活性氧积累，减轻膜脂过氧化，提高植物抗性。

第一节　非生物逆境胁迫的种类及危害程度

植物由于本身不能移动的特点，决定了植物根系必须面对周围复杂的环境变化。比如适应干旱、盐碱、营养贫瘠等逆境，通过不断调整自己的生长方向、生长速度及整体根的结构来灵活的适应这些变化。植物根系是高等植物的重要器官，对植物的地上部分起着重要的固定和支持作用，而且在植物从土壤中吸收生命活动所需的水分和矿物质营养过程中起着关键作用。此外，有些植物的根还起着合成和储藏营养物质的重要功能。植物根系遇到干旱、盐碱或营养贫瘠等逆境胁迫时，对根系的形态、生长及发育造成不良的影响，严重时会引起根系的死亡，同时，在逆境胁迫过程中，植物体内也会出现一系列的生理生化反应，以响应逆境胁迫，如 Ca^{2+}、活性氧（ROS）、一氧化氮等信号分子的含量会迅速改变，进而引起植物体内的激素改变，通过级联信号传递反应将逆境胁迫信息传递到植物体内，诱导植物产生一系列生理生化反应响应逆境胁迫。植物的地上部也会同样感知、响应逆境胁迫，通过一系列的形态、生理以及信号分子的传导，进而影响根系对环境的响应。本节将重点讨论几个主要的非生物逆境及对植物的危害性。

一、光照胁迫

光是作物进行光合作用的能量来源，光合作用合成的有机物质是作物进行生长和发育的物质基础。绿色植物利用太阳的光能，在叶绿体内将二氧化碳和水反应生成有机物质并释放氧气的过程，称为光合作用。光合作用所产生的有机物主要是碳水化合物，并释放出能量。光合作用水平决定生物量，进而决定作物产量。

每年光合作用固定太阳能约为 4×10^{21} J，合成有机物达 2×10^{11} t，光合作用是生物产量的基础，是地球最大的生物合成过程。光照强度对于作物的生长、发育、光合作用、生理、化学成分和小环境方面有着较大的影响。一方面，植物通过光合作用将光能转化成化学能储存起来；另一方面，光还能以信息的形式作用于植物并调节植物的分化、生长、发育，使其更好地适应外界环境。这种调节通过生物膜系统结构、透性的变化和/或基因表达的变化促成细胞的分化及结构和功能的改变，最终是组织和器官的建成，这就是光形态建成（photomorphogenesis），亦即光控发育光信号转导的过程。

植物在进行光合作用过程中，首先就是光受体（photoreceptor）吸收光照，然后再将光信号传导到某些特殊基因，改变这些基因的表达状况。目前研究较为深入的光受体主要有三种，即光敏色素（phytochrome）、蓝光受体（blue light receptor）和紫外光受体（UV-receptor）（Staub et al.，1996）。其中以光敏色素研究最为深入。

花生属于短日照作物，其整个生育期间均要求较强的光照，如果光照不足，易引起地上部生产徒长，水分利用效率降低，干物质积累减少，产量降低（郭峰等，2008）。苗期弱光胁迫花生主茎高显著伸长，根/冠比增加，幼苗各器官的干物质、侧枝数、叶面积和侧枝/主茎比降低；盛花期延迟，单株开花量显著减少，花生荚果产量显著降低，苗期侧枝发育不良可能是造成弱光胁迫花生减产的重要原因（吴正锋等，2008）。

弱光对花生的光合特性有显著的影响，弱光下生长的花生叶片的净光合速率、光补偿点和光合碳同化能力低，表观量子效率较高（张昆等，2010；杜占池等，1982），突然转入强光后净光合速率的下降是非气孔限制因素为主，且光抑制比自然光强下生长的花生严重（吴正锋等，2009，2010），且 D1 蛋白周转受抑制是主要因素（Guo et al.，2016）。Sui et al.（2007）报道遮阴能降低花生光饱和点和光补偿点，遮阴越重，降幅越大，最大降幅可达 25%。短时间弱光胁迫引起花生叶片叶绿素含量增加，但长时间处理，叶绿素含量会下降，叶绿体个数、基粒数和淀粉粒数减少，叶绿体膜和基粒片层破损（吴正锋等，2014），细胞内保护酶 SOD、POD 和 CAT 等活性降低（李应旺等，2010）。弱光适应处理提高了花生利用弱光的能力，但降低其利用强光的能力。

但过强的光胁迫会诱发活性氧的过量积累，进而引起花生光系统的严重光抑制，依赖于叶黄素循环的非辐射能量耗散、活性氧清除等光保护机制受破坏、光系统反应中心蛋白组分周转受抑，净光合速率降低，光合能力下降（Yang et al.，2013，2015）。

二、水分胁迫

(一) 花生需水特性

花生是比较耐旱的作物，但整个生育期的各个阶段，都需要有适量的水分，才能满足其生长发育的要求。总的需水趋势是幼苗期少，开花下针和结荚期较多，生育后期荚果成熟阶段又少，形成"两头少、中间多"的需水规律。据山东省蓬莱市气象站对该市 1963—1977 年花生生育期间降水对花生产量的影响研究认为，单产 2 250kg/hm² 的产量水平，全生育期要求降水量 500mm 以上，并应分布合理（万书波，2018）。

1. 发芽出苗期

种子发芽出苗时需要吸收足够的水分，水分不足种子不能萌发。发芽出苗时土壤水分以土壤最大持水量的 60%~70% 为宜，低于 40% 时，种子容易落干而造成缺苗，若高于 80% 时，则会造成土壤中的空气减少，发芽出苗率降低，水分过多甚至会造成烂种。出苗之后开花之前为幼苗阶段，这一阶段根系生长快，地上部的营养体较小，耗水量不多，土壤水分以土壤最大持水量的 50%~60% 为宜，若低于 40% 时，根系生长受阻，幼苗生长缓慢，还会影响花芽分化；若高于 70% 时，也会造成根系发育不良，地上部生长瘦弱，节间伸长，影响开花结果。山东省蓬莱市气象站（1978）依据花生生育期间 15 年的降水与花生产量的关系分析认为，花生播种至出苗期间，总降水量应达到 20~30mm，且以分两次降水最好（万书波，2018）。

2. 开花下针期

花生开花下针阶段，既是植株营养体迅速生长的盛期，也是大量开花、下针、形成幼果，进行生殖生长的盛期，是花生一生中需水最多的阶段。这一阶段土壤水分以土壤最大持水量的 60%~70% 为宜，若低于 50% 时，开花数量显著减少，土壤水分过低时，甚至会造成中断开花。若土壤水分过多，排水不良，土壤通透性差，会影响根系和荚果的发育，甚至会造成植株徒长倒伏。据山东省蓬莱市气象站（1978）分析认为，该期降水量以 200~250mm 为适，排水良好的地块即使降水量 300~400mm 也利少害多。而降水过多，则影响开花，花量减少（万书波，2018）。

3. 荚果发育

荚果发育需要有适量的水分，土壤水分以土壤最大持水量的 50%~60% 为宜，若低于 40%，会影响果的饱满度，若高于 70%，也不利于荚果发育，甚至会造成烂果。据祖延林等（1985）对河北省秦皇岛市花生生育期间 25 年的降水量与花生生产量间的关系分析发现，结荚期至成熟期降水在 200mm 以下的 15 年，全市花生平均单产 788.25kg/hm²，200mm 以上的 10 年，全市花生平均单产 632.25kg/hm²，认为该期适宜降水量应少于 200mm。山东省蓬莱市气象站（1978）对该市 15 年的降水与花生生产量分析认为，该期的降水量以 200mm 为宜，少于 100mm，如不灌溉补充水分则严重减产（万书波，2018）。

(二) 干旱胁迫

干旱等环境因素是影响农业生产的常态，严重影响农作物产量。近年来我国花生种植面积迅速扩大，但主要分布在旱作地区，生育前期常遇春旱，且生长季节雨量分配不均以及年际间波动较大，缺少灌溉条件，加之瘠薄的沙质土壤，导致花生旱害频发，干旱引起的花生减产率平均在 20% 以上，在各种环境胁迫因子中，干旱造成花生的损失最大（姜慧芳和任小平，2004；张智猛等，2011）。

干旱胁迫下，叶片气体交换参数和光系统 II（PS II）活性的下降是作物生物量降低的主要因素，抗旱性较强的品种具有较高的光能转化能力（Nautiyal et al., 1995；Clavel et al., 2006）。干旱胁迫初期花生叶片净光合速率（Pn）的降低是由于水分不足引起的气孔部分关闭导致的气孔限制，而在胁迫加重的过程中，净光合速率的降低则是由叶肉细胞光合酶等活性下降、反应中心蛋白组分周转受抑等因素导致的非气孔限制（Nautiyal et al., 1995；Flexas et al., 1998）。严重干旱胁迫易导致花生 PS II 反应中心受损，活性受到抑制，降低了花生叶片的 Pn（厉广辉等，2014a）。

干旱胁迫初期，花生叶片超氧化物歧化酶（SOD）、过氧化氢酶（CAT）活性、可溶性蛋白质（Pr）、游离氨基酸（AA）、脯氨酸含量（Pro）显著升高，但随干旱处理程度加强，保护酶活性与渗透调节物质降低，丙二醛（MDA）含量显著升高。苗期干旱对生育后期保护酶及渗透调节能力的影响较小，各渗透调节物质的调节能力表现为可溶性蛋白质>可溶性糖>游离氨基酸>脯氨酸（张智猛等，2013）。

根系是植物吸水的主要器官。干旱来临时其最先感知，迅速产生化学信号向地上部传递，促使气孔关闭以减少水分散失（Jia and Zhang, 2008），并通过自身形态和生理生化特征的调整以适应变化后的土壤水分环境。不同土壤水分状况下植物的根系构型可能会表现出显著差异，进而影响植物吸收养分和水分的能力。因此，研究不同土壤水分状况下花生根系形态构型的可塑性对于提高花生养分和水分利用效率具有重要意义。土壤水分状况对植物根系生长和形态发育有很大影响。干旱胁迫下，根系生长受到抑制，根系生物量、根冠比、根长、根系表面积和体积等发生变化以适应干旱胁迫（Kato and Okami, 2010）。中度干旱胁迫使根长密度、根系生物量均主要分布于 0~40cm 土层中，各生育期总根长、根系总表面积和总体积均降低，干旱胁迫增加了 20~40cm 土层内根系生物量、根系表面积和体积，而降低了 40cm 以下土层内各根系性状和根系活力降低（丁红等，2013）。

15% PEG 处理后的花生叶片 cDNA 文库进行差异基因表达谱分析表明，转录组基因表达表现出高度的不均一性和冗余性。根据已知序列信息鉴定出 935 个差异表达基因，其中 64.5% 下调表达。差异表达基因广泛涉及糖、蛋白、核酸和脂类等生物大分子代谢、能量代谢以及次生代谢过程。其中 9 个类黄酮代谢相关基因在干旱胁迫下显著上调表达，4 个编码类黄酮合成酶类，3 个编码甲基转移酶，2 个编码 MYB 转录因子（孙爱清等，2013）。

干旱胁迫引起不同花生品种生物量的降低幅度不同，表现为生物量抗旱系数有较大差异，因此通过选取相关系数，建立花生抗旱品种鉴选标准体系对于指导花生旱地栽培具有重要意义。

（三）湿涝

在世界湿润地区、半干旱地区，湿涝是作物生产中的一个严重问题。据估测，全球约10%的耕地遭受湿涝灾害，导致作物减产20%，约50%的水浇地受到排水不良的影响。2008年我国农作物洪涝受灾面积达$8.9×10^6hm^2$，其中成灾面积$4.5×10^6hm^2$，粮食减产$1.5×10^{10}kg$，直接经济损失达515.4亿元；2010年全国农作物受灾面积达$1.8×10^7hm^2$，成灾面积$8.7×10^6hm^2$，粮食减产$2.5×10^{10}kg$（王懋，2012）。长期以来有关花生干旱的研究甚多，认为花生是耐旱性较强的作物。花生适应半干旱和半湿润条件，而在潮湿的热带地区，花生生育前期和成熟之前的湿涝，可引起严重减产。东亚、东南亚花生产区（年降水量1 000~3 000mm）和南美洲产区（年降水量1 600mm左右）是世界花生湿涝危害的重灾区，北美洲产区（年降水量1 000~1 500mm）可出现一定的湿害，非洲产区（年降水量350~1 500mm）的雨季花生（6—10月）有时亦发生湿害。我国东南沿海、长江中下游、黄淮海平原、辽河中下游和松花江等地是洪涝灾害发生较多的地区，尤以黄淮海平原和长江中下游最为严重，占全国受灾总面积的75%以上（周伟军，1995）。我国花生多分布在北部温带到南部热带的季风气候区，年降水量330~1 800mm，降水的时空分配不匀，旱涝多发。长江流域的春涝和春夏连涝、华南地区的夏秋之涝出现频率甚高，尤以平原区和稻田区花生湿涝较严重，地势相对较高的旱地花生也难免遭遇因长期阴雨引起的湿害；作为世界花生分布北缘地区的东北、华北产区，夏涝亦时有发生（李林等，2004a）。

湿涝害（water logging）是湿害（wet）和淹涝害（flood）的统称，前者是指土壤水分达到饱和时对植物的危害，后者为地面积水淹没作物基部或全部而造成的危害（张福锁，1993）。与洪涝相比，湿涝害属于缓变型水害，不易被及时发现。根据土壤水分来源，可以将湿涝害划分为4种类型（欧阳惠，2001）：一是降雨型，系由霪雨补充土壤水分，使得作物在土壤含水量和受渍时间上都超出耐受能力。该类湿涝害影响面最广，但最容易被忽视。地势较高的旱作物主要受此类湿涝害。二是地表径流补给型，系由洪水漫溢，流入临近河溪、湖泊的低洼地区，或过度灌溉，而土层渗透性差，排水不良造成。三是地下水补给型，表现为地下水位过高（一般指50cm以内），地下水经毛细管上升至耕作层，土壤长期过湿造成。河湖平原地区的作物、水旱轮作的旱作物易遭受第二、第三类湿涝害。四是混合补给型，由降水、地表径流（灌溉）、地下水等两种以上补给来源形成。

植物受湿涝后，首先根部缺氧（多数作物根系的缺氧胁迫浓度为0.5%~2%），继而土壤厌氧微生物代谢活跃，产生多级次生胁迫，包括还原毒物积累、离子胁迫以及气体胁迫（CO_2、乙烯、甲烷）等（张福锁，1993）。先使主根停止生长，茎叶失水，叶片发黄变红，加快脱落，新叶形成受阻（张福锁，1993a）。

花生幼苗期湿涝处理1~2d对根瘤数、根系干重影响较小，对地上部干重、开花数影响较大；4~6d湿涝处理则影响甚大（Krishnamoorthy et al.，1981）。在花生开花至结荚阶段，雨水过多或排水不畅，就会引起茎蔓徒长甚至倒伏，根瘤菌的形成和生长受阻，子房的发育和荚果的膨大受抑，饱果率降低。花生根系具有无限生长习性，土壤水分状况可影响其分布深度和数量（Ketring et al.，1982）。

植物经短时间湿涝处理后，地上部乙烯含量增加，可抑制 IAA 向茎运移，减慢 IAA 由地上部运往根部，因而 IAA 在地上部累积，而长时间淹水处理后，死亡或正在死亡的根组织很可能产生 IAA，从而使整个植株 IAA 含量增加。植物遭受湿涝逆境时，内源激素 ABA 含量也增加，以增强抗逆性，其中根部 ABA 经木质部运往地上部。根部是赤霉素等激素合成的主要场所，淹水可直接抑制其合成（张福锁，1993a）

淹涝易引起花生根系活性氧清除酶（SOD、POD、CAT）活性下降，MDA 含量上升（谭红姣等，2014）。湿涝使多数供试花生品种株高降低、单株分枝数、总果数与饱果数减少（刘登望等，2009）。

三、盐碱胁迫

土壤盐渍化是影响农业生产和生态环境的严重问题，全球有 6% 以上的土地（$>8\times10^8 hm^2$）为盐碱地，而我国则有近 $8\times10^6 hm^2$ 的盐碱地，土地盐碱已经成为限制作物总产量的一个主要因素。

盐胁迫影响植物生长主要包括两个方面：一方面盐离子降低植物对水分的吸收引起渗透胁迫或失水，从而造成植物生长缓慢。研究表明渗透胁迫是盐胁迫最先产生的方式。另一方面根系吸收大量 Na^+ 与 Cl^- 后造成的离子毒害，不仅抑制光合作用，而且 Na^+ 过高会抑制植物对必需元素 K^+ 的吸收，造成离子稳态平衡改变以及代谢失调。

盐胁迫造成细胞失水，光合作用下降，活性氧过量积累，膜脂过氧化，改变膜的结构与透性，破坏正常代谢过程，蛋白质分解加强、合成过程削弱，核酸代谢受到破坏，植物激素变化，最明显的是 ABA 含量增加，植株衰老加快。

花生属中等耐盐作物（Abrol et al.，1988），芽期和幼苗期是花生对盐胁迫最敏感的时期（吴兰荣等，2005）。慈敦伟等（2018）报道，盐胁迫抑制花生萌发出苗、植株形态建成和物质积累，且存在剂量效应。低胁迫浓度（0.15%）下，出苗和植株生长受影响小；中等胁迫浓度（0.30%）下，出苗较晚，植株生长受影响较大；较高胁迫浓度（0.45%）下，出苗晚，植株生长受到严重抑制。在一定时间内，随着出苗时间的延长，出苗率、植株形态和物质积累均降低，胚轴长伸长幅度增加，子叶物质消耗减少。随盐胁迫浓度的增加，花生出苗时间延长，植株形态建成抑制加重，物质积累减少（慈敦伟等，2015）。

对成苗而言，盐胁迫显著抑制了花生植株的生长，主茎高度降低了 15.42%，侧枝长度下降了 16.07%，分枝数减少了 32.52%；各时期花生总生物量的积累均出现了显著下降，始花期、下针期、结荚期和收获期分别下降了 22.86%、36.58%、38.22% 和 25.54%。荚果产量平均下降 25.3%，降低了叶绿素含量和抗氧化酶活性，丙二醛（MDA）含量、叶片相对电导率增加，盐胁迫降低了（孟德云等，2015）。花生光合作用受抑，活性氧积累，PSⅡ 受体侧受到伤害（Qin et al.，2011）。显著抑制根发育，单株根干重明显下降（侯林琳等，2015）。同时盐胁迫抑制根瘤菌发生，影响花生固氮效应（迟玉成等，2008）。盐胁迫可诱导花生幼苗可溶性糖、脯氨酸、可溶性蛋白和游离氨基酸含量显著增加（高荣嵘等，2017）。

四、营养元素不均衡

钙是形成土壤结构的主要盐基成分，由于施用氮肥产生的酸化现象，加速了土壤胶体中钙的溶解并使之淋溶，造成土壤结构解体而板结。pH 值 5.5 以下的酸性土壤中的交换性钙与硝酸根和氯离子结合呈硝酸钙和氯化钙流失掉。2006 年福建省福清、平潭、晋江和南安等 6 个沿海花生种植大县的 69 万亩花生因缺钙造成空秕率达 9%~15%（吴凌云，2006）。近年来山东省鲁东和鲁中南山地丘陵区均有缺钙地块，其中招远 60% 的农田 pH 值低于 5.5（杨力等，1998），文登部分山区的可交换钙含量仅为 0.2g/kg 土样（本课题组数据）。

花生是以种子为经济指标的喜钙（Ca）作物，需钙量大，亩产荚果 300~400kg 的大果品种需要钙素（CaO）3.62~8.56kg，仅次于氮和钾，高于磷。与同等水平的其他作物相比约为大豆的 2 倍，玉米的 3 倍，水稻的 5 倍，小麦的 7 倍，且花生产量形成所需要的钙有 90% 由荚果直接从土壤中吸收。钙是植物生长发育过程中必需的营养元素之一，它参与从种子的萌发、生长分化、形态建成到开花结果等全过程。花生缺钙严重影响籽粒的发育，造成籽粒空秕，影响花生产量，见下图（Li et al., 2017）。同时钙还是植物中重要的信号物质，钙信号转导途径参与植物对多种环境胁迫的响应，提高植物的抗逆性。

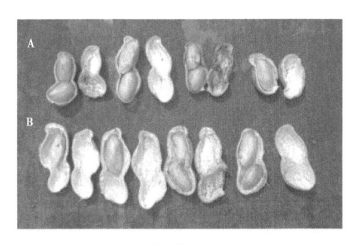

图　土壤可交换 Ca²⁺含量对花生荚果发育的影响（Li et al., 2017）

试验在可交换 Ca²⁺含量 Ca²⁺4g/kg（土壤干重）的农田进行

A. 施用 CaO 120kg/hm²；B. 未施用 CaO

通常栽培上把花生生育期分为四个时期：幼苗期、开花下针期、结荚期和饱果期（万书波，2018）。早期关于花生各时期的各种营养元素吸收规律研究表明，对 N、P、K、Ca 等主要肥料在幼苗期的需求量都较低，N 肥在开花下针期和结荚期的需求量较大、并在饱果期明显下降，而 Ca 的需求量则在开花下针期明显增加，在饱果期维持较高的状态（表 2-1，表 2-2）。但这些数据的标注都是基于各时期营养元素占全生育期百分数来表述的，幼苗期本身的营养体比较小，体现了花生不同发育时期对不同营养需求的大体趋势。

表 2-1 不同生育期 ^{45}Ca 在花生各部位的分布 （万书波，2018）

植株部位	苗期		花针期		结荚期		收获期	
	脉冲	%	脉冲	%	脉冲	%	脉冲	%
生长点	80	3.0	2 646	1.4	16 888	1.2	5 835	4.6
茎	284	10.7	25 098	13.0	216 449	15.2	40 874	32.1
叶	1 940	73.2	156 977	81.1	1 031 415	72.2	51 800	40.7
根	348	13.1	8 513	4.3	33 942	2.4	11 848	9.3
荚果	—	—	365	0.2	128 693	9.0	16 991	13.3
合计	2 652	100.0	193 599	100.0	1427 387	100.0	127 348	100.0

表 2-2 花生各生育期对钙的吸收与分配（占全株总量%）（万书波，2018）

生育期	全株总量		营养体		生殖体	
	累积量	绝对量	累积量	绝对量	累积量	绝对量
幼苗期	10.0	10.0	10.0	10.0	—	—
开花下针期	46.2	36.2	43.9	33.9	2.3	2.3
结荚期	85.5	40.3	76.9	33.0	9.6	7.3
饱果期	100.0	13.5	83.5	6.6	16.5	6.9

幼苗期是花生生长的相对旺盛期，营养体发育快，适量补充 Ca 将有利于壮苗，根系处于发育期，根瘤菌处于侵染或发育期，尚不具有固氮能力。在主茎约 3 片叶追施氮肥有助于根瘤菌的发育。

通过固氮难以满足需要。由于荚果发育需要较多的光合产物，从而需要避免脱肥和植株早衰，需要及时补充 N 肥以维持较高的光合作用水平，而鉴于果针入土 10d 后，籽粒开始对 Ca 肥大量摄取，应在此时期补充 Ca 肥。

第二节　非生物逆境胁迫的作用机理

一、光　照

光合作用产物是维持地球生命体的主要营养来源。所以光照对植物的影响方面，光合作用是主要关注点。任何植物的光合作用对光照强度都有一个阈值，低于光补偿点和高于光饱和点，都会影响光合作用的正常进行，若伴随其他因素，如处理时间的延长、低温、干旱、渍涝或盐碱等，会加重光强的胁迫效应，引起严重光抑制，对植物造成伤害，甚至死亡。

不同光强对植物造成影响的主要机制有以下几个方面。

1. 弱光胁迫

影响叶绿体发育，叶绿素含量会下降，叶绿体个数、基粒数和淀粉粒数减少，叶绿体膜和基粒片层破损（吴正锋等，2014），同时细胞内保护酶 SOD、POD 和 CAT 等活性降低（李应旺等，2010）。弱光适应降低了植物利用强光的能力，当转到强光条件下时，由于能量过剩极易造成活性氧积累，诱发严重光抑制。

2. 强光胁迫

也会引起花生光系统的严重光抑制，依赖于叶黄素循环的非辐射能量耗散、活性氧清除等光保护机制受破坏、光系统反应中心蛋白组分周转受抑，净光合速率降低，光合能力下降（Yang et al.，2013，2015）。

3. 闪光胁迫

高强度闪光会诱发 PSⅡ 反应中心的光失活，且这种失活与叶黄素循环或活性氧伤害的关系不大（Li et al.，2014），但若长时间胁迫处理，PSⅡ 反应中心因蛋白组分失活而造成的能量过剩不可避免地会引发活性氧的积累及过氧化伤害。

无论在何种光强下，长时间的胁迫都会引起活性氧的积累。在植物细胞正常代谢过程中，活性氧可由多种途径产生。如叶绿体、线粒体和质膜上的电子传递都会产生一个不可避免的后果：电子传递至分子氧，随之产生活跃的、具有毒性的活性氧。生物和非生物胁迫的介入都可使活性氧的水平升高。光合机构的光破坏在许多情况下是由过剩光能导致的活性氧引发的，植物对氧化胁迫的抗性与活性氧清除能力的大小密不可分（Hodges et al.，1997）。自 McCord and Fridovich（1960）提出生物自由基伤害学说以来，现已被广泛地用于研究需氧生物的毒害机理。植物体即使在正常的条件下，光合器官除产生 O_2 外，还生成具有破坏性的活性氧（Asada and Takahashi，1987）。引发光氧化损害的两类活性氧是超氧阴离子 $O_2\cdot^-$ 和单线态氧 $^1O_2$，$O_2\cdot^-$ 主要由 Mehler 反应产生，$^1O_2$ 则由 O_2 与三线态叶绿素或三线态 $P680^+$ 作用产生的（郭连旺和沈允钢，1996）。当逆境胁迫加重，特别是强光下伴有低温等其他逆境时，如果依赖叶黄素循环的热耗散不能迅速耗散掉过剩能量，或光合碳同化受阻，就会导致过剩激发能向产生活性氧的方向转移。活性氧对光合器官具有破坏作用，自由基的积累会导致细胞膜系统的膜质过氧化伤害，造成膜结构破坏和功能丧失，结果表现为膜透性增大和离子泄漏（Mead，1976）。破坏严重时会引起抗氧化剂的降解和色素的漂白，称为光氧化（Wise and Naylor，1987）。近年来有关各种逆境胁迫因子对植物的伤害，特别是低温光胁迫的研究，都表明主要是由于逆境条件下产生的大量活性氧所致（刘鸿先等，1989）。

有研究认为叶绿体过氧化物产生位点是 PSI 还原侧（Asada，1994），而清除活性氧的酶，如 SOD 和 APX 也位于或接近 PSI 反应中心（Miyake and Asada，1992；Ogawa et al.，1995）。也有人认为，暗中由黄嘌呤/黄嘌呤氧化酶产生的过氧化物也能使离体类囊体膜的铁硫中心和 PSI 活性下降（Inoue et al.，1986）。

在 PSI 光抑制发生的同时，羟基自由基随之积累（Jakob and Heber，1996），羟基自由基还可能参与 psaB 蛋白的降解（Sonoike，1996a；Sonoike et al.，1997）。至于羟基自由基的形成途径，有人推测在还原态 Fe-S 中心（F_X、$F_A/_B$ 和 Fd）存在的条件下，

H_2O_2 可能通过 Fenton 反应形成羟基自由基（Sonoike，1996b；Sonoike et al.，1997）。Terashima et al.（1998）的试验表明，低温和弱光下的黄瓜叶片通过 Fenton 反应形成羟基自由基，并引起 PSI 伤害。

Golbeck et al.（1987，1991）报道，当 PSI 受体侧完全还原后，$P700^+/A_0^-$ 或 $P700^+/A_1^-$ 重组产生三线态 P700，此种三线态的叶绿素也可与分子氧反应生成单线态氧，从而引起 PSI 的光抑制伤害。有报道认为活性氧伤害是引起 PSI 活性下降的主要因素（Li et al.，2005）。

二、水　分

（一）干旱

干旱胁迫对植物的作用可分为两个进程：一是干旱初期，植株因干旱开始失水，ABA 含量增加，气孔关闭，净光合速率下降，光系统能量过量，活性氧积累；二是干旱加重，活性氧伤害加剧，膜脂过氧化，细胞膜透性被破坏，物质合成过程受抑，分解过程增强，细胞代谢紊乱。

干旱胁迫时，植物原生质膜的组成和结构发生明显变化，细胞膜透性被破坏，细胞不能正常分裂和增大，叶表面气孔关闭，光合作用光能转换、电子传递、光合磷酸化和暗反应被抑制，叶绿素含量及光合酶活性下降，同时由于得不到外界 CO_2，光反应所形成的化学能不能被用掉，叶片就会发生光抑制作用，造成叶绿体超微结构的损害，最终导致光合作用下降（戴高兴等，2006）。随着细胞脱水，核酸酶活性提高，DNA 和 RNA 含量减少，多聚核糖体解聚及 ATP 合成减少，蛋白质合成受阻，分解加强，游离脯氨酸、脱落酸、活性氧和丙二醛积累，超氧化物歧化酶、过氧化物酶、过氧化氢酶活性增强（戴高兴等，2006）。此外，干旱胁迫还可能引起植株体内水分重新分配、氮代谢受到破坏及酶系统发生变化等。水稻抽穗期干旱，每穗粒数、结实率、千粒重都下降，但根系活跃吸收面积增大，α-萘胺氧化活力增强，抗旱性强的品种，TTC 还原活力增强，抗旱性弱的品种，TTC 还原活力降低（徐孟亮等，1998）。研究表明，植物根系吸收水分能力的 90% 以上是由水孔蛋白依赖的共质体运输所决定的（Peret et al.，2012）。同时，水孔蛋白参与了植物对氮、硅等矿质元素的运输和吸收（Ma et al.，2006；Li et al.，2014）。许多研究表明水孔蛋白与植物对非生物胁迫的抗性密切相关。很多水孔蛋白转基因植物可以提高植物对逆境胁迫的抗性，如人参中 *PgTIP*1、番茄中的 *SlTIP*2；2 等（Peng et al.，2007；Sade et al.，2009）。

植物耐旱性属于多基因控制的数量性状。对拟南芥中干旱相关基因表达与植物激素关系的研究发现，641 个激素响应基因参与干旱反应，其中 95 个基因是干旱和 IAA 响应的重叠基因，说明干旱胁迫信号可能同时受生长素调控（Zhou et al.，2007；Geng et al.，2013）。干旱胁迫下，GH3 通过 MYB96 介导的转录调控，影响植物体生长素的浓度从而调节侧根发生和植物株型。对抗旱性较强的小麦（李永春等，2008）、大豆（宋雯雯等，2010）、花生（孙爱清等，2013；Hou et al.，2014）等栽培品种根系 cDNA 文库差异基因表达谱分析表明干旱下调表达的基因多于上调表达的。

（二）渍涝

魏和平等（2000）报道，淹水条件下玉米叶片细胞液泡膜先内陷并松弛，然后叶绿体向外突起形成一个泡状结构，随后破裂，直至细胞核解体。淹水 6h 后，玉米幼苗初生根根尖分生细胞内质网断裂片段大量分布；淹水 12h 后质体的淀粉粒开始降解，液泡膜发生破坏；淹水 18h 后线粒体呈伸长状态，形成自体吞噬泡；淹水 24h 后质体变形呈杯状，细胞壁明显降解；淹水 48h 后质体显著消化，多部位出现膨胀，膨大处双层膜降解；淹水 72h 后根尖分生细胞死亡。

淹水一方面易诱发光抑制，光合能力下降，厌氧代谢增强；另一方面易导致根系吸收营养元素的能力降低，叶绿素含量减少，光合作用减弱而致使淀粉积累迅速减少，组织内糖分急速消耗，引发"糖饥饿"现象（李阳生和李绍清，2000）。渍涝降低了植物根系和土壤之间的气体交换，植物体内缺氧，厌氧代谢产物乙醇、乙醛均对细胞有毒害作用，蛋白质结构破坏后产生的乳酸及液泡 H^+ 外渗是引起细胞质酸中毒的直接原因；缺氧环境一方面破坏线粒体结构，致使细胞能荷偏低；另一方面使细胞中自由基增多，造成膜脂过氧化伤害，质膜透性增加（Fan et al.，1988）。

涝渍时花生根系乙醇脱氢酶（ADH）活性即乙醇发酵均有大幅增加，这在短期内表现为一定的适应性（厌氧呼吸供能），但乙醇过量积累易对根系造成伤害（刘登望和李林，2007）。湿涝时花生对 N、P、K 和 Ca、Mg 的吸收和积累严重受抑（刘飞等，2007）。

三、盐　碱

盐胁迫初期，土壤水势降低，植物根部细胞丧失利用水势差吸取水分的能力，甚至在盐浓度过高时，还会引起体内水分外渗，造成生理干旱，形成渗透胁迫，进而引起气孔导度下降，光合作用能力降低。土壤中 Na^+ 含量的增加阻碍植物体内 K^+ 的运输与吸收的同时引起离子毒害，一方面造成植物体内营养失衡，影响植物的生长发育；另一方面离子毒害引起活性氧过量积累，引起膜脂过氧化，膜质通透性增大，生物膜失去完整性，细胞失去正常的生理机能，造成生理代谢紊乱，严重时造成植物死亡。

植物在进化过程中为应对各种逆境胁迫形成了复杂的调控网络。激素调控途径（Kitomi et al.，2011；Mroue et al.，2017）、钙离子（Ca^{2+}）信号转导途径（Kudla et al.，2010）、一氧化氮（NO）信号（Besson-Bard et al.，2008）等是植物本身所具有的响应外部环境刺激的重要途径。尤其是激素信号途径，不但与根系的发育与形态建成密切相关，而且参与了植物根系对干旱、盐等逆境胁迫的响应（Naser and Shani，2016；Jung et al.，2015）。

植物在遭受盐胁迫时产生的初生根伸长、侧根发育、根的向重力性改变等也是植物规避高盐危害的一种非常重要的适应策略。盐胁迫通过调控生长素浓度梯度和再分配，影响拟南芥的侧根数、侧根和初生根生长及根的生长方向（Galvan-Ampudia and Tes-terink，2011；Galvan-Ampudia et al.，2013）。Aux/IAA 和 ARF 是介导生长素响应的两个重要蛋白家族。Aux/IAA 蛋白通过与 ARF 转录因子互作介导生长素响应，直接调控生长素早期响应基因的表达。在水稻中已鉴定出多个 OsIAA 和 OsARF 被干旱和盐渍胁迫所诱导（Song et al.，2009）。高粱中盐胁迫下许多 SbARF 在叶片中被上调而在根中却显著下调（Wang et al.，2010）。盐胁迫能够引起根细胞中淀粉粒的快速降解，急剧降低 PIN2 含量，进而调控生长素在根中的不对称分布，导致根的向重力性改变（Galvan-Ampudia et al.，2013；van den Berg et al.，2016）。

盐胁迫引起的钙信号可以启动植物体中的 SOS 途径，SOS3 钙结合蛋白上的 FISL/NAF 结构域与 SOS2 激酶 C 末端调控结构域发生互作并将 SOS2 招募到质膜上，通过依赖于 Ca^{2+} 的方式激活 SOS2 的激酶活性（Lin et al.，2014），接着 SOS2-SOS3 复合体通过将 SOS1C 末端自我抑制结构域处直接磷酸化而激活 SOS1 的活性（Ma et al.，2014）。与 SOS3 功能类似的钙结合蛋白 SCaBP8（SOS3-like calcium binding protein 8），也被称为 CBL10（calcineurin B-like 10），同样负责激活 SOS2。SOS3 在根中发挥功能，而 SCaBP8 则在叶中表达与发挥功能（Quan et al.，2007；Meng et al.，2015）。

在盐胁迫下，IAA 和 GA 均促进多胺的产生，ABA 抑制多胺的合成（Duan et al.，2013；Ding et al.，2015），多胺与乙烯的合成又存在竞争关系等，最近的研究表明乙烯反应可能是由生长素介导的。乙烯信号途径与生长素运输途径相互作用，共同调控植物根系对盐胁迫的应答。盐胁迫可诱导产生乙烯，而乙烯会诱导邻氨基苯甲酸合成酶基因的表达，尤其是其在根尖中的表达，使色氨酸的生物合成增加，进而促进生长素的生物合成（Hodge et al.，2009），钙离子信号与激素信号在植物抗逆胁迫机制中的关系及调控作用还有待进一步研究。

NO 通过对一个蛋白甲基酶的修饰，促进在植物抗盐反应中精氨酸的去甲基化，从而提高了植物的抗盐能力（Hu et al.，2017）。油菜素内酯通过调控根系的发育显著提高植物对多种逆境胁迫的耐受性，如高温胁迫、低温胁迫、干旱胁迫、盐害胁迫等（Nolan et al.，2017）。BR 信号转导的关键组分 BZR1 在根中呈现梯度分布，在伸长区 BZR1 含量较高而且主要定位在细胞核中，而在分生区 BZR1 含量较低且主要定位在细胞质中。BR 处理后分生区的 BZR1 含量快速升高，并定位在细胞质中，通过一种目前未知的方式调控根尖分生组织的活性（Chaiwanon and Wang，2015）。

四、酸性土壤

酸性土壤通常指 pH 值小于 7 的土壤总称，包括砖红壤、赤红壤、红壤、黄壤和燥红土等土类。我国热带、亚热带地区酸性土壤较广泛分布。酸性土壤质地疏松，透气透水性强，因此土壤中营养元素极易淋失，造成缺素症，土壤酸化也会导致土壤僵硬板结，甚至地表结皮。板结的土壤会使作物的根部窒息，根系会出现数量减少、形态短粗、扎根浅等症状，那就影响到作物对水分和养分的吸收（蒋先军等，2000）。

土壤酸化的有多种成因，其中地质条件是一个主要原因，另外，还有化肥施用不合理、工业污染、环境因素以及农药不科学使用等（李继红，2012），其中化肥施用不合理就是一个重要因素。20 世纪 80 年代以来，中国氮肥用量相当惊人，在占世界 7% 的耕地上消耗了全球 35% 的氮肥。中国粮食年产量从 1981 年（3.25×10^8 t）至 2008 年（5.29×10^8 t）增长了 63%，而氮肥消费量却增长了近 2 倍。

钙是形成土壤结构的主要盐基成分，由于施用氮肥产生的酸化现象，加速了土壤胶体中钙的溶解并使之淋溶，造成土壤结构解体而板结。pH 值 5.5 以下的酸性土壤中的交换性钙与硝酸根和氯离子结合呈硝酸钙和氯化钙流失掉。钙是花生所必需的第四大元素，酸性土壤对花生生产的最大不利因素就是土壤中可交换性钙不足，造成了荚果发育不饱满，限制了产量的提高。

五、钙素营养

Ca^{2+}是植物生长发育过程中必需的营养元素之一，它参与从种子的萌发、生长分化、形态建成到开花结果等全过程（潘瑞炽和董愚得，1995）。它还参与细胞壁的构成、保护质膜的稳定性和流动性、促进花粉管的生长和伸长、作为细胞中不同的酶的活化剂，同时它还是植物中重要的第二信使，不但可以单独作为信号物质还与细胞内 Ca^{2+} 受体—钙调蛋白（CaM）结合起作用。Ca^{2+}受体除 CaM 外，还有类似 CaM 的含有 EF—手型结构的钙结合蛋白、Ca^{2+}调节的蛋白激酶和没有 EF—手型结构的钙结合蛋白等，它们在信号传递的过程中起着重要的作用（Hetherington and Brownlee，2004）。细胞受外界刺激致使浓度提高的 Ca^{2+} 可作为信号物质诱导胁迫响应基因的表达，基因产物通过直接或间接的作用调节植物对环境胁迫的响应，有 230 个 Ca^{2+} 参与的基因响应不同的环境胁迫，其中有 162 个上调，68 个下调（Mahajan and Tuteja，2007）。

本实验室的研究结果表明，钙素一方面通过 Ca^{2+} 信号转导途径介导花生抗逆途径（Yang et al.，2013；2015）；另一方面与激素信号途径共同调控花生荚果的发育（Li et al.，2017；Yang et al.，2017）。除此之外，Ca^{2+} 通过多个通路调控基因的表达对盐胁迫进行响应，例如，Ca^{2+} 依赖蛋白激酶（CDPKs）的直接磷酸化和去磷酸化改变酶活或者间接的修饰转录机制，最终改变基因的表达模式来达到适应盐胁迫的目的（Mehlmer et al.，2010）。植物受到环境胁迫引起的离子不平衡是通过钙参与 SOS 途径和钙调磷酸激酶（CAN）途径进行响应，而胁迫引起的渗透胁迫是通过不同的途径，例如，钙参与的与 MAPK 有关的蛋白磷酸化、PLC/DAG 途径等进行响应（Boudsocq and Lauriere，2005）。钙素相关作用机理将在第五章中详细论述。

第三节　花生生物逆境胁迫机理

生物胁迫包含的内容比较广，本章重点花生传统一穴多粒种植造成的株间竞争。

一、物种竞争与种间竞争

植物竞争是不同植物为争夺共同需求的生长资源产生阻碍或制约的相互关系，是塑造植物形态、生活史以及植物群落结构和动态特征的主要动力之一，是生物学领域一个非常重要的方面，同时也是决定生态系统结构和功能的关键生态过程之一。竞争被分为种间竞争和种内竞争。

植物个体间的非对称性竞争被定义为大个体比起小个体在竞争中拥有与其尺寸不成比例的优势（陈仁飞，2015）。这种不对称性导致了对于小个体的生长抑制，从而增加了不同竞争者之间相对大小的差异。在作物生产中，利用植物竞争原理可以为作物高产做理论依据。作物产量与植株整齐度呈高度正相关关系优良的群体结构（靳立斌，2013），不仅要求在单位面积上有足够的个体，而且要求个体在田间分布合理，发育整齐一致，最大限度地吸收利用自然资源。在环境水分胁迫或营养胁迫条件下，植物根系间的地下竞争与地上竞争同样重要（陈仁飞，2015；余常兵，2009）。花生生产上每穴双粒或多粒种植，一穴双株或多株之间过窄的植株间距及较大的种植密度容易造成植株间竞争加剧、大小苗现象突出，为保证花生在较大密度前提下，减轻株间竞争，最大限度发挥单株潜力，改善群体质量，应扩大株距，保证结实范围不重叠，根系尽量不交叉（沈毓骏等，1993）。花生种子异于其他作物，生产上很难保证种子大小和活力均匀一致，加上较大密度和较高土壤肥力情况下，较窄的株行距容易导致植株发育不均衡（万书波，2003）。张佳蕾（2018b）在花生生产研究中提到竞争排斥原理在植物上表现为，凑在一起的植株必定会竞争有限的光、热、肥、水资源，导致生长发育不一致造成双粒穴播一穴双株之间非对称性竞争，形成大小株，他通过对一穴双株和一穴单株的植株第一侧枝基部10cm节数、分枝数、主茎绿叶数、单株干物质重和荚果重的比较说明双粒穴播一穴双株之间存在较大竞争，强势株和弱势株的株高差异较小，但弱势株的节间数较少、节间长度较大，强势株的单株干物质重和单株荚果重均显著高于弱势株，因强势株的分枝数和侧枝基部10cm内节数较多从而使单株结果数增加，所以强势株与弱势株的存在使双粒穴播不能很好地发挥单株生产潜力，限制了产量更好的提高。沈毓骏等（1993）研究指出，穴播单粒苗期株间相互影响小，植株基部见光充分，细胞伸长量小，节间缩短，基部10cm内的节数增加，利于形成矮化壮苗；减粒增穴单株密植的主茎及侧枝均趋矮化，分枝数及第一对侧枝基部10cm内的节数增多，利于塑造丰产株型（靳立斌，2013）。

山东省农业科学院花生栽培团队项目组应用竞争排斥原理阐明了传统双粒穴播双株生态位重叠、个体竞争加剧是限制产量进一步提高的主要原因。由此改革了种植方式，由双粒穴播为单粒精播，通过"以肥定密、优化株行距"实现群体质量优化。单粒精播生育期的主茎绿叶数和叶面积指数均高于双粒穴播，单粒精播生育前期主茎节数早发快长，生育后期植株保绿性较好，有利于增加光合面积和光合产物积累。单粒精播有效缓解了双粒穴播株间竞争作用，其成熟期的分枝数、叶面积指数、单株干物质重、单株结果数和单株果重均显著高于双粒穴播。超高产条件下花生存在地上部冗余现象，单粒精播对合理优化超高产花生群体结构效果显著（张佳蕾等，2015c）。

二、生物群体质量与产量的相关性

在作物产量这个研究热点上，一直以来国内外众多学者在多种不同作物上，从多个的角度及层面上展开了深入研究与探讨。Mason and Maskill（1928）首先提出作物源库理论是产量形成的重要理论之一，而且得到学术界一致认同，在之后长期的大量研究中，人们基于此理论形成了多种不同的理论体系。日本学者武田友四郎（1969）曾将旨在提高作物产量的育种过程分为三个阶段：第一阶段是扩大单株叶面积，第二阶段改良株型，第三阶段提高叶片光合效率。关于作物高产群体的产量构成、源库关系以及光合产物积累与分配之间的种种关系和矛盾，归根结底是高产群体数量与质量之间的矛盾。作物产量潜力挖掘的层次是由数量性能逐步向着质量性能推进的，在群体机构性增产已经建立的前提下，通过挖掘个体功能将是创超高产的必由之路。

（一）群体质量

在产量构成三要素中，20 世纪 90 年代玉米高产的主要原因是穗粒数增加从而导致公顷粒数的增加，其次是千粒重和穗数；胡昌浩（1992）指出玉米粒数提高的主要特征是果穗变长，穗行数增加。

作物群体质量是反映作物群体本质特征的数量指标，包括多项群体形态生理指标。叶面积是小麦光合产物的主要光合供给源，产量和开花后的叶面积有密切的关联。凌启鸿等（1993）在水稻叶龄模式的基础上，提出群体质量理论，提出群体质量的本质特征在于抽穗至成熟期的高光合效率和物质生产能力，这一观点在玉米高产研究的产量形成机理及高产途径方面具有借鉴意义。黄丕生和王夫玉（1997）在水稻高产群体调控的研究中提出了 3 个原则：一是水稻群体总颖花量不低于 3×10^7 朵/亩；二是提高分蘖穗在穗群中的比重；三是在适宜叶面积指数基础上，尽可能延长光合叶片寿命。

光合性能理论是在生长分析法基础上发展起来的，在光合性能的诸多因素中，关于光合速率与产量的关系及提高光合速率的途径长期以来一直是栽培生理和育种学家热衷的论题。1966 年我国学者归纳了光合性能的五要素，郑广华（1980）并将其与经济产量的关系定义为：经济产量 =（光合面积×光合时间×净光合−呼吸消耗）×收获指数。该理论强调作物产量源自物质的生产及其与环境措施因素的密切关系，弥补了产量构成理论的不足，但其缺点是把复杂的物质分配问题过于简单化的概括为收获指数，在一定程度上忽视了物质的转运和分配。理论上，光合面积较大、光合能力强、光和时间长、光合产物消耗少且分配利用合理就容易获得高产，但叶面积指数往往与净同化率光合速率呈负相关（Bhagsari and Brown，1986）。

作物高产是个体与群体协调的共同结果，合理的群体结构有利于缓解个体与群体的矛盾，有利于穗数、穗粒数和粒重的协调发展。叶面积指数在一定程度上反映了作物群体光合面积的大小，叶绿素是植物进行光合作用的物质基础（王勇，2006）。通过叶绿素荧光可以快速、灵敏和非破坏性的分析环境因子对光合作用的影响。张向前等（2014）在小麦研究中指出，干物质积累量是作物产量形成的物质基础，通过不同群体密度的试验显示了小麦单株干物质、叶面积指数、叶绿素含量、叶绿素荧光参数、产量及经济系数间的差异，以及从光合效能及干物质积累方面解释了群体密度对小麦产量的影响。相关性分析显示了小麦实际光化学效率与单晶干物重、叶绿素含量都成显著（$P<0.05$）直线正相关关系，并且决定系数 R^2 皆大于 0.9，这个结果表明小麦群体叶面积指数在过高的适度的群体密度里能够提高产量，但是群体密度过高反而导致产量下降，主要可能是因为群体叶面积过大降低了群体的通风透光能力，导致个体间竞争加大从而使群体易倒伏及发生病虫害，最终导致产量下降。小麦营养器官光合产物在营养器官累计的多少直接影响后期小麦的粒重和产量的形成。

源库概念通常是以同化物的输出和输入的特点来描述的。植物生理学上将源定义为

"代谢源"（Metabolic Source），是接受和储藏同化物质的器官和组织。

花生的源库特征及源库协调程度是花生品种潜力的发挥及产量水平的决定因素，而合理的种植方式及密度是协调群体与个体矛盾，促进源库协调发展的有效栽培措施（梁晓艳，2016）。

（二）群体质量与产量的相关性

花生生产发展中，20世纪的花生种植经常出现产量低，且花生用种量大的现象。因为花生储存条件差，花生在保存过程中易发潮长霉，农民为保证出苗率采用一穴2~3粒的播种方式，因此全国每年的花生用种量占花生总产量的10%，大大增加了农民的种植成本。从生物学角度来说，一穴双株或多株容易造成植株间距过窄而加剧花生植株之间的相互竞争，较高的播种密度又会导致群体和个体的矛盾突出，以致整个生育期大小苗现象严重，群体质量下降；因植株提前衰老，果实不能更好地进行光合产物的合成与积累，严重影响了花生荚果产量的提高。因此花生一穴双粒或多粒的种植模式既造成单株生产力弱又大大限制了花生的高产高效，还因用种量大造成花生种植成本过高。

较高的生物产量是作物获得高产稳产的关键，根系的发育状况及时空分布很大程度上决定了生物产量的高低。一般生产上采取合理密植等措施来增加根系长度、表面积和体积，通过健壮的根系保证生育中后期植株对水分和养料的吸收，从而促进植株干物质的积累，对于进一步提高花生产量具有重要意义（于天一，2012）。在一定的生态环境下，合理的栽培措施是实现源库流协调、提高作物产量的重要途径，而种植方式和密度是重要的栽培措施之一。塑造理想株型、优化产量构成是提高作物产量的有效途径（凌启鸿，2000；马均，2003），高密度群体中挖掘"群体结构性获得"和"个体功能性获得"将是高产栽培的主要目标（陈传永等，2010）。

花生生产中产量提高的原因在于，合理的种植方式及密度，充分发挥了单株生产力，通过单株源库数量的增加来实现群体源库容量的扩建，另外合理的种植方式及密度，改善了群体结构，缓解了群体与个体间的矛盾，优化了群体的冠层微环境，延缓了生育后期叶片的衰老，提高了生育后期叶片的光合性能及物质代谢能力，既保证了源的数量，又改善了源的质量，生育后期充足的源供应能力促进了荚果库的充实与饱满，提高了荚果的饱果率及经济系数，源库关系协调发展，从而实现了产量的最大化。

20世纪90年代，王才斌等（1996，1999）的研究表明，在高产条件下，花生由双粒改为单粒种植，更能发挥单株生产潜力，更有利于实现群体高产，并且明确了每垄2行植比3行植更适合精播栽培。

2014年，山东省农业科学院花生栽培团队以最大限度发挥单株潜力，改善群体质量，提高群体产量为原则，利用竞争排斥原理，创建出单粒精播高产栽培技术，此技术本着"单粒精播、健壮个体、优化群体"技术思路，通过精选种子、增穴减粒，改变每穴双粒的播种方式为每穴单粒，适当减少群体，培育健壮个体的基础上建立合理的群体结构，平衡了群体与个体的关系，通过发挥单株生产力来实现花生群体产量的提高。在一定环境条件下，源、库、流三者的协调程度最终决定花生的经济产量，山东省农业科学院花生栽培团队从源库的协调关系及冠层微环境两大方面展开，深入探讨了单粒精播高产的作用机理。

单粒精播适当扩大株距，在田间配置上使花生的植株分布更加均匀，有效提高了冠层透光率，改善了不同层次的受光条件，减少了漏光损失，有效地提高了光能利用率，明显提高生育期内的冠层温度和 CO_2 浓度，降低空气相对湿度（生育后期效果更加明显），能有效改善群体生长的冠层微环境，延缓冠层下部叶片的衰老与脱落，提高不同层次叶片的光合性能，充分利用不同层次的光资源。

单粒精播与传统双粒或多粒穴播相比具有以下优势：可减少用种量 20%~30%；地下部根系健壮、养分吸收能力强；地上部苗齐、苗匀、苗全、苗壮；分枝数增多，叶面积指数提高；优化节间分布，低节位果针结果增多；净光合速率和群体光合速率显著提高；保护酶活性、代谢酶活性显著增强；提前封垄 7~10d，晚收获 10~15d，高光效时期延长；光合产物分配到荚果增多，经济系数提高。单粒精播密度适宜（15 000株/亩）与双粒穴播相比单株结果数显著增加，经济系数提高 8.3%~10.6%，荚果产量提高 8.1%~11.4%。与双粒穴播相比，单粒精播在总生物量基本稳定前提下，通过提高经济系数来提高荚果产量。单粒精播单株干物质重显著高于双粒穴播，但由于播种量减少 20%以上，实收株数较少使单位面积总生物量与双粒穴播基本持平。

针对花生因传统一穴多粒种植引起的株间竞争引起的生物逆境将是本书在花生逆境胁迫的重点，相关作用机理及农艺措施在第八章和第十章与单粒精播进行对照论述。

第三章　花生对弱光逆境的响应机制

中国是一个人多地少的农业大国。当前人口不断增加，耕地面积不断减少。如何在有限的耕地面积上获得粮食高产，来满足人们日益增长的需求，是亟待解决的问题。许多研究表明，间套作光热资源利用率提高，增幅高达20%，具有一定种植推广价值。

不同作物间套种本身是一个比较复杂的小型生态系统，其光照、温度、湿度、通气条件和水肥管理等均不同于一般只有单一作物的大田。特别是炎热的夏季，在套种中植株相对比较矮小的作物（如花生的植株高度一般低于小麦的植株高度）所接受太阳辐射量明显要少一些，这样可能就会影响花生的生产。间套作体系中花生冠层的光照强度平均只有自然光照下的60%，最低仅为单作的21%（郭峰等，2008）。探讨弱光逆境花生的高产栽培技术措施，并阐明弱光逆境花生生长发育、光合作用对农艺措施改良的响应机制，对实现粮油均衡增产具有重要理论和实践意义。

第一节　弱光逆境下的花生生长发育

花生植株的生长包括营养生长和生殖生长，营养生长是生殖生长的基础。

一、营养生长

国外学者关于弱光胁迫对作物营养生长的影响观点不一。

1. 植株性状

一些学者认为弱光胁迫对作物营养生长有很大的促进作用，表现为生长加快，根冠比增加，根系发达，生物产量显著增加。吴正锋等（2009）研究表明，苗期弱光胁迫花生单株叶面积显著降低，遮光50%和遮光85%处理分别降低48.7%和76.6%；花生幼苗侧枝数显著减少，但主茎高显著增长，花育22遮光50%和遮光85%处理主茎高分别增加38.14%和83.81%，白沙1016两处理分别增加64.71%和88.71%，进一步研究表明苗期弱光胁迫两花生品种使主茎5~7节间显著伸长，花生的主茎粗各节间均显著降低。两品种相比，白沙1016受弱光胁迫影响大（表3-1）。

表3-1　苗期弱光胁迫对花生植株性状的影响（吴正锋，2008）

处理	叶片数	比叶重（mg/cm^2）	叶面积（cm^2）	侧枝数	主茎高（cm）	侧枝长（cm）
HY-CK	8.67Aa	6.68Aa	1 122.39Aa	10.60Aa	14.08Cc	16.86Ab
HY-50	8.00Aab	5.13Bb	586.33Bb	7.50Bb	19.45Bb	20.25Aab
HY-85	7.33Ab	4.04Cc	301.53Cc	4.00Cc	25.88Aa	21.04Aa

（续表）

处理	叶片数	比叶重（mg/cm²）	叶面积（cm²）	侧枝数	主茎高（cm）	侧枝长（cm）
BS-CK	10.00Aa	5.80Aa	935.39Aa	5.60Aa	15.33Bc	19.03ABa
BS-50	8.50Abb	4.72Bb	470.43Bb	4.60Bb	25.25Ab	23.00Aa
BS-85	8.17Bb	3.37Cc	187.30Cc	2.00Cc	28.93Aa	15.40Bb

遮光显著降低叶面积，遮光时间越长叶面积减少越严重。花育22号遮光30d的叶面积为对照的58.5%，而遮光60d处理的叶面积只有对照的41.3%；白沙1016的叶面积减少幅度更大，遮光30d时为对照的49.2%，而遮光45d时仅为对照的22.5%，遮光60d更是降到了18.2%。另外弱光胁迫侧枝数显著降低，但弱光持续时间的影响不大，持续时间长侧枝数占对照的比例反而有所增加（表3-2），这可能因为花生品种的侧枝数主要由品种决定，到一定时期正常生长的侧枝数停止增加，而遮光下植株的侧枝数仍在增加所致。另外弱光胁迫对叶龄数影响不大，而使主茎高和侧枝长显著增加，株型指数有所降低，出现高脚苗现象。花生的第一、二对侧枝是花生的主要结果枝，侧枝发育不良可能是造成花生花量减少、荚果发育延迟、荚果产量降低的重要原因。

表3-2 弱光持续时间对植株性状的影响（遮阴解除时）（吴正锋，2010）

处理	叶龄数	叶面积	侧枝数	主茎高	侧枝长	株型指数
HY-30	98.2	58.5	40.9	286.5	197.3	68.9
HY-45	95.7	63.0	55.6	281.6	153.2	54.4
HY-60	105.1	41.3	49.2	168.2	118.8	70.6
BS-30	84.1	49.2	32.5	338.9	172.6	50.9
BS-45	90.0	22.5	39.6	235.9	168.8	71.6
BS-60	93.8	18.2	46.2	181.6	126.9	69.9

注：单位均为对照相应器官重量的百分率

2. 植株干重

苗期弱光胁迫花生植株各器官的干物质积累速率显著降低，弱光胁迫末期遮光50%和遮光85%处理的花生植株干物质重分别比对照低6.52g/株和9.83g/株，降幅分别为48.8%和73.5%，花生根/冠比升高，侧枝/主茎比降低（表3-3）。说明苗期弱光胁迫对花生地上部分干重的影响大于对根的影响，而地上部分中，对侧枝的影响大于对主茎的影响。两品种相比，苗期弱光胁迫对花育22号的影响小于白沙1016。

表3-3　弱光胁迫对花生单株干物质重与分布的影响（吴正锋，2008）

处理	根（g/单株）	茎（g/单株）	叶（g/单株）	总干重（g/单株）	根/冠	侧枝/主茎
HY-CK	0.50 Aa	4.78 Aa	5.20 Aa	10.49 Aa	0.046 Ab	4.05 Aa
HY-50	0.23 Bb	2.11 Bb	2.13 Bb	4.46 Bb	0.053Aab	1.88 Bb
HY-85	0.08 Cc	0.75 Cc	0.64 Cc	1.47 Cc	0.061 Aa	0.55 Cc
BS-CK	0.72 Aa	6.03 Aa	6.63 Aa	13.38 Aa	0.056Aab	5.23 Aa
BS-50	0.37 Bb	2.97 Bb	3.02 Bb	6.36 Bb	0.062 Aa	2.76 Bb
BS-85	0.17 Cc	1.38 Cc	1.20 Cc	2.74 Cc	0.065 Aa	1.21 Cc

注：同一列中大小写字母表示1%或5%水平下差异的显著性，具有相同字母的数值间差异不显著（下同）

由表3-4可看出，弱光持续时间愈长，花生干物质积累量降低越多，遮光30d花生的干物质重为对照干物质重的32.7%~67.4%，平均43.9%，而遮光60d处理花生的干物质重仅为对照干物质重的27.4%~38.5%，平均31.1%。弱光胁迫花生的根、茎、叶干重降低，但同一遮阴强度下遮阴时间延长根、茎、叶干重并不持续降低，两品种表现相似的趋势。

表3-4　弱光持续时间对花生干物质量的影响（吴正锋，2010）

处理	根	茎	叶	荚果	总干重
HY-30	24.1	104.1	82.2		51.8
HY-45	36.4	95.6	77.1	6.1	25.7
HY-60	33.1	105.0	103.3	11.21	28.5
BS-30	40.2	83.4	67.0		36.0
BS-45	23.5	52.4	45.9		36.1
BS-60	71.5	100.2	85.6	14.91	33.7

注：单位均为各处理占对照相应器官重量的百分率

二、花生生殖生长

1. 开花动态

姚君平等（1992）研究认为，苗期遮光降低了伏花生的生物产量，使其始花期比不遮光的推迟，花生苗期和花针期遮阴（正常光照的26.7%）净同化率分别降低47%~79.7%和77.9%，荚果产量分别降低11.9%和20.7%。吴正锋等（2008）研究表明，苗期弱光胁迫使花育22号和白沙1016盛花期延迟，遮光50%两花生品种盛花期均为出苗后40d左右，大约比对照晚10d，遮光85%处理两品种均为出苗后70d左右，比对照晚40d；苗期弱光胁迫，花生单株开花量均显著减少，与对照相比，遮光50%处理花育 22 号单株开花量减少 36.2%，白沙 1016 减少 46.3%，遮光 85% 处理两品种单株开花量降低幅度相差不大（图 3-1）。

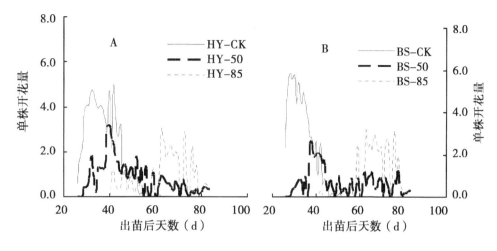

图 3-1 弱光胁迫对花育 22（A）和白沙 1016（B）开花动态的影响（吴正锋等，2008）

2. 产量及产量性状

吴正锋等（2008）研究表明，苗期弱光胁迫花生的荚果产量显著降低。遮光越重，产量降低越多。遮光 50% 处理的荚果产量降低 7.91%~8.0%，而遮光 85% 处理荚果产量降低 31.68%~40.71%。花生的单株结果数随遮光强度的增加显著降低；百果重、百仁重和经济系数遮光 50% 影响较小，遮光 85% 显著降低（表 3-5）。不同基因型品种对苗期弱光胁迫反应不同，弱光胁迫对花育 22 号的影响较小，白沙 1016 的影响较大。

表 3-5 苗期弱光胁迫对花生产量及产量性状的影响（吴正锋等，2008）

处理	产量（g/hm²）	单株结果数	百果重（g）	百仁重（g）	收获指数
HY-CK	6 849Aa	14.2Aa	209.4Aa	80.3Aa	0.527Aa
HY-50	6 301Bb	10.1Bb	200.8Aa	77.7Aa	0.521Aa
HY-85	4 679Cc	7.9Bb	169.1Bb	58.1Bb	0.362Bb
BS-CK	4 524Aa	15.5Aa	146.9Aa	58.2Aa	0.449Ab
BS-50	4 166Bb	10.0Bb	147.4Aa	57.4Aa	0.476Aa
BS-85	2 682Cc	8.1Cc	114.0Bb	37.4Bb	0.316Bb

在小麦套种花生两熟制栽培中，小麦花生共生期间，花生侧枝发育不良可能是造成花生花量减少、荚果发育延迟、荚果产量降低的主要原因。因此，生产中麦收后及时采取措施促进侧枝，尤其是第一对侧枝的发育对麦套花生高产栽培意义重大。小麦收获后尽早施肥、浇水，能显著提高花生光合特性，促进植株发育，可作为促进麦套花生幼苗恢复健壮生长的重要措施。

第二节　弱光胁迫对花生的光合生理的影响

农作物的产量主要来源于光合作用，光照强度对植物的光合特性有显著的影响，过高或过低均会导致光合能力降低。遮阴对作物光合特性的影响，因作物的需光特性、遮阴程度、遮阴时期及持续时间不同而存在较大差异。

一、光合参数

光对植物最直接的作用是光合作用，提供同化力形成所需要的能量，活化参与光合作用的关键酶。随着光照强度减弱，植物净光合速率下降，下降幅度受温度、CO_2 浓度、相对湿度等因素的影响。

1. 光合参数

吴正锋等（2009）研究表明，苗期遮阴花生的净光合速率显著降低，遮阴 50% 和遮阴 85% 处理功能叶片的净光合速率（两年平均值）分别比对照降低 35.25% 和 70.5%。本试验结果表明净光合速率降低的同时，蒸腾速率和气孔导度减小，胞间 CO_2 浓度增加，遮阴下花生光合速率的降低是非气孔限制，即可能是叶肉细胞光合活性的降低或光能供应不足造成的（表 3-6）。

表 3-6　弱光胁迫对花生功能叶片光合参数的影响（吴正锋等，2009）

处　理	净光合速率 $[\mu molCO_2/ (m^2 \cdot s)]$		蒸腾速率 $[\mu molCO_2/ (m^2 \cdot s)]$		气孔导度 $[\mu molCO_2/ (m^2 \cdot s)]$		胞间二氧化碳浓度（$\mu mol/mol$）	
年　份	2006	2007	2006	2007	2006	2007	2006	2007
HY-CK	28.5±0.3Aa	25.4±0.9Aa	6.9±0.9Aa	9.4±0.6Aa	411.8±18.6Aa	764.7±15.0Aa	133.8±2.1Cc	226.3±12.2Bb
HY-50	20.6±0.5Bb	14.3±1.2Bb	5.7±0.5ABa	6.5±0.4Bb	326.0±31.1Bb	465.8±17.9Bb	161.8±11.9Bb	256.0±15.6Bb
HY-85	6.7±1.0Cc	9.2±1.1Cc	4.2±0.3Bb	6.1±0.9Bb	273.3±12.0Bc	244.3±32.3Cc	251.0±3.3Aa	288.0±11.1Aa

2. 光合-光强响应曲线和光合-CO_2 曲线

光合-光曲线指随光强而变化的光合曲线，光合-光曲线的改变表明植物光合机构的运转具有主动适应光照环境的能力。当大气 CO_2 浓度为 350L/L，PPFD 在 0~1 800 mol/ ($m^2 \cdot s$) 范围内变化时，不同光强下花生光合-光曲线形状不同。遮阴 50% 处理的光补偿点和对照相差不大，但遮阴 85% 处理的 LCP 为 88.72mol/ ($m^2 \cdot s$)，显著低于对照。叶片表观量子效率（单位光量子同化固定的 CO_2 的分子数）遮阴 50% 处理和对照差异不显著，而遮阴 85% 处理显著高于对照（图 3-2）。

由图 3-3 可知，遮阴和自然光强下生长的花生光合速率对 CO_2 的响应曲线有差异。自然光照下生长的花生叶片 CO_2 饱和点为 1 390.0 [$\mu mol/ (m^2 \cdot s)$]，而遮阴 50% 和

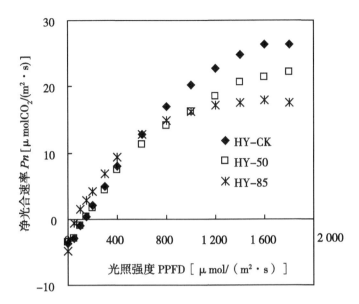

图 3-2　遮阴和自然光照下生长的花生叶片的光合-光响应曲线

（吴正锋等，2009）

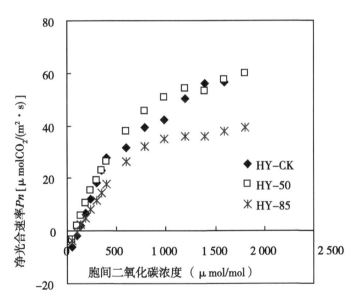

图 3-3　遮阴和自然光照下生长的花生叶片的光合-CO₂ 响应曲线

（吴正锋等，2009）

遮阴 85% 处理的叶片饱和点大约在 1 405 ［μmol/（m²·s）］和 1 506 ［μmol/（m²·s）］；遮阴 50% 处理花生叶片的羧化效率和对照相差不大，而遮阴 85% 叶片羧化效率为 0.0591，比对照低 42%，说明遮阴 50% 对叶片的碳同化能力影响较小，而遮阴 85% 处理花生叶片的碳同化能力显著降低。

二、叶绿素荧光特性

叶绿素荧光参数是反映植物光合效率的重要参数，荧光参数的变化可以从光合作用的内部变化角度进一步揭示花生植株对不良反应的适应性。Fv/Fm 值表示原初光能效率与 PSⅡ 潜在量子效率，又称为 PSⅡ 最大光化学效率，其值大小与光合电子传递活性成正比。qP 光化学淬灭系数，反应 PSⅡ 的开放程度。NPQ 非光化学淬灭，反应热耗散的变化。由表 4-7 可知，遮阴 50% 和遮阴 85% 处理花生叶片的 Fv/Fm 值（两年平均）分别比对照高 12.1% 和 13.4%，差异达显著水平。遮阴 50% 和遮阴 85% 处理花生叶片的 qP 比对照叶片高 16.5% 和 14.8%，NPQ 值则比对照叶片低 42.9% 和 53.8%（表 3-7）。

表 3-7 遮阴对花生功能叶片叶绿素荧光参数的影响（吴正锋等，2009）

年份	处理	PSⅡ 的最大光化学效率 F_v/F_m	PSⅡ 的实际量子效率 $\Phi PSⅡ$	光化学淬灭系数 qP	非光化学淬灭 NPQ	表观光合电子传递速率 ETR
2006	HY-CK	0.74±0.03Bb	0.43±0.09Aa	0.77±0.14Aa	0.77±0.18Aa	2.54±0.28Bb
	HY-50	0.84±0.01Aa	0.59±0.09Aa	0.87±0.07Aa	0.59±0.09ABa	4.10±0.6Aa
	HY-85	0.86±0.01Aa	0.65±0.04Aa	0.83±0.04Aa	0.29±0.05Bb	4.34±0.28Aa
2007	HY-CK	0.81±0.02Bb	0.32±0.02Aa	0.34±0.01Aa	1.24±0.24Aa	3.12±0.03Aa
	HY-50	0.89±0.01Aa	0.36±0.04Aa	0.41±0.06Aa	0.56±0.09ABb	3.34±0.11Aa
	HY-85	0.89±0.01Aa	0.32±0.1Aa	0.43±0.07Aa	0.75±0.22Bb	3.89±0.73Aa

注：同一列中大小写字母分别表示 1% 或 5% 水平下差异的显著性，具有相同字母的数值间差异不显著

花生对于弱光具有一定的自我调节和适应能力，遮阴提高了光系统 Ⅱ 反应中心的活性及光合电子传递速率，叶绿体吸收光能产生的总激发能用于光化学反应生成光合产物的比例增加，用于热耗散的比例降低。

三、叶绿素含量与组成

遮阴花生叶片光合性能的增强可能与花生功能叶片光合色素含量变化有关。叶绿素是光合作用的光敏催化剂，其含量与比例是植物适应和利用环境因子的重要指标。吴正锋等（2009）研究结果表明，苗期遮阴 50% 花生功能叶片的叶绿素总量、叶绿素 a 及叶绿素 b 均升高；而遮阴 85% 花生功能叶片的叶绿素 b 含量显著增加，但叶绿素总量、叶绿素 a 含量比遮阴 50% 的处理有所减少，这可能由于遮阴程度较大时，光照太弱，不利于叶绿素的合成，但依然有利于叶绿素 a 转化为叶绿素 b（表 3-8）。

表3-8　遮阴对花生叶片叶绿素含量的影响（吴正锋等，2009）

处理	叶绿素（a+b）[mg/（g·DW）]	叶绿素 a [mg/（g·DW）]	叶绿素 b [mg/（g·DW）]	叶绿素 a/b
HY-CK	5.12±0.15Bb	3.85±0.1Bc	1.27±0.04Cc	3.04±0.02Aa
HY-50	8.84±0.22Aa	6.34±0.14Aa	2.51±0.08Bb	2.53±0.04Bb
HY-85	8.68±0.08Aa	5.97±0.07Ab	2.71±0.01Aa	2.20±0.13Cc

四、叶绿体超微结构

吴正锋等（2014）研究发现，与对照相比，50%自然光强下花育22号叶绿体数不变，叶绿体基粒数和基粒片层数显著增多，叶绿体变长且发育完好；15%自然光强下，叶绿体数、基粒数和淀粉粒数显著减少，叶绿体膜和基粒片层出现破损，但叶绿体变长，基粒片层数增加；白沙1016在50%自然光强下，叶绿体数目和超微结构变化同花育22号相似，在15%自然光强下叶绿体变圆，基粒数的降幅和基粒片层破损程度大于花育22号且基粒片层数减少，淀粉粒数增多。因此，弱光胁迫特别是严重弱光胁迫条件下，功能叶RuBP羧化酶活性降低幅度小、叶绿体超微结构受损程度低是花育22号耐阴的光合生理基础（表3-9）。

表3-9　遮光对花生叶片（倒3叶）叶绿体超微结构的影响（吴正锋等，2014）

品种	处理	叶绿体数（细胞数）	基粒数（细胞数）	基粒片层数	叶绿体长（μm）	叶绿体宽（μm）
花育22	Ⅰ CK	15.89 a	37.6 a	2.34 c	15.1 b	8.67 a
	Ⅱ 50%	14.60 a	40.85 a	3.69 b	18.28 a	7.80 a
	Ⅲ 15%	12.20 b	31.70 b	4.94 a	18.73 a	7.36 a
白沙1016	Ⅰ CK	14.45 a	36.60 b	3.66 b	16.9 b	7.3 b
	Ⅱ 50%	14.30 a	46.55 a	4.28 a	20.2 a	8.0 b
	Ⅲ 15%	11.82 b	26.44 c	2.26 b	16.9 b	10.0 a

叶绿体超微结构图片显示，弱光对两个花生品种叶绿体超微结构的影响不同。弱光下叶绿体形态和大小发生变化，两品种均表现为50%自然光强下叶绿体变长体积变大；15%自然光强下花育22叶绿体变长，而白沙1016显著变圆。50%自然光强两花生品种栅栏组织细胞的细胞膜、液泡膜和叶绿体膜完好，叶绿体基粒发育良好，基粒片层数显著增多，当光强降低到15%自然光强时，细胞膜断裂，叶绿体膜模糊不清，基粒发育不完全，基粒片层破损（图3-4）。

五、光合关键酶

Rubp羧化酶是光合作用的关键酶，其活性的高低对光合碳同化能力具有重要的影

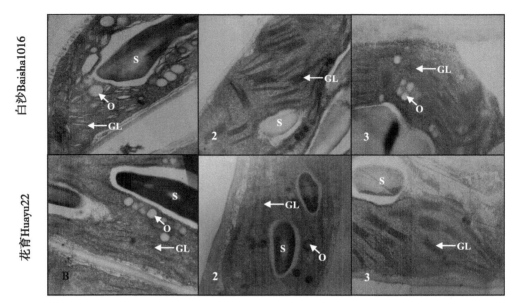

图 3-4　不同光照强度对花生叶绿体超微结构（200 nm）的影响（吴正锋等，2014）

S-淀粉粒，GL-基粒片层，O-嗜锇颗粒，Chl 叶绿体

1. 自然光强；2.50% 自然光强；3.85% 自然光强

响，进而影响光合速率。吴正锋等（2014）研究表明，花生 RuBP 羧化酶活性受光照强度的影响品种间存在差异，随光照强度的降低两花生品种的 RuBP 羧化酶活性均呈降低的趋势，弱光对白沙 1016 品种 RuBP 羧化酶活性的影响大于花育 22 号。花育 22 号的 RuBP 羧化酶活性在 50% 和 15% 自然光强下和 100% 自然光强下的相差不大，而白沙 1016 在 50% 和 15% 自然光强下的 RuBP 羧化酶活性显著低于 100% 自然光强（图 3-5）。

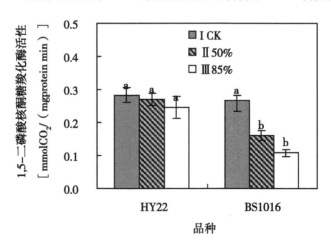

图 3-5　弱光对 Rubpcase 活性的影响（吴正锋等，2014）

六、活性氧清除酶活性

植物细胞内的保护酶 SOD、POD、CAT 活性是衡量植物受逆境胁迫产生应答机制的重要指标。李应旺等（2010）研究表明花生苗期遮阴，花生细胞中的 SOD、POD、CAT 等光合器官保护酶活性降低，五大类型花生间比较，龙生型花生的 SOD、POD、CAT 活性下降幅度最小，分别下降了 2.48%、7.69% 和 14.9%；普通型下降幅度最大，分别达到 19.21%、47.36% 和 66.76%。由此判断弱光胁迫龙生型花生的光合器官保护酶受影响最小，耐阴性强，而普通型花生耐阴性最差（表 3-10）。

表 3-10　遮阴对不同基因型花生活性氧清除酶的影响的对比（李应旺等，2010）

类型	SOD 活性 $[U/(g \cdot FW)]$			POD 活性 $[\triangle A470/(g \cdot FW \cdot min)]$			CAT 活性 $[H_2O_2/(mg \cdot FW \cdot min)]$		
	遮阴	对照 CK	比对照低（%）	遮阴	对照 CK	比对照低（%）	遮阴	对照 CK	比对照低（%）
多粒型	177.45*	201.35	11.87	53.00*	70.84	25.17	3.49*	4.42	20.97
珍珠型	191.77*	214.99	10.8	47.75*	79.17	39.68	2.74*	5.89	53.41
龙生型	173.23**	177.64	2.48	76.00**	82.34	7.69	4.47*	5.25	14.9
普通型	132.57*	164.1	19.21	54.75*	104	47.36	1.56*	4.69	66.76
中间型	160.04**	169.24	5.43	48.50*	79.67	39.12	3.66*	4.28	14.42

七、光合诱导

1. 弱光胁迫对光合碳同化诱导过程的影响

弱光和自然光强下生长的花生由暗处突然转到 1 300 μmol/（$cm^2 \cdot s$）的强光下，叶片的气孔导度及光合速率都需要一个适应过程，两种光强下生长的叶片适应过程快慢有所不同。生长在自然光照强度下的花生光合速率上升速度快，20min 左右达到最大值，最大值为 14.5 μmol CO_2/（$m^2 \cdot s$）；生长在弱光下的花生叶片光合速率上升慢，到达峰值的时间长，约 40min 达到最大值，最大值为 7.1 μmol CO_2/（$m^2 \cdot s$），只有对照的 49.0%，气孔导度、蒸腾速率变化规律基本和光合速率的趋势相同；从胞间 CO_2 浓度的变化来看，花生叶片 C_i 值均呈逐步降低的趋势，自然光照下生长的花生叶片的 C_i 值降低速度快，稍有回升后逐渐稳定到 220μl/L，而弱光下生长的叶片 C_i 值降低速度慢，最终稳定在 250μl/L 左右，高于对照，这可能与弱光下叶肉细胞同化 CO_2 的能力较低有关（图 3-6）。

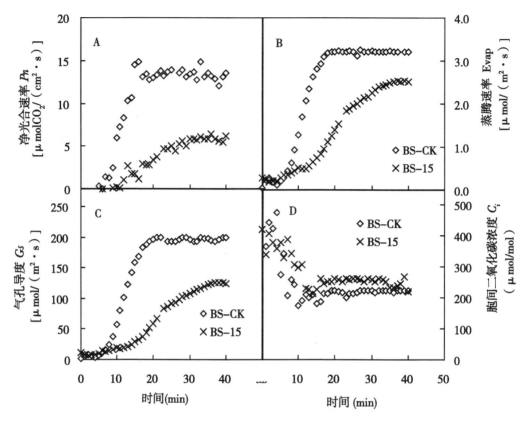

图 3-6　遮阴和自然强光下生长的花生气体交换参数对瞬间强光的响应（吴正锋等，2010）
A 净光合速率；B 蒸腾速率；C 气孔导度；D 胞间二氧化碳浓度

2. 弱光胁迫对光化学效率诱导过程的影响

生长在弱光和自然光强下的花生叶片由暗处突然转到 $2\,050\,\mu mol/$（$m^2 \cdot s$）强光下，光系统Ⅱ的实际光化学效率（ΦPSⅡ）呈逐渐升高的趋势，Fm′逐渐降低。自然光强下生长的花生叶片的 ΦPSⅡ值上升速度快，到达峰值的时间早，Fm′降到稳定状态的时间早；而遮光 85% 处理花生叶片的 ΦPSⅡ值上升速度慢，到达峰值的时间比对照晚，Fm′下降幅度大，达到稳定状态的时间显著晚于对照且稳定状态 Fm′值低于对照，光化学淬灭系数 qP 和光合电子传递速率上升慢，最终 qP 和光合电子传递速率小于对照。

结果表明花生由暗处转到强光下光系统Ⅱ的实际光化学效率（ΦPSⅡ）接近于零，激发能在最大限度上以荧光的形式发射，随后由于光合电子传递（ETR）的进行，激发能用于光合碳同化，作用中心部分打开，产生光化学淬灭，ΦPSⅡ和 ETR 值逐渐升高，弱光下生长的花生叶片两者上升慢，Fm′下降幅度大，达到稳定状态的时间显著晚于对照（图 3-7）。

第三节　弱光胁迫下的光保护机制

长期生长在弱光下的植物叶片具有阴生叶的特点，遮阴解除当天突然暴露于强光下

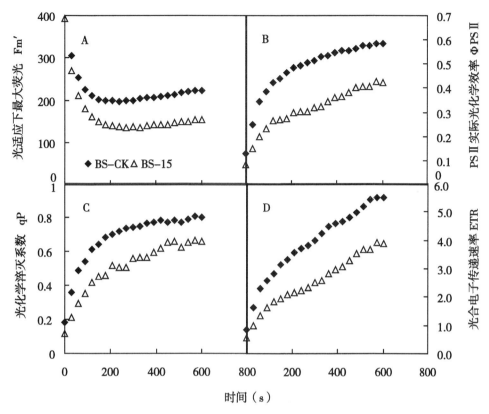

**图 3-7　由黑暗转入强光花生叶片荧光参数 Fm′、
PS II、qP 及 ETR 的变化（吴正锋等，2010）**

后比自然光照下生长的叶片发生的光抑制或光破坏严重，作物叶片突然从弱光环境暴露
于强光下有个光合恢复期。

一、遭遇强光后光合作用的光抑制

植物长期生活在弱光条件下，表现阴生叶的特点，当光照强度由弱转强之后，遮阴
下生长的植株叶片比正常光强下生长的植株更易发生光抑制。光抑制的特征是光合效率
的降低，Fv/Fm 值是衡量光抑制程度大小的重要指标。由图 4-9 可看出，遮阴解除当
天遮阴和全光下生长的花生 Fv/Fm 日变化均呈倒抛物线型，花生 Fv/Fm 值早晨傍晚较
大，中午强光下的较小。不同光照条件比较，遮阴程度越大，中午强光下的 Fv/Fm 值
越低，遮阴 85% 处理的 Fv/Fm 值降低幅度最大，傍晚时没有完全恢复到对照水平。由
此看出，中午强光下，花生叶片存在光合作用光抑制，且遮阴程度愈高，光抑制愈严
重，遮阴 85% 处理可能发生了光破坏。其原因可能是重度遮阴（85%）花生叶片碳同
化能力较低，突然暴露于强光下从光系统传递过来的光合电子不能够完全被同化，部分
传给活性氧，形成了超氧阴离子，超氧阴离子造成光合系统反应中心和光合膜的破坏，
降低了光化学效率（图 3-8）。

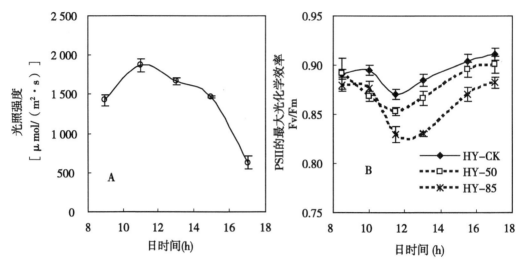

图 3-8　遮阴解除当天光照强度（A）及花生叶片 Fv/Fm 值（B）日变化（吴正锋等，2009）

二、遮阴花生转入自然强光后叶片的光合恢复及光保护机制

1. 光合恢复规律

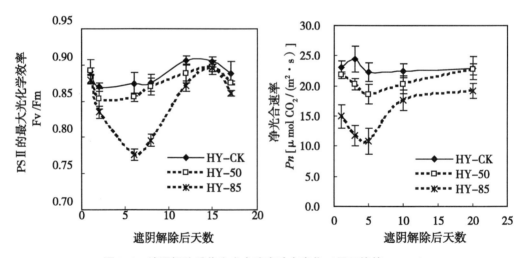

图 3-9　遮阴解除后花生光合速率动态变化（吴正锋等，2009）

作物叶片突然从弱光环境暴露于强光下有个光合恢复期，花生光合恢复期需要多长时间？本试验结果表明，遮阴解除后前 5d 净光合速率（Pn）和 PSⅡ 光化学效率（Fv/Fm）值持续降低，遮阴程度越重降低幅度越大，光抑制或光破坏愈严重。随植株对强光的适应，叶片可溶性蛋白含量和 Rubp 羧化酶活性不断增加，Pn 和 Fv/Fm 逐步恢复，遮光 50% 和遮光 85% 处理 Pn 值分别于遮阴解除后 10d 和 20d 恢复到对照水平，Fv/Fm 值遮阴解除后 12d 和 15d 左右恢复对照水平（图 3-9，图 3-10）。光合恢复的过程是光破坏和光防御协同作用的体现，遮阴解除后前 5d 可能光破坏是主要因素，而随后的光

合恢复阶段光防御保护是主要因素。

2. 光保护机制

（1）叶黄素循环为主的热耗散。植物在长期进化过程中，其光合器官形成了一系列抵御强光破坏的光保护机制，如热耗散机制、抗氧化机制和 PSⅡ反应中心失活和修复循环机制等。热耗散主要有 4 种可能的机制，其中依赖叶黄素循环的热耗散在植物光防御或光保护过程中起重要作用，叶黄素循环是指 3 种叶黄素组分即紫黄素、环氧玉米黄素和玉米黄素在不同光照条件下的相互转化。在强光条件下，紫黄素在紫黄素脱环氧化酶的作用下通过环氧玉米黄素进而脱环氧转化为玉米黄素。非光化学淬灭系数 NPQ 代表的热耗散强度与叶黄素循环的脱环氧化状态呈正相关。本研究结果表明，遮阴解除后 6d 内叶片的 F_0 值和 NPQ 值迅速上升，6d 两者达到峰值，遮阴越重峰值越高，6d 后 F_0 值和 NPQ 值逐渐降低，遮阴越重恢复到对照水平的时间越长。F_0 值和热耗散有关，当存在热耗散时 F_0 值降低，光反应中心失活或钝化时，F_0 值上升，这说明遮阴前 6d 花生尚未适应强光，强光下光反应中心处于失活状态，故而光合效率低；随光合器官热耗散能力的逐渐增强，光合逐渐恢复，说明遮阴花生突然暴露于强光下叶片不能适应强光照射，吸收的光能超过光合作用所能利用的范围时，光合器官首先启动以热耗散机制，通过热耗散能力的增强来消耗过剩光能，遮光越重热耗散越多。热耗散在光合恢复过程中起重要的光保护功能。

（2）活性氧的产生与清除。

①超氧阴离子的产生速率：前人研究发现过剩光能通过热耗散等光保护机制清除不彻底时，可能会转移给 O_2 产生活性氧，活性氧攻击光反应中心的细胞组分发生反应，从而引起生物大分子的氧化损伤和生物膜完整性的破坏，甚至植株的死亡（Demmigand Adams，1992）。为探明遮阴光合系统是否受到活性氧的攻击，我们进一步研究了遮阴解除后超氧阴离子 $O_2 \cdot^-$ 的产生速率变化。由图 3-10 可知，遮光处理对 $O_2 \cdot^-$ 的产生具有重要的影响，遮光条件下，$O_2 \cdot^-$ 的产生速率较低，遮光解除后迅速上升，5d 达到最大值，遮光越重，$O_2 \cdot^-$ 的产生速率上升越快，遮光 50%和遮光 85%处理的 $O_2 \cdot^-$ 的产生速率最大值分别比对照高 18.7%和 73.1%，之后 $O_2 \cdot^-$ 的产生速率逐渐降低，10d 左右降低到对照水平。由此可见，遮阴花生转入强光后发生的光抑制与超氧阴离子等活性氧的产生有关。

②活性氧清除酶活性：植物体内有一个高效的活性氧清除系统，抗氧化酶是其重要的组成部分，SOD、POD 和 CAT 是活性氧清除系统的主要酶系，维持活性氧代谢的平衡。本研究结果表明花生叶片的 SOD、CAT 酶活性遮阴解除后 3d 内降低后，之后逐渐升高，7~8d 恢复到对照水平，之后始终高于对照；而膜质过氧化产物 MDA 含量遮阴解除后随光线的增强迅速上升，遮阴解除 5d 后遮阴花生叶片 MDA 含量始终小于对照。遮阴解除后前 5d 遮阴花生叶片光抑制或光破坏加重，光合速率降低，之后光合逐渐恢复，遮光 50%和遮光 85%处理 Pn 值分别于遮阴解除后 10d 和 20d 恢复到对照水平。活性氧的产生是导致光破坏的重要原因，植株适应强光后，活性氧清除酶活性和可溶性蛋白含量上升，光合效率逐步恢复，依赖于叶黄素循环的热耗散和活性氧的清除在光合恢复过程中起重要的光保护作用。

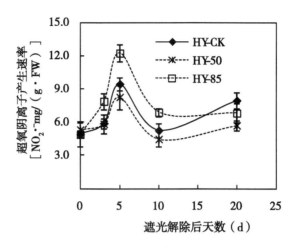

图 3-10　遮阴解除后花生功能叶片超氧阴离子动态变化（吴正锋等，2017）

第四章 钙元素及钙离子信号参与的花生抗逆生理与分子机制

第一节 花生钙素营养总论

花生是地上开花地下结果的豆科油料作物，钙素营养对其生长发育和产量品质的提高有特殊功效。对于花生而言，钙素是需求量较大的营养元素之一，每形成100kg荚果吸收的钙高达2.0~2.5kg（于俊红等，2009）。因此，钙对维持花生正常的生长发育过程，保证花生高产优质栽培具有不可替代的作用。

中国花生主要分布在从南至北的东部条块区，该区域为季风气候带，气候受海洋影响较大，因而与西部条块相比较降雨较丰沛、气温较高，造成土壤阳离子流失严重，盐基饱和度低，土壤多呈酸性，尤其是华南、长江流域两大花生产区高温、多雨，土壤酸度高，缺钙普遍且严重，花生幼嫩茎叶变黄，根系细弱生长不良，植株生长缓慢。缺钙对花生生殖器官有更大的影响，主要表现为花败育，荚果萎缩，种仁产生黑胚芽，丧失发芽率或幼苗成活力低；北方部分温湿度较高的花生产区也出现缺钙现象（孙彦浩和陶寿祥，1991）。

一、花生缺钙的症状

花生缺钙时，整株表现出明显症状。张海平（2003）、周卫和林葆（1996）、李忠等（2007）分别通过水培、砂培试验发现，缺钙时花生植株矮小，主茎细弱，分枝数、结果数、饱果数少，果小且不饱满，烂果和空荚增多，根系影响尤甚，表现为根系短小，新生根系少，呈黑褐色；严重缺钙时，花生生长缓慢，地上部生长点焦枯，顶叶黄化并有焦斑，根系短、小、粗而呈黑褐色，侧根少，根生长点坏死，而且不同的花生品种间主茎高、干物重、单株果数、主根长等的降低幅度具有明显差异。

大田低钙环境使花生植株矮小，但对地上部的影响轻于对荚果发育的影响，轻度缺钙时花生的总花数、可育花数会减少，荚果发育减退，造成烂果、空果、秕果、单仁果增多，种仁不饱满，严重缺钙时种子的胚芽变黑，荚果不能形成（周卫和林葆，2001）。低钙植株烂果或空荚后，会出现株体返绿与再次开花的现象（张君诚，2004）。Caires and Rosolem（1998）研究认为，大田花生的根密度与土壤钙浓度具显著的相关性。另外，种子钙含量与供钙能力呈显著直线相关，籽仁缺钙还造成花生种子的发芽率、幼苗成活率降低（Adams et al.，1993）。

二、钙在植物细胞中的存在形式

钙在细胞中以多种形式存在。细胞中的总钙含量在 0.1~10μmol/L (Jaffe and Weis-enseel, 1975)，可分为游离钙 (free calcium)、结合钙 (bound calcium) 和贮存钙 (stored calcium)。游离钙在细胞中以自由状态存在，含量低，在 10^{-6} μmol/L 以下；结合钙和某些物质的亲和力很强，在细胞中常与其他成分紧密结合。贮存钙占总钙的大部分，含量在 10^{-6} μmol/L 以上，常位于细胞器和细胞壁中，当细胞的生理活动需要增加钙浓度时，贮存钙就会从贮存位点释放出来，运输到细胞所需部位或个体的其他部位，因而这类钙又称为松弛结合钙 (loosely bound calcium) (Chandler and Battersby, 1976)。贮存钙与游离钙的区别在于量较大，常贮存在细胞的一些特定部位；它与结合钙的区别在于亲和力较弱，与碳水化合物、磷化合物等结合得不紧，可被转换成其他形式的钙或被运输到细胞其他部位。因而，贮存钙也可称为是一种松弛结合、可被交换的钙 (loosely boundexchangeable calcium) (Wick and Hepler, 1982)。不同形式的钙具有不同的生理功能，在组织、细胞中分布位点也不同，在一定生理条件下，这三种类型的钙也可互相转换 (Bush, 1993; Feijo et al., 1995; Mcains et al., 1995)。

钙不仅能够作为营养元素为花生各生长发育阶段保驾护航，同时，钙主要作为胞内第二信使将信号传递至下游的钙结合蛋白，参与非生物胁迫响应及花生荚果发育过程。钙调蛋白 (CaM) 是钙信号系统中，目前已知的最重要的蛋白。CaM 是一种小分子的酸性蛋白 (长度约 149 aa)，含有 4 个成对分布在 N 端和 C 端的 EF 手单元，中间由 1 个柔性的螺线管结构相连。植物 *CaM* 是 1 个小型的基因家族。拟南芥含有 7 个 *CaM* 基因，它们编码 4 个仅有 1~5 个 aa 差异的蛋白 (CaM1/4、CaM2/3/5、CaM6 和 CaM7)。植物除了含有典型的 *CaM* 外，还含有 1 个与 *CaM* 类似的基因家族 *CML*。拟南芥和水稻 *CML* 基因家族分别含有 50 个和 32 个成员。这些 *CML* 蛋白序列的长度为 83~330 aa，与 AtCaM2 蛋白序列的一致性介于 16%~74.5%，除了 1~6 个 EF 手单元外，它们不含其他的功能结构域 (Mccormack and Braam, 2003; Boonburapong and Buaboocha, 2007)。凝胶迁移实验表明，拟南芥 *CML*37/38/39/42 都能结合 Ca^{2+}，说明 *CML* 与 *CaM* 一样，也属于钙感受器 (Dobney et al., 2009)。

尽管 *CaM* 和 *CML* 一般没有内在的催化活性和生化功能，但 Ca^{2+}/CaM 或 Ca^{2+}/CML 复合体可以结合下游靶蛋白并调节它们的活性。越来越多的研究表明，植物 CaM 结合蛋白 (CaM binding protein, CBP) 种类多样且数目繁多。据估计，拟南芥全基因组 CBP 的数目达 500 个 (Poovaiah et al., 2013)。目前，植物中至少有 50 个功能明确的 CBP。它们包含激酶与磷酸酶、转录因子与转录辅助因子、代谢酶类及离子泵与离子通道等，参与调控植物生命过程中的各种生理活动，如表皮毛形成、开花、病虫害防卫和非生物胁迫反应等 (Du et al., 2011; Reddy et al., 2011; Cheval et al., 2013; Poovaiah et al., 2013; Virdi et al., 2015; Zeng et al., 2015)

第二节　钙离子信号响应非生物逆境胁迫的作用机制

Ca^{2+}参与植物对多种逆境胁迫的响应，如低温胁迫、干旱胁迫、高温胁迫、盐胁迫等。早期研究认为 Ca^{2+}可以减轻热伤害主要是因为 Ca^{2+}对细胞膜表面电荷的屏蔽作用（Weis，1982）或是 Ca^{2+}结合固定膜上的组分而减少了质膜流动性的结果（Cook et al.，1986），后来研究表明 Ca^{2+}可以提高植物的抗逆境能力主要是因为 Ca^{2+}对于维持质膜结构的稳定和功能方面具有重要的作用（朱晓军等，2004）。当植物受到逆境胁迫时，细胞中的 Ca^{2+}浓度快速上升（Mccormack et al.，2005），此阶段持续很短的时间，随后的慢速上升阶段可以持续很长时间，Ca^{2+}浓度的上升主要是细胞质中自由 Ca^{2+}增加的缘故（Zhu，2001），细胞中 Ca^{2+}浓度的上升是环境刺激了细胞本身的钙库释放 Ca^{2+}。钙库中的 Ca^{2+}主要是储存钙（stored calcium），它在一定的条件下可以转化为游离钙（free calcium），细胞中另一种 Ca^{2+}存在形式是结合钙（bound calcium），三者存在于不同的组织器官，功能也不相同，但是在一定的条件下可以相互转化（Mcains et al.，1995）。大量研究表明，细胞受外界刺激致使浓度提高的 Ca^{2+}可作为信号物质诱导胁迫响应基因的表达，基因产物通过直接或间接的作用调节植物对环境胁迫的响应，有 230 个 Ca^{2+}参与的基因响应不同的环境胁迫，其中有 162 个上调，68 个下调。

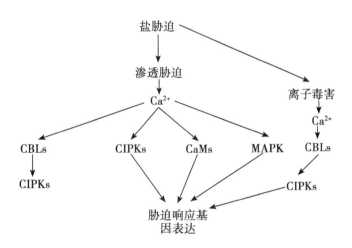

图　钙离子参与植物盐胁迫（王芳等，2012）

Ca^{2+}通过多个通路调控基因的表达对盐胁迫进行响应，例如 CaM 及 Ca^{2+}依赖蛋白激酶（CDPKs）直接磷酸化和去磷酸化改变酶活或者间接地修饰转录机制，最终改变基因的表达模式来达到适应盐胁迫的目的（Mehlmer et al.，2010；）。植物受到盐胁迫引起的离子不平衡是通过钙参与 SOS 途径和钙调磷酸激酶（CAN）途径进行响应，而胁迫引起的渗透胁迫是通过不同的途径，例如 CaM 结合型 MAPK 有关的蛋白磷酸化、PLC/DAG 途径等进行响应（Oka et al.，2013；Boudsocq and Lauriere，2005），见上图。

一、钙离子参与盐胁迫诱导离子毒害的调控

当植物受到盐胁迫时会引起离子毒害和渗透胁迫，细胞中的 Ca^{2+} 浓度会出现短暂的上升（戴高兴等，2003）。研究表明，在植物中离子毒害和渗透胁迫首先引起细胞中第二信使 cGMP 含量持续上升，继而在离子毒害条件下启动 Ca^{2+} 信号（Donaldson et al.，2004），而 Ca^{2+} 对渗透胁迫的响应则不依赖 cGMP（Matthew et al.，2007）。在植物对盐胁迫响应机制的研究过程中，Zhu（2001）从拟南芥根部中分离了一类对盐超敏感的基因 SOS（salt overly sensitive）：SOS1、SOS2、SOS3、SOS4、SOS5，其中 SOS1、SOS2、SOS3 在植物对盐胁迫响应过程中起主要调控作用。相对于 sos 2 和 sos 3 突变体，sos1 突变体在三者中起着最主要的作用，对 Na^+ 和 Li^+ 更敏感。研究表明 SOS1、SOS2 和 SOS3 是定位在细胞膜上的负责 Na^+ 外排的信号通路系统（Guo et al.，2001），它主要是调节 Na^+ 的动态平衡（Yokoi et al.，2002），促使 Na^+ 排出细胞或者进入液泡储藏。盐胁迫引起的钙信号可以启动植物体的 SOS 途径，而 SOS3 是植物的耐盐决定因子，它需要与 Ca^{2+} 结合以及 N 末端豆蔻酰化（Ishitani et al.，2000）才能起作用。SOS3 蛋白具有 4 个与 Ca^{2+} 结合的 EF 手型结构和 N 端豆蔻酰化的基团，SOS3 先经豆蔻酰化与定位于膜上的 SOS2 作用，然后再与定位于膜上的目标蛋白 SOS1 进行作用。在这个过程中，SOS3 可以编码一种 Ca^{2+} 感受器，当细胞中的 Ca^{2+} 浓度上升时，SOS3 接受信号并通过磷酸化启动 SOS2 将信号传到下游形成 SOS3-SOS2 复合体，此时 Ca^{2+} 对于激活 SOS2 激酶是必需的，对于 SOS3 和 SOS2 的结合并不是必需的，但是它可以增强 SOS3-SOS2 复合体底物寡肽 P3（ALARAASAAALARRR）磷酸化（Quan et al.，2007），然后 SOS3-SOS2 复合体再磷酸化质膜上的 Na^+-H^+ 反向转运体 SOS1。SOS1 蛋白 N 末端高度亲水并含有 12 个跨膜结构域，C 末端有一个长长的亲水尾巴（Shi et al.，2000），有研究表明含有较长胞质尾巴的转运器有感受器的作用，因此推测 SOS1 蛋白既是 Na^+ 感受器又是转运器（Zhu，2001）。磷酸化促进了 Na^+-H^+ 反向转运体的活性，在盐胁迫下它在保护 K^+ 运输的通道的同时，将 Na^+ 排出细胞，从而达到离子的动态平衡。另外，SOS2 还可以与液泡上的 Na^+-H^+ 反向转运体 NHX1 相互作用（Qiu et al.，2004），在液泡 H^+-ATPase（Batelli et al.，2007）和液泡 H^+/Ca^{2+} 反向转运体 CAX1（Cheng et al.，2004）作用下，将 Na^+ 排到液泡中去，同时抑制由 Na^+ 转运载体 HKT 介导的 Na^+ 内流。AtHKT1 是 Na^+ 进入细胞的运输体，主要负责 Na^+ 在根部和茎部的长距离运输。

在植物体中还存在与 SOS3 同源的 Ca^{2+} 感受器 SCABP8/CBL10，它主要在茎部感受 Ca^{2+} 信号变化，调节 SOS2 参与抗盐途径。突变体 sos2 scabp8 和 sos scabp8 与 sos2 表型相似，但是比 sos3 或者 scapb8 对盐胁迫更敏感。SCABP8 可以与 SOS2 相互作用，使 SOS2 向质膜移动并增强其活性，并且此过程依赖钙离子的存在。在酵母中它还可以激活 SOS1（Quan et al.，2007）。在根部弯曲实验中，利用 50mol/L 和 75mol/L 的 NaCl 筛选 sos 突变体，当 NaCl 浓度提高到 100mol/L 时，筛选出了 sos4 和 sos5 突变体。SOS4 在植物体中主要是调节 Na^+ 和 K^+ 的动态平衡。它含有 13 个外显子和 12 个内含子。经过序列比对和相似性分析发现 SOS4 编码吡哆醛（PL）激酶，参与维生素 B_6 的活化形式磷酸吡哆醛（PLP）的合成。同时在生长介质中加入维生素 B_6 可以部分挽救 sos4 突变体

的耐盐缺陷，这就将 PL 激酶与耐盐性联系起来。因此推测 sos4 突变体之所以对 NaCl 和 KCl 敏感，可能是 PLP 调控 Na^+ 和 K^+ 的通道和转运。PLP 依赖的酶家族还包含了 ACC 合酶和 PLP 的结合位点。在植物中，ACC 合酶的催化对于乙烯的合成有重要的作用。因此在根部 SOS4 可能是乙烯合成的重要的上游基因。

另一种 Ca^{2+} 参与的调节 Na^+ 平衡的途径是 CAN 途径，它是一种重要的依赖 Ca^{2+}/CAM 的调节盐胁迫的信号传导途径。功能性的 CAN 是二聚体结构，主要由催化亚基 CNA 和调节亚基 CNB 组成，其中 CNA 包括氨基末端的催化核心、CaM 结合区和自动抑制区（Yokoi et al., 2002）。CNB 与 SOS3 的氨基酸序列相似（Zhu, 2000），CAN 只有在 Ca^{2+} 和它的调节亚基 CNB 直接结合，并和催化亚基 CNA 结合之后才有活性。在酵母中，细胞受到盐胁迫之后，CAN 诱导 ENA1/PMR2A 编码一种质膜上的 Na^+-ATPase，对 Na^+ 的排出十分重要。植物细胞中，CAN 可以调节 Na^+ 和 K^+ 的含量，它通过 K^+ 高亲和性转运体 TRK1 促进 K^+ 的吸收，这样因为阳离子的竞争性吸收作用可以减少 Na^+ 的吸收。CAN 还可以诱导 ENA1 转录、编码质膜上的 P 型 ATPase，促进 Na^+ 的排出（Yokoi et al., 2002）。

二、钙离子参与渗透胁迫的调控途径

植物遇到干旱、低温、盐胁迫时都可以引起渗透胁迫，植物通过合成胁迫激素如 ABA 或者是相关的蛋白来减轻胁迫作用（Zhu, 2000；Takahashi et al., 2001），盐胁迫引起的渗透胁迫主要是通过 MAPK 通路合成相关的蛋白等（Zhang et al., 2001；Mora et al., 2004）途径得到缓解的。

MAPK 途径有丝分裂激活的蛋白激酶（MAPK）途径调节信号的传导是从细胞表面到细胞核，该级联反应在所有真核生物中都是保守的，它是渗透信号传递的主要途径，在细胞信号的转换和放大过程中起重要作用。MAPK 级联途径由 3 个成员组成，分别是 MAPK、MAPKK（MAPK kinase）及 MAP-KKK（MAPKK kinase），此 3 个信号组分按照 MAPKKK-MAPKK-MAPK 的方式依次磷酸化将外源信号级联放大向下传递。通过蛋白磷酸化和改变相关基因的表达达到适应渗透胁迫的目的，其中 MAPK4 和 MAPK6 主要调节盐胁迫（Mehlmer et al., 2010）。目前已知的在植物遭受渗透胁迫时瞬时被激活的有 5 种蛋白激酶，其中在拟南芥中有 AtMPK3 和 AtMPK6，在紫花苜蓿中有 SAMK 和 SIMK，烟草中有 SIPK（水杨酸诱导的蛋白激酶）。目前在烟草中检测到了被低渗激活的蛋白激酶，相对分子质量分别是 50kD、75kD 和 80kD，它们的激活依赖于上游的磷酸化和 Ca^{2+} 的传导途径。

在甜菜根中，参与渗透胁迫的主要有两种蛋白：一种是 Ca^{2+} 依赖的 51k DMAP 激酶，它可以被各种浓度的渗透胁迫所激活；另一种是非依赖 Ca^{2+} 的 46kD 蛋白激酶（CIPK），它只被高浓度的渗透胁迫所激活。研究发现植物在受到高渗透胁迫时，51kD 蛋白激酶的活性需要 30min 达到最大，而当用相同的高渗溶液加上 150mol/L NaCl 时则需要 15min 活性达到最大，这说明 NaCl 对 51kD 蛋白的激活有促进作用。而 46kD 蛋白激酶不能被中等浓度的 NaCl 所激活，只有在 NaCl 浓度达到 500mol/L 或以上时才可以被激活。这主要是因为 NaCl 引起穿过细胞膜的电荷不平衡才激活 51kD 和 46kD 蛋白激酶。但是也有研究表明在烟草中 46kD 蛋白激酶也可以被低渗所激活（Droillare，2000）。这可能与植物的种类有关，具体的情况还有待进一步的研究。因为渗透胁迫可以激活 Ca^{2+} 信号，因此依赖 Ca^{2+} 的蛋白激酶对于连接钙信号和其下游的胁迫响应起着重要的作用。在玉米原生质体瞬时表达系统中，持续有活性的 CDPK 可以激活渗透胁迫的响应基因（Zhu，2002）。

那么是否存在 Ca^{2+} 依赖的蛋白激酶或者 Ca^{2+} 信号与 MAPK 之间相互作用来应对不同的胁迫？在动物中存在 Ca^{2+} 信号和 CaMs 调节 Ras/Raf/ERK-MAP 激酶途径，同时还发现了不同类型的 Ca^{2+} 信号和 MAPK 途径之间的互作，普遍认为在外界信号刺激下 Ca^{2+} 信号激活了 MAPKs ERK 和 p38，而 CAMK II 直接激活 MEK/ERK MAP 激酶途径，因此可以看出 Ca^{2+} 信号途径是在 MAPK 信号途径上游，但是这也不能一概而论，因刺激类型和参与的激酶不同而不同（Bernhard et al.，2011）。在植物中关于二者的互作报道较少，在烟草中发现遇到生物胁迫时 CDPK 和 MAPK 之间的相互作用，但在模式生物拟南芥中却不存在。有研究表明 Ca^{2+} 依赖蛋白激酶（CDPKs）有 ACC 合成的位点，乙烯可以调节钙依赖蛋白和 MAPK 途径之间的互作，但是具体的过程还在进一步研究（Liu and Zhang，2004）。

PLC/DAG 途径在动物存在一种响应渗透胁迫的途径。受到渗透胁迫时，磷脂酶 C（PLC）催化水解磷脂酰肌醇-4, 5-二磷酸（PIP2）成二酯酰甘油（DAG）和第二信使肌醇三磷酸（IP3），IP3 是水溶性的，扩散到胞质溶胶，与内质网膜或液泡膜上的 IP3 门控 Ca^{2+} 通道结合后，使通道打开，增加胞质 Ca^{2+} 浓度，引起生理反应，提高植物的耐受力。这种 IP3 促使胞库释放 Ca^{2+}，增加胞质 Ca^{2+} 的信号转导，称为 IP3/Ca^{2+} 信号传递途径。在很多植物中发现当受到高渗胁迫时植物体中的 IP3 就会快速上升。DAG 则活化蛋白激酶 C（PKC）超家族并与之结合，PKC 使其他激酶如 G 蛋白、磷脂酶 C 等磷酸化，调节细胞的繁殖和分化，称为 DAG/PKC 信号传递途径（Matthew et al.，2007）。因为没有 PKC 家族，所以在植物中有一种间接的 PLC 途径——生成的 DAG 磷酸化生成磷脂酸（PA），研究发现 PA 才是产生脂质信号的物质（Munnik et al.，2001），在番茄和紫花苜蓿中渗透胁迫可以激活 PLD 途径，水解磷脂生成 PA，PA 经过一系列途径诱导活性氧产生直接引起胁迫响应或者激活 Ca^{2+} 信号引起基因的响应（Zhu，2002）。

三、钙信号参与调控植物抗逆性

Ca^{2+} 充当低温信号的传递者诱导抗寒锻炼和基因表达，对干旱、盐渍化及其渗透胁迫的调节作用，参与逆境中细胞壁加厚和加固的调节（简令成和王红，2008）。Ca^{2+}·CaM 信号系统的诱导和调控对缓解低氧胁迫具有重要作用（焦彦生等，2008）。Ca^{2+} 信号系统参与了调节柑橘抗寒过程中渗透物质的合成（李新国等，2006）。戴高兴等（2003）指出，可抑制活性氧物质的生成、保护细胞质膜的结构、维持正常的光合作用，从而提高植物的耐盐性。而且细胞内的钙离子作为第二信使传递胁迫信号，调节植物体内的生理生化反应。过量表达拟南芥钙依赖型蛋白激酶 AtCPK6 植株中的一些干旱响应基因的表达量有所提高，初步阐明 AtCPK6 在调控拟南芥对盐/干旱胁迫的响应中起到了积极作用，由此指出 AtCPK6 可能作为一种重要的因子调控植物对于胁迫信号的转导（许晶，2008）。植物钙依赖型蛋白激酶 CDPKs 作为胞质 Ca^{2+} 受体蛋白激酶，在植物细胞 Ca^{2+} 信号转导中起着十分重要的作用。干旱、低温、高盐、病和虫等环境胁迫均能刺激植物细胞内产生 Ca^{2+} 信号，CDPKs 识别、接收 Ca^{2+} 信号后，通过磷酸化级联形式将信号传递给下游胁迫响应基因，调控这些基因的表达和产物活性，以减轻或避免胁迫对植物造成伤害（万丙良等，2009）。

植物生长发育和逆境生理过程受到 Ca^{2+} 信号的调控。Ca^{2+} 传感器如 CaM 通过结合和激活不同靶调控下游信号传导途径。植物存在许多专一假定 Ca^{2+} 感应器，包括 CMLs 家族（拟南芥中 50 个）。多种 CMLs 在 Ca^{2+} 信号传导途径中的作用尚未被揭示。利用半定量 RT-PCR 的方法，通过对正常发育及不同的生物和非生物胁迫、激素和化学物质处理的的器官尤其是花的研究发现 CML:GUS 报告基因表现出组织特异性和时间特异性。通过对纯化的 CMLs 重组子分析发现，CMLs 能够结合 Ca^{2+}。同时研究表明，CMLs 很可能作为 Ca^{2+} 感应器在 Ca^{2+} 调控的生长发育和逆境胁迫信号传导过程中起着重要的作用，有利于进一步阐明它们的生理作用（Vanderbeld and Snedden，2007）。

Ca^{2+} 信号能够被不同的 Ca^{2+} 接受器所感应。真核细胞中，CaM 是最好的 Ca^{2+} 传感器之一。CML 蛋白也存在于植物中，与广泛存在并相当保守的 CaM 有着序列上的相似性，但是在生理及分子水平上的作用却不清楚。拟南芥中 CML9（*AtCML9*）氨基酸序列与 CaM 有 46% 的同源性。*AtCML9* 转录产物广泛存在于各器官中。*AtCML9* 调控区在多个部位表达：根尖生长点、水孔和腺毛。*AtCML9* 在幼胚中的表达能够被非生物胁迫和 ABA 诱导。通过对 *cml9* 基因敲除突变体的研究发现，*AtCML9* 在盐胁迫和 ABA 诱导的信号传导过程中起着非常重要的作用。ABA 能够提高植物抗盐胁迫与抗旱的能力。*cml9* 基因敲除突变体在种子萌发与生长过程中表现出对 ABA 有非常敏感的反应。*AtCML9* 基因敲除突变体也能够改变胁迫条件下基因的表达，表明 *AtCML9* 与 ABA 诱导途径中的耐盐胁迫有关（Magnan et al.，2008）。

第三节　钙离子信号对花生光合作用的调控机制

一、钙对植物光合作用的影响

光合速率是反映植物正常代谢的主要生理指标。不同钙水平植物叶片的光合速率不同，在一定的范围内，适当提高植株的钙水平可以提高叶片的光合作用能力。通过不同含钙化合物混土处理培育水稻秧苗，发现其中 CaO 和 CaO_2 处理显著增加秧苗高度，增加叶片光合速率和气孔导率（刘峰和张军，2003）。在水分胁迫下，经高浓度 Ca^{2+}（14mmol/L）处理的大豆叶片保持高的光合速率；经中浓度 Ca^{2+}（5μmol/L）处理的叶片次之；经低浓度 Ca^{2+}（营养液中无钙）处理的叶片光合速率最低，相对变化最大（杨根平等，1995）。钙素与植物的光合作用及气孔运动有一定的关系，低浓度 Ca^{2+} 处理的植株光合碳素同化效率较低，在水分胁迫下，低浓度 Ca^{2+} 处理下光合作用的限制主要在非气孔因素，可能是由于 Ca^{2+} 对 Rubisco（1，5-二磷酸核酮羧化酶）有一定影响

（杨根平等，1990；孙克香等，2015）。Ca^{2+}处理使棉花叶片气孔的阻力增大幅度减少，保证了进行生理活动所需的气体交换，加之Ca^{2+}处理也使棉花叶绿素含量减小幅度变小，从而使棉花的光合作用维持在较高的水平。由此认为Ca^{2+}可通过作用于气孔，提高叶绿体的完整性和稳定性，提高CO_2羧化效率和膜上ATP酶活性以及光合色素的含量，使植株维持较高的光合水平（程林海，1998）。

植物叶片的糖代谢是光合作用的一部分，能为植物生长提供碳源和能量。Ca^{2+}对花生叶片糖代谢有显著影响，Ca^{2+}浓度的高低严重影响卡尔文循环、磷酸戊糖途径和糖酵解代谢关键酶的活性，如缺钙导致花生叶片果糖1,6-二磷酸酯酶、磷酸烯醇式丙酮酸羧化酶、磷酸烯醇式丙酮酸酯酶、丙酮酸激酶和NADP-磷酸甘油醛脱氢酶活性降低，从而导致糖代谢缓慢，糖分积累减少。光合作用受到影响则会使植株的生长受到直接的影响（Prado et al.，1991）。

植物缺钙的典型症状之一是叶片黄化失绿，叶绿素含量下降。用不加钙处理的水稻及花生幼苗叶片为对照，施钙处理的叶片叶绿素含量均高于对照，说明钙离子浓度的增加可提高叶绿素的含量（周炎，2002；王芳等，2015）。

二、钙参与植物抵抗光抑制的过程

植物在自然界面对的胁迫很多，高温强光、低温、干旱、高盐等都会造成植物的光抑制，光抑制的产生对植物尤其是作物的伤害很大，会造成大面积减产（Takahashi and Murata，2008）。Ca^{2+}是植物生长发育过程中必需的营养元素之一，它参与从种子的萌发、生长分化、形态建成到开花结果等全过程，它还参与细胞壁的构成、保护质膜的稳定性和流动性、促进花粉管的生长和伸长、作为细胞中不同的酶的活化剂。

叶绿体是进行光合作用的主要场所，植物将光能转化成活跃的化学能再转化成稳定的化学能都是在叶绿体内进行，荧光是植物体耗散过剩光能的重要手段，在活体内仅占3%~5%，但是在溶液中高达30%，为此我们测定了高温强光下花生荧光值的变化，计算了Fv/Fm荧光参数，直接反映了光系统PSⅡ反应中心的开放程度和最大光化学效率。可以看出高温强光胁迫条件下PSⅡ光抑制加重，花生易进入光抑制状态，而CA植株的PSⅡ反应中心开放程度较大，光化学效率高，说明钙离子可以提高高温强光下花生植株的光合能力（Yang et al.，2013）。

（一）钙离子参与叶绿体氧化还原过程

高温强光胁迫下花生叶片内的活性氧含量明显增加，活性氧测定可以看出，随着处理时间的延长，活性氧含量增加，而CK的活性氧含量明显的高于外源施钙植株，说明高温强光胁迫下Ca^{2+}可以减少有害物质的积累。相应地，外源施钙提高了清除ROS的能力，高温强光胁迫下CA叶片中的活性氧清除酶活性高于CK，清除过多的ROS和过剩的能量，阻止光破坏，减少光抑制的影响。这表明缺钙培养的花生幼苗植株中活性氧清除酶活性受到抑制，而正常施钙则可以保证活性氧清除酶活力，同时抑制剂处理后测定不同浓度钙离子培养花生的酶活性。更进一步地说明钙离子可以保护花生维持较高的酶活性，光合作用的正常运转是需要钙素的存在的。

（二）钙离子与类囊体光合复合体的关系

类囊体作为植物进行光合作用的主要场所，植物光合作用中水在类囊体腔中被裂解，产生的氧气在类囊体薄膜内表面生成，因此类囊体膜是光合反应的主要场所。高温强光可以比强光胁迫更为有效地造成花生叶片光抑制现象发生。使 PSⅡ 中心吸收的光能大于光合传递链的传递能力，可以造成 PSⅡ 中心蛋白的降解，也就是光破坏，这跟 ROS 的关系也很密切（Nishiyama et al.，2006）。BN-PAGE 是一种研究高等植物叶绿体类囊体膜光合复合体状态的有效手段，是深入研究光合系统不可缺少的技术，它可以被用于研究复合体中的组分蛋白的变化（Schamel，2008）。我们利用 BN-PAGE 分析了花生植株中复合体的情况，结果表明植物 PSⅡ 单体降解，而捕光色素复合体 LHCII 三体和单体出现稍微的降解，说明钙离子可以保护花生类囊体，在花生受到高温强光胁迫时，能够保护花生捕光能力和光系统主要反应中心 PSⅡ 各种蛋白（如 D1、D2、CP43 等）的活性。ROS 可能参与了光破坏的过程（Nishiyama et al.，2006），ROS 的增多逐渐可以导致光合复合体的破坏和 D1 蛋白的降解。

（三）钙素参与光合系统过剩能量耗散

正常情况下，光合系统吸收的能量有三个去向。一是电子传递和 CO_2 固定，二是转化为色素荧光发射，三是热耗散，热耗散也称为 NPQ。光抑制的情况下，第一个途径受到限制，第二个途径只能消耗很少一部分光能，加大 NPQ 这个途径才能有效地分流过剩光能。否则，过剩能量产生 ROS 会造成更严重的光抑制（Holt et al.，2004）。NPQ 主要依赖 PSⅡ，分为三个组分，高能量猝灭（qE）、光抑制（qI）和状态转换（qT）。热耗散多少通常可以用叶绿素荧光的非光化学猝灭 NPQ 来检测，它的增加依赖于跨类囊体膜的 ΔpH 和叶黄素循环向玉米黄质（Z）的转化。高温强光处理后，加钙处理后的花生植株 NPQ 增加幅度较大，这表明在高温强光胁迫条件下，施钙花生植株依赖叶黄素循环的能量耗散要高于缺钙植株。快相 qf 是 NPQ 中重要的组成成分之一，它的含量与叶黄素循环过程中 Z 和 A 的合成总量密切相关，它的变化趋势和 NPQ 是一致的（Yang et al.，2013）。

（四）钙素参与叶黄素循环过程的调控

叶黄素循环有三种组分：紫黄质（V）、花药黄质（A）和玉米黄质（Z）。V 两次脱环化分别形成 A 和 Z，此反应受抗坏血酸（ASA）的氧化作用驱动。逆反应在 Z、O_2 和 Fd 或 NADPH 存在下形成 V。两个反应的关键酶分别为紫黄质脱环氧化酶（VDE）和玉米黄质环氧化酶（ZE）。植物在暗中和弱光下，叶黄素循环组分以 V 为主，当叶片吸收的光能超过光合作用利用时，产生过剩光能，V 转化成 A 和 Z，因此其耗能作用依赖于叶黄素循环组分 Z 和 A 的形成。Johnson（2009）的研究证明猝灭与非猝灭状态的转换并不依赖于 Z 的浓度，而是由脱环氧化状态决定的。V 与 Z 在猝灭过程中起着竞争作用，V 抑制依赖于 ΔpH 的 qE 的形成，而 Z 促进其形成。人们发现叶黄素循环的脱环氧化状态（A+Z）／（V+A+Z）与 NPQ 之间有很好的线性关系（Johnson and Horton，

1993）。实验结果表明花生叶片的叶黄素循环脱环氧化状态（A+Z）／（V+A+Z）与 NPQ 的变化趋势一致，表明钙离子已经使高温强光胁迫下叶黄素循环脱环氧化状态增加，并且植物叶片的 NPQ 耗能机制依赖于叶黄素循环的运转。

（五）钙调素（CaM）参与叶黄素循环过程的调控

实验证明 Ca^{2+} 在保护植物叶黄素循环中具有重要的作用，那么哪条钙信号途径参与了花生叶黄素循环的调节？研究发现高温强光胁迫下 Ca^{2+} 下游结合蛋白钙调素不论在转录水平还是蛋白水平均受到诱导，表达量增高，很有可能参与钙对叶黄素循环途径的调控。因此分别用钙离子螯合剂（EGTA）、钙离子通道阻断剂（$LaCl_3$）及钙调素抑制剂氯丙嗪（CPZ）处理花生幼苗，对叶黄素循环脱环氧化状态及 AhVDE 基因的表达进行测定。经过 CPZ 处理的植株中（A+Z）／（V+A+Z）下降，说明当缺失钙调素蛋白后，叶黄素脱环氧化状态受影响，叶黄素循环的热耗能力降低，PSⅡ和 PSI 在过剩光能胁迫下光抑制程度增加，我们推测钙很可能将信号传递到下游结合蛋白 CaM 并通过钙调素将信号继续向下游传递而对叶黄素循环过程起作用。为了进一步证明其所起到的作用，同时用荧光定量 PCR 的方法研究了 Ca^{2+} 和 CaM 对 AhVDE 基因表达的影响，发现它的表达受到 Ca^{2+} 和 CaM 的调控，说明外源钙对叶黄素循环过程的调控作用是通过 CaM 进一步诱导 VDE 基因表达引起的（Yang et al.，2013）。

第四节　钙离子信号调控花生荚果发育的分子机制

一、花生荚果发育过程

花生开花第 3d，花粉管凋谢，子房开始长大，长度约 0.3cm，受精卵细胞体积增大尚未分裂；开花后第 6d，子房柄迅速伸长，尚未入土的子房柄胚囊内有许多胚乳核分布于胚囊内壁或受精卵附近，已入土的子房柄胚囊内受精卵细胞已分裂为两个细胞的原胚，随后进入荚果发育期。花生荚果发育一般分为两个阶段：荚壳膨大期和种仁充实期。果壳膨大期在果针入土后的 20~30d，这一时期果壳膨大，果皮内部组织增长，当果壳膨大到最大时，荚壳上可看到清晰的网纹，荚果前部网纹不明显，呈白色而光滑，即所谓定型幼果；种仁充实期大约需 30d。荚壳定型时，籽仁生长转快，迅速膨大充满内腔，种皮由厚变薄，呈微红色，果壳内柔软组织不断收缩，种子膨大到最大程度后种皮逐渐发育成熟，色泽变深，果皮表面收缩、失水，并木质化，网纹凹入、凸起明显，果壳内壁大部分呈黑褐色有光泽。

随着花生种子的发育，贮藏细胞形态大小及细胞中淀粉粒、质体、蛋白体的含量皆出现有规律的变化。种仁发育初期子叶细胞较小，细胞分裂旺盛，积累有许多淀粉粒，质体和蛋白体形成较少（庄伟建等，1992）。花生荚果膨大期，多糖积累快，其含量在下针 7d 约占种仁干重 16%，20~29d 时增加到 40%~50%（白秀峰和罗瑶年，1979）；脂肪到 20d 时才有少量的积累，果针入土 30~45d，是贮藏细胞增大旺盛期，细胞中脂体和蛋白体大量形成和增大，而淀粉粒形成少；脂肪含量达 45%~55%，蛋白质含量达

25%～30%，淀粉绝对积累量已不再增加，而相对含量则迅速降低（Pattee et al.，1974）；成熟后期种子细胞停止生长，并由于种子失水细胞有减小趋势。

二、钙在花生荚果发育过程中的作用

花生荚果中的钙既可呈无机形式存在，又可以有机物质结合的形式存在。能与钙结合的有机物有：磷脂、氨基酸、蛋白质、果胶酸、植酸（肌醇六磷酸）、脂肪酸和草酸等。其中，以与果胶酸和蛋白质的结合占主导。但是，在花生荚果发育的不同时期，钙的存在形式亦有某些变化。例如，有的资料指出（周恩生等，2008），在花生子叶肥大之前，无机态钙、氨基酸钙、果胶酸钙和蛋白质钙占总钙的 80%～90%；随着种子的膨大成熟，无机态钙和氨基酸钙逐渐减少，而草酸钙、磷酸钙和脂肪酸钙则逐渐增加；至种子成熟后，主要以果胶酸钙和非丁（植酸钙镁）的形式存在。此外，在花生子叶分化与伸长期，钙多半聚积在细胞核与细胞壁（周卫和林葆，1995），这可能与钙参与染色体组成并保持其稳定性和钙以果胶酸钙形式构成细胞壁的中胶层有关。

同位素（^{45}Ca）示踪表明，花生的子房柄和荚果能够从外界吸收钙素，除运向发育的种子之外，还运向茎叶等营养器官。当结实区有充足的钙素时，花生荚果发育初期（30d 左右）含钙率急剧增加，尤以 10～20d 为最快（种子中含钙量高达 0.5%），其原因在于，此时正是子叶分化期（子房柄进入结实区 10～15d）和子叶伸长期（子房柄进入结实区 15～20d）的关键时期，需钙量相当大；如果在子房柄进入结实区 20～30d 后停止钙素供应，则荚果的含钙量明显减少，对荚果的膨大产生不良的影响（熊路等，2012；万书波，2003）；随着供钙时间的延长，荚果的全钙量虽有增加，但对荚果后期的发育无明显影响，这表明在荚果肥大阶段需钙量很少（例如，子房柄进入结实区后80d，花生种子的含钙量约为 0.05%）（熊路等，2012；万书波，2003）。

三、钙信号系统调控花生荚果发育的作用机理

人类基因组计划（HGP）的迅速进展及几种模式生物基因组测序的相继完成为人类提供了大量的基因组信息，同时也为后基因组时代提供了更富有挑战性的任务。基因组学时代的主要任务是图谱制作和序列测定，后基因组学时代则是进行基因组功能注释（genome annotation），这也是功能基因组学的主要研究目标（李子银和陈受宜，2000）。近几年，DNA 高通量测序技术开始不断发展，通过转录组测序技术能够全面快速地获得某一物种特定组织或器官在某一状态下的几乎所有转录本序列信息，已广泛应用于基础研究、临床诊断和药物研发等领域。转录组（transcriptome）广义上指某一生理条件下，细胞内所有转录产物的集合，包括信使 RNA、核糖体 RNA、转运 RNA 及非编码RNA；狭义上指所有 mRNA 的集合（Costa et al.，2010）。转录水平的调控是目前研究最多的，也是生物体最重要的调控方式。

随着一系列模式生物（Model organism）基因组测序的完成，对于基因组学的研究逐步扩宽了领域。参照这些模式生物的参考序列，科研人员能够对该物种的全基因组转录情况、不同个体之间的 SNP、基因拷贝数的差异等方面进行研究。目前，转录组已经成功用于水稻（李湘龙等，2012）、玉米（Emrich et al.，2007；Ohtsu et al.，2007）、

拟南芥（Jones-Rhoades et al.，2007；Weber et al.，2007）的大规模 EST（expressed sequence tag）测序研究，从而发现了这些物种更多 EST。目前国内外关于 Ca^{2+} 信号系统对植物后胚发育如花生胚胎发育的调控机制，所牵涉的功能基因组的特点和表达特征等报道甚少。本课题组通过转录组测序技术研究花生不同时期荚果差异表达分析，筛选出表达量存在显著差异的 *CDPK* 等钙相关基因 53 个、生长素响应蛋白 *IAA*31 等基因 40 个、赤霉素调控蛋白等基因 15 个、乙烯响应转录因子 *WRI*1 等基因 20 个、脱落酸相关基因 2 个和细胞分裂素相关基因 7 个，首次明确了荚果发育是由钙离子信号途径和激素途径共同调控完成的（Li et al.，2017）。进一步对地上部果针和地下部荚果取样进行转录组测序，分析 Ca^{2+} 信号转导途径在荚果发育过程中的调控作用。我们的结果表明，外源施钙能够通过其信号转导途径中钙相关蛋白促进花生荚果的发育，而对地上部果针则提供足够的营养促进其向生殖发育阶段过渡（Yang et al.，2017）。

第五章 花生抗盐碱、干旱、渍涝及酸性土壤胁迫机制

第一节 花生耐盐碱生理机制

世界上大约有 20% 的灌溉土壤受到不同程度的盐碱影响，而且全球盐碱地每年以 $1×10^6 \sim 1.5×10^6 hm^2$ 的速度在增长。估计到 2050 年，50% 以上的耕地会遭受盐碱危害，严重威胁着土地的利用和作物的产量。据联合国教科文组织和粮农组织不完全统计，中国盐碱地面积约 9 913 万 hm^2，占世界盐碱地面积的 26.3%，特别是在滨海和内陆地区有大面积分布，在耕地逐渐减少的情况下，改良利用盐碱地具有重要意义。花生是重要的油料作物和经济作物。近年来油料作物与粮食作物争地的矛盾日益突出。花生属于中等耐盐碱作物，在充分挖掘高产田潜力的同时，加大盐碱地的改造利用，对于扩大花生种植面积、增产和保障食用油安全具有重要意义。

一、盐碱对花生的伤害

（一）对种子萌发和生物量的影响

种子萌发期和幼苗期是花生对盐碱胁迫的最敏感时期，因此花生在盐碱土壤中能否萌发是评价其耐盐碱能力的关键。郭峰等（2010）研究发现，低浓度盐处理对花生种子的萌发影响相对较小，随着盐浓度的增加，花生种子的发芽势和发芽率逐渐降低。因此，选择耐盐基因型花生品质对于盐碱地花生生产具有重要意义。慈敦伟等（2015）采用盆栽试验，设置不同盐胁迫浓度，通过对 200 个花生品种（系）的出苗速度、植株形态和生物产量等指标进行评价。结果表明，随着盐浓度的增加，出苗速度减慢，植株形态建成抑制加重，干物质积累逐渐减少。不同基因型的花生种子萌发对盐胁迫响应存在显著差异，200 个花生品种（系）在不同盐胁迫浓度下均可分成高度耐盐型、耐盐型、盐敏感型和高度盐敏感型。侯林琳等（2015）的研究也表明盐胁迫处理会造成花育 22 植株干物质及生物积累量受到严重影响。

（二）光合作用减弱

植物的光合作用体现了植物的健康度，植物合成物质的能力，植物的代谢能力，叶绿素是衡量植物光合作用强弱的关键要素。在盐碱胁迫条件下，作物叶片发生生理性干旱，会破坏叶绿体，干扰叶绿素合成，导致叶绿素含量降低，光合作用受到抑制（孟德云等，2015）。

（三）扰乱离子动态平衡

在盐碱土壤中，盐分主要为 Na^+、K^+、Ca^{2+}、Mg^{2+} 等阳离子，以及 CO_3^{2-}、HCO_3^-、Cl^- 和 SO_4^{2-} 等阴离子。这些离子进入植株后，打破了植株体内原有的离子平衡，影响植物的生长发育，从种植萌发到枯萎死亡，从外观形态的改变到显微结构的变化，以及相关基因的表达和次生代谢物质的含量都发生改变。

（四）膜透性增大

植物的原生质膜是一种半透膜，允许水分子的自由进入，但对其他溶质选择性进出。当膜两侧的渗透势不等时，水分子就会从高渗透势方流向低渗透势方。在盐碱条件下，土壤中离子含量较多，渗透势较低，引起原生质膜透性增大，从而引起植物细胞膜的损伤。

（五）对脂肪的影响

花生种子的脂肪含量是其品质的重要指标之一，我国60%的花生是用于榨油，花生品种脂肪组成，不仅影响其营养价值，也关系花生的加工用途。吴兰荣等（2005）在花生全生育期耐盐鉴定研究中表明，花生在不同生长时期进行盐胁迫对其产量影响不同。研究表明，对花生全生育期进行盐胁迫处理，花生籽仁的产量品质随着盐胁迫浓度的升高而逐渐降低（胡晓辉等，2011）。而花育20号花针期和结荚期进行0.15%盐浓度胁迫，花生籽仁中粗脂肪含量显著提高；在结荚期进行0.45%盐浓度处理使花生籽仁中的粗脂肪、油酸和亚油酸含量显著提高（符方平，2013）。

二、花生耐盐碱胁迫的机理

盐碱逆境下，植物主要通过合成渗透调节物质、对离子选择性吸收、提高酶的抗氧化能力、改变植物体内代谢物质、调整生物量的分配等方法来减轻土壤盐碱对植物的根系造成的伤害。

（一）离子胁迫和渗透胁迫

由盐碱胁迫产生的离子胁迫和渗透胁迫破坏了植物细胞膜的结构，影响植物体内保护酶的活性，使叶片气孔关闭降低植物叶片光合作用的效率，渗透胁迫使植物缺水。当植物受到盐碱胁迫危害时，自身会进行渗透势的调节，满足植物细胞对水分的吸收，以维持植物生长发育的需求。

目前，植物渗透调节机制主要有两种，一是植物自身的应激反应，主要包括一系列抗氧化物酶活性的变化和离子选择性吸收（Dionisio-Sese and Tobita，1998；Gossett et al.，1994）。曹军等（2004）研究了离子胁迫、渗透胁迫对花生抗氧化酶的影响。结果表明，等渗的 NaCl、KCl（50μmol/L、100μmol/L）和聚乙二醇（PEG6000，16%、26%）诱导花生叶片超氧化物歧化酶（SOD）活力显著升高；低浓度（50μmol/L）NaCl 胁迫可以诱导花生叶片过氧化物酶（POD）活力升高；花生叶片过氧化氢酶

（CAT）活力在 PEG 胁迫处理下呈显著下降趋势，而在 NaCl 和 KCl 处理下变化不大，表明盐胁迫时引起花生叶片 CAT 活力下降的原因可能是渗透胁迫。在盐碱胁迫环境中，高浓度的 Na^+ 会竞争性地取代细胞膜上的 Ca^{2+}，使细胞膜的稳定性降低，改变细胞膜的结构，从而使质膜透性增加。可见 Ca^{2+} 对植物的耐盐性有重要的调节作用。杨莎等（2017）采用盆栽试验研究了不同 Ca^{2+} 浓度处理对盐胁迫条件下花生整个生育期的相关生理与产量指标的影响。结果表明，在 $100\mu mol/L$ NaCl 条件下，施加不同浓度外源钙均可提高 SOD 和 CAT 活性以及叶绿素含量，降低 MDA 含量和电解质外渗。通过增强活性氧的清除能力、维持细胞膜的稳定性以及完整性，是外源钙有效缓解花生植株的盐胁迫伤害并最终提高荚果产量的重要原因。

二是通过植物自身合成的一些有机小分子物质进行调节，这二者调节往往同时进行以确保植物在盐胁迫时的正常生长。在盐胁迫下，植物自生合成的有机小分子物质在细胞渗透压维持方面起到重要作用，这些物质主要包括多胺、甜菜碱、脯氨酸等。多胺是植物正常代谢过程中产生的一类具有生物活性的含氮碱类，除了作为渗透调节物质外，还作为第二信使参与植物对逆境的多种抗性。S-腺苷甲硫氨酸脱羧酶（S-adenosylme-thionine decarboxylase，SAMDC）是多胺合成途径的关键调节酶之一，盐胁迫诱导了花生 AhSAMDC 的表达，通过农杆菌介导的叶盘法转化烟草实验证明，过表达 AhSAMDC 的烟草株系在盐胁迫下具有较高的 POD、SOD 和 CAT 活性，较低的 MDA 含量，表明多胺提高了花生的抗盐能力（孟德云等，2015）。另外，甜菜碱在细胞的渗透调节过程中发挥着重要作用。有研究发现高浓度盐碱胁迫下，与不抗盐的花生相比，抗盐花生植株体内甜菜碱大量积累，说明甜菜碱可以提高花生抗盐碱胁迫能力。

（二）离子的选择性积累和离子外排

花生是中等耐盐植物，对 Na^+ 是敏感的，但是有些基因型的花生具有较高的耐盐性，这可能与其拒 Na^+ 特性有关。在盐碱胁迫下，Na^+ 在细胞中过多的积累会使膜系统受损，而 K^+ 对降低植物细胞渗透势和维持水分平衡是至关重要的。花生细胞的拒 Na^+ 主要受质膜和液泡膜控制。质膜一方面通过限制 Na^+ 进入细胞，并选择性吸收 K^+ 来维持植物细胞高的 K^+/Na^+ 比值，以保证细胞渗透势和维持水分平衡。NHX 基因是一个编码花生细胞内 K^+/H^+ 逆向转运蛋白，在 K^+ 吸收和转运方面发挥着重要的作用，在烟草中过量表达花生 AhNHX1 基因能够提高烟草盐胁迫下根系中 K^+ 的含量（Zhang et al.，2017），表明花生抗盐碱胁迫的一个重要的机制是减少 Na^+ 吸收，选择性吸收 K^+ 来维持细胞膜的稳定。

另外，它通过细胞膜上的 Na^+/H^+ 逆向转运蛋白把 Na^+ 泵出细胞外（但这种 Na^+/H^+ 逆向转运蛋白仅在某些盐生植物和海洋单细胞藻类中发现）。液泡膜则通过液泡膜上的 Na^+/H^+ 逆向转运蛋白把细胞质中 Na^+ 泵入液泡中并加以积累，而 Na^+/H^+ 逆向转运蛋白所需动力是液泡膜上的 ATP 酶和焦磷酸酶所产生的跨膜质子驱动力。盐胁迫显著增加根液泡膜质子泵活性和适应 NaCl 的悬浮细胞的液泡膜质子泵活性。在 NaCl 胁迫初期，Na^+ 主要在根和叶鞘中积累。相应地，根和叶鞘液泡膜 ATP 酶和焦磷酸酶水解活性、依赖 ATP 和 Ppi 的质子泵活性及 Na^+/H^+ 逆向转运活性均明显增加，根和叶鞘的生长没有受到抑制。在 NaCl 胁迫后期，Na+ 开始向地上部分运输并在叶片中积累，此时叶片液泡膜质子泵和 Na+/H+ 逆向转运活性开始增加，根和叶鞘的 Na/K 比增加，其液泡膜 ATP 酶和焦磷酸酶水解活性、质子泵活性和 Na+/H+ 逆向转运下降。相应地，根和叶鞘的生长也下降，当保温介质中 Na/K 比超过 1 时，液泡膜微囊 ATP 酶和焦磷酸酶活性均随 Na/K 比的增加而下降。表明非盐生植物液泡膜质子泵在盐胁迫的初期对 Na+ 在液泡内的积累及其耐盐性起重要作用。

（三）活性氧清除机制

植物细胞的叶绿体是对盐碱胁迫比较敏感的细胞器。由于叶片气孔关闭，叶绿体中 CO_2 浓度降低，$NADP^+$ 不易接受 PSI 中的电子，从而 O_2 被还原，产生一系列活性氧（ROS），抑制卡尔文循环。许多研究表明，植物在盐胁迫下可以启动自身的应激反应，主要包括一系列抗氧化酶的变化（Gossett et al., 1994）。NaCl 胁迫对花生叶片叶绿体超微结构及一些酶活性影响的试验结果说明（曹军，2004），盐胁迫造成叶绿体中强氧化剂 H_2O_2 的积累，H_2O_2 通过 Haber-Weiss 反应产生攻击能力更强的 -OH 启动膜质过氧化，造成叶绿体膜质的过氧化产物 MDA 增加。不耐盐品种花育 18 号在高浓度 NaCl 胁迫下叶绿体的稳定性降低而受到伤害，叶绿体基粒片层膨胀、松散乃至破裂，使细胞叶绿素与叶绿体蛋白间结合变得松弛，叶绿素受到破坏，含量下降，叶片黄化。而对耐盐的品种青兰 2 号则影响相对较轻。众所周知，H_2O_2 可以被过氧化氢酶分解，但由于叶绿体中不含有过氧化氢酶，而是由过氧化物酶分解。叶绿体中过氧化物分解系统的特异电子供体是抗坏血酸（ASA）。以 ASA 为电子供体的过氧化物酶是 ASP。它是叶绿体中分解 H_2O_2 的关键酶，并与 SOD 一起构成了活性氧清除系统中的酶系统。在低浓度 NaCl 胁迫下，不耐盐品种 ASP 活性很快上升，随着胁迫浓度的提高又很快下降，而耐盐的花生品种在中等浓度胁迫下仍有较高的活性，即使胁迫浓度再提高，下降的幅度也较小。这种现象从检测 SOD 活性中也有所表现，两个品种在 NaCl 浓度低于 15g/L 时，SOD 活性呈上升趋势；在 NaCl 浓度超过 15g/L 时，SOD 活性的下降也以耐盐品种下降幅度较小，说明耐盐品种在较高 NaCl 浓度胁迫时保护酶仍表现出对 H_2O_2 有较强的清除能力，所以受害较轻。

（四）代谢物质的变化

盐碱胁迫引起植物的代谢物质含量的变化。研究表明，盐碱胁迫下花生叶片中的不饱和脂肪酸含量下降，Fv/Fm、ΦPSⅡ、APX 和 SOD 活性下降，$O_2 \cdot^-$ 和 H_2O_2 的含量上升。然而，在恢复处理时，花生幼苗的不饱和脂肪酸含量增加，Fv/Fm、ΦPSⅡ、APX 和 SOD 活性也上升。推测在盐处理下，花生各种生理指标的降低可能与不饱和脂肪酸含量及不饱和度的下降有关。不饱和脂肪酸含量下降引起了细胞膜稳定性的下降，这也可能是盐胁迫导致细胞膜损害的又一原因。当盐胁迫恢复条件下不饱和脂肪酸含量和不饱和度升高有利于缓解盐胁迫对花生幼苗生长的抑制。编码 ω-脂肪酸去饱和酶的基因在盐胁迫下表达水平下调，在恢复时期上调与不饱和脂肪酸在两阶段含量一致，说明不饱和脂肪酸可以维持细胞膜的稳定性，增加花生对盐胁迫的抗性。

第二节 花生抗旱生理机制

全球有 1/3 的土地面积属于干旱或半干旱地区，匮乏的水资源已经严重影响作物产量和品质，而且随着全球气候变暖的加剧，干旱对农业的影响更加频繁。花生是一种耐旱性较强的豆科植物，这源于花生具有较发达的根系。然而长期的水分亏缺对花生植株造成严重的甚至是不可逆的抑制。我国干旱半干旱的丘陵地区是花生的集中产区，所以长期干旱是花生生长发育期间经常遇到的逆境条件。据统计，全国 2/3 的花生面积常年遭受干旱胁迫，每年由此造成的减产达 20%~50%。另外，干旱还导致品质下降，黄曲霉污染概率增加。因此，干旱胁迫严重制约着花生的产量和品质。

花生干旱是指植株根系吸收水分少于蒸腾散失的水分，植株体内因缺水，细胞和组织的紧张度下降，植株不能维持正常的生理活动，表现出植株萎蔫，生长发育受到抑制，严重时干枯至死亡。干旱可以引起水分胁迫，土壤温度过低、盐度过高、通气不良、根系受伤等。干旱对花生生长发育和各种生理功能产生的影响，取决于胁迫的程度、持续时间、生育期和不同生理过程对水分亏缺的敏感性。

一、干旱对花生生长发育的影响

水分临界期（critical period of water）是指植物在生命周期中对水分缺乏最敏感、最易受害的时期。姚君平等（1985）研究提出早、中熟花生各生育期的水分临界值，见下表，水分低于这一临界指标，花生生长发育就会受到不同程度的影响。干旱胁迫对花生植株的影响主要表现为节间缩短、节数减少、植株变矮、叶片变小、干物质积累减少。对生育期的影响表现花芽分化和开花期推迟，花数目减少，生育期延长，单株结果数减少，饱果率降低，最终影响产量。

表 早、中熟花生各生育期的临界水分含量（指 0~90cm 土壤持水量）（姚君平等，1985）

品种类型	苗期	花针期（%）	结荚期（%）	饱果期（%）
早熟种	不敏感	32.2	32.1	37.3
中熟种	不敏感	33.7	31.8	35.2

（一）干旱对株高和叶片生长的影响

水分胁迫对植株生长有抑制作用。但由于不同基因型花生在不同生育时期对水分的敏感性不同，植株生长受抑制作用的大小也并不相同。早熟种苗期干旱，主茎增长量较对照降低，而出叶速度增加。花针期和结荚期干旱，随干旱时间的延长，土壤持水量不断下降，花生的主茎增长速度和叶片增长数量均下降，干旱时间越长影响越大。而中熟花生品种苗期连续干旱 5d 和 10d，0~90cm 土壤持水量降至 45.8%~48.8%，花针期连续干旱 10d 和 20d，0~90cm 土壤持水量降至 33.7% 和 29.9%，主茎生长不但不受影响，反而有明显的促进作用；但继续干旱主茎生长明显受到抑制，苗期连续干旱 15d 和

20d，0~90cm 土壤持水量降至 45.7% 和 38.5% 时，主茎生长量仅为对照的 87.3% 和 87.2%，花针期连续干旱 30d，0~90cm 土壤持水量降至 26.9%，主茎生长量仅为对照的 37%。研究表明中熟品种花生与早熟品种抗旱能力存在差异，但是结荚期是这两个品种对水分的敏感期。

李俊庆等（1996）研究认为，不同抗旱型花生在不同生育时期进行水分胁迫（土壤持水量低于 45%）对植株生长均表现出抑制作用，且抑制程度差异显著。苗期植株生长受抑制明显，苗期干旱对营养生长影响最大；其次是花针期和结荚期，这两个时期干旱主要影响生殖生长和产量形成，所以这两个时期干旱导致花生产量降低。水分胁迫对抗旱型花生植株生长的影响小于敏感型花生。杨国枝等（1991）研究认为，干旱对不同基因型花生植株相对主茎高普遍降低，但是干旱致使花生萎蔫次数与相对主茎高和分枝数没有关系。

（二）干旱对光合作用的影响

水是花生光合作用的原料，干旱胁迫导致花生叶片萎蔫，气孔关闭，势必影响花生的光合作用。万善勇研究认为，50.5% 的土壤最大持水量是影响花生光合作用的土壤水分临界点，低于该含水量，净光合速率显著下降。但是采取高于 54.5% 的土壤最大持水量进行干旱胁迫锻炼，然后给土壤恢复水分，花生叶片的净光合速率明显提高。干旱导致花生叶片的最大光化学效率（Fv/Fm）和 820nm 光吸收大幅下降，单位面积内吸收的光量子（ABS/CSm）、单位面积内反应中心捕获的光量子（TRo/CSm）和单位面积内有活性的反应中心的数目（RC/CSm）均出现大幅下降，而 PSⅡ 的关闭程度明显升高，依赖于叶黄素循环的非辐射能量耗散（NPQ）升高，同时超氧化物歧化酶（SOD）活性出现下降，丙二醛（MDA）和膜透性增加（刘登望等，2015；秦立琴等，2011）。戴良香等（2014）研究表明，干旱胁迫使花生光合作用降低，光合产物积累缓慢，植株生长发育迟滞。干旱对花生光系统造成严重破坏的主要原因则是过剩光能的积累，胁迫使花生光合效率下降，干物质积累减少，不仅仅因为单位面积光合速率的降低，而与干旱造成叶面积减少也有直接关系。另外，水—水循环受到干旱的影响不能有效起到能量消耗的作用，造成活性氧的大量积累，从而膜脂过氧化加剧。

（三）干旱对根系生长发育的影响

根系活力是反映植物吸水能力的重要指标。干旱对花生的根系活力影响显著。土壤干旱对花生生育初期浅层土的根系影响较大，而对中下层、特别是深土层根系的生长很少或没有影响。水分亏缺使土壤中离子向根的运输减慢，根系活力下降。花生苗期和花针期干旱使得根系活力均显著降低，苗期、花针期干旱 7d 各品种平均根系活力分别下降 53.9% 和 65.0%（刘登望等，2015）。薛慧勤等（1999）采用盆栽试验，控制土壤水分，当从播种后 50d 花针期开始干旱，使土壤最大持水量降至 30% 时，刚开始，根系活力略有上升，之后，随着干旱胁迫时间的延长，根系活力逐渐下降，抗旱品种与干旱敏感品种变化趋势基本一致，但变化幅度差异较大。

干旱胁迫对花生根系干物质积累有一定影响。戴良香等（2014）采用人工控制条件下的防雨棚栽培试验，以不同抗旱类型花生品种为材料，设置充分灌水和中度干旱胁迫处理，对苗期、花针期、结荚期、饱果期和成熟期根系物质积累进行研究。结果表明，花育 22 根系干物质随生育期进行而逐渐上升至成熟期最大，花育 23 和花育 25 根系干物质积累量则呈"抛物线型"变化趋势。干旱胁迫致使花育 23 根系干物质积累量峰值出现在结荚期，而花育 25 则出现在饱果期。3 个品种根系干物质积累量以花育 25 最高、花育 23 次之、花育 22 最小。3 个品种中花育 25 抗旱性最强，花育 22 次之，花育 23 对水分较为敏感。可见，干旱胁迫影响花生根系的生长发育，抗旱能力强的品种其根系在干旱情况下能够较好地完成生长。

（四）干旱对开花受精及籽仁发育的影响

不同基因型品种，不同生育期对干旱的反应不同。早熟花生品种花针期干旱 10d，单株有效花量有增加趋势。而干旱 20d 以上，0~90cm 土壤持水量低于 32.2%，单株有效花数明显减少，而对受精结实影响不大，但饱果数明显减少。结荚期干旱显著减少饱果数和饱果率，干旱时间越长影响越大。可见结荚期干旱对早熟花生籽仁充实饱满不利，此时期干旱可导致花生大幅度减产。

中熟花生品种对干旱的反应不同于早熟品种，研究表明，中熟品种苗期适当干旱有利于增加单株有效花数和饱果数。花针期干旱，当土壤最大持水量低于 33.7%时，受精、结实和饱果数均受到影响，而土壤最大持水量高于 33.7%时，干旱对花生受精、结实和饱果数影响不显著。结荚期土壤持水量低于 31.8%时，结果数和饱果数大幅度下降。而饱果期土壤干旱直接影响单株饱果数。可见，中熟品种在生育后期要防止土壤干旱，以提高饱果率。

花生生育期干旱对荚果和籽仁大小均有一定影响，表现为随着干旱时间延长，荚果变短变小，饱满籽仁减少，秕劣籽仁增加，干旱越严重影响越大。花针期干旱影响荚果的长度，结荚期干旱对荚果长度和宽度影响最大，饱果期干旱对荚果外形影响较小，而对籽仁充实有明显影响。由此可看出，结荚期和饱果期是荚果和籽仁发育需水的关键时期。

（五）干旱对荚果产量的影响

花生不同生育时期干旱对花生产量均有影响，但因基因型不同而存在差异。早熟品种苗期干旱，对植株的生长发育基本不受影响，因此，产量差异不大。花针期干旱表现出减产，干旱时间越长减产越大。结荚期干旱 20d，0~90cm 土壤持水量低于 32.1%时，对产量影响不大。持续干旱 30d，0~90cm 土壤持水量低于 32.1%时，减产 27.9%。中熟品种，苗期干旱 10d 时，对荚果产量没有影响。在花针期 0~90cm 土壤持水量低于 33.7%时，干旱 20d 减产 14.3%，干旱 30d 减产 39.4%，表明花针后期是中熟花生需水的关键时期之一。结荚期比较耐旱，0~90cm 土壤持水量不低于 31.8%时，荚果产量均高于对照，因此结荚期适当干旱有利于增加荚果产量；当 0~90cm 土壤持水量降至 25.0%时，荚果和籽仁分别减产 34.2%和 39.75%。饱果前期干旱对荚果产量影响不大，中后期干旱减产显著。另外，干旱胁迫严重影响花生第一对侧枝的生长，由于花生第一对侧枝直接影响到整体植株开花结果的数量，这也可能是干旱导致花生减产的一个重要原因。

（六）干旱对籽仁品质的影响

花生不同生育时期干旱对其脂肪和蛋白质含量均有显著影响。姚君平等（1985）研究了花生不同生育期干旱对脂肪和蛋白质含量的影响，结果表明，花针期干旱对脂肪含量影响较大，连续干旱30d，籽仁脂肪酸含量比对照要高出0.54%，但是干旱对蛋白质含量影响更大，干旱10d，蛋白质含量就下降0.15%。结荚期和饱果期干旱则会使籽仁脂肪酸含量降低，而蛋白质含量却有所提高。李美等（2014）研究表明，土壤干旱胁迫使花生脂肪、蛋白质、亚油酸、山嵛酸和二十四烷酸含量升高，棕榈酸和油酸/亚油酸比值降低；同时，水分胁迫还使籽仁中P、K和Na等矿物质含量及微量元素Mn的含量均增加。

二、花生抗干旱的生理机制

花生本身在个体发育中，当环境发生变化时，往往会发生相适应的性状变异，相应于自然环境的变异就是适应，相应于人工环境的变异就是驯化。植物在水分胁迫下发生一系列生理生化变化来适应这种胁迫。

（一）避旱的形式

花生避旱的形式主要有两种：一是通过降低耗水来保水，如气孔关闭、根的适应性生长等来减少植株体内水分的耗散；二是加快吸水，高的根冠比及低渗透势的根系等，可以通过最大量地吸收水分来避免干旱胁迫或将水分丧失减少到最低程度，例如，气孔关闭、叶片变小。通过渗透调节或渗透保护性物质的积累，忍耐水分胁迫。高水势下耐旱是通过减少失水或维持吸水实现的；低水势下耐旱是通过维持膨压，或者是耐脱水对抗外界的水分胁迫。

花生品种在特定地区的抗旱性表现，是由其自身的生理特性、结构特性以及生长发育过程的节奏与农业气候因素变化相配合的程度决定的。耐旱型花生在水分胁迫时通过一系列适应机制来维持植物细胞内较高的水势，通常表现为：水分缺失时植物叶肉细胞合成高水平的脱落酸，脱落酸使保卫细胞气孔关闭，有效地防止水分蒸发；同时，降低或抑制植物的代谢，抑制植物生长使植物总表面积减小，减少水分的利用和泄漏。

（二）花生抗旱植株形态特征变化

植物抗旱性提高，一方面是因为植物吸水能力增强，另一方面是因为有效地防止植株失水，从而提高水分的利用效率，抵御干旱胁迫。根系是作物直接感受土壤水分信号并吸收土壤水分的器官。一些研究认为，根系大、深、密是抗旱作物的基本特征，较多的深层根对于抗旱性更重要。还有研究认为，植物通过增加根系生物量分配，提高根冠比来适应土壤干旱。丁红等（2013）研究指出，中度干旱胁迫下抗旱品种唐科8号具有发达的根系及较高的产量和抗旱系数，干旱敏感品种花育17号根系对干旱胁迫的适应性小于唐科 8 号；干旱胁迫处理使花育 17 号各生育期 0～40cm 土层中总根长、根系总表面积和总体积均降低，而唐科 8 号除花针期显著降低外，其余生育期均明显升高；干旱胁迫使两个品种饱果期 40cm 以下土层内根系活力降低，且花育 17 号降低幅度高于唐科 8 号。这可能是抗旱品种通过增加细根数目、根系活力和表面积来适应干旱胁迫的原因。

(三) 花生抗旱植株的生理生化特性

细胞保持较高的亲水能力，防止严重脱水，这是植物生理性抗旱的基础。在干旱条件下，抗旱植物水解酶类如 RNase、蛋白酶、脂酶等保持稳定，减少生物大分子分解，使原生质体尤其是质膜不受破坏，细胞内保持较高的黏性与弹性。细胞通过黏性提高细胞持水能力，通过弹性降低细胞失水时的机械损伤。原生质结构的稳定可使细胞代谢不至于发生紊乱，光合作用和呼吸作用在干旱下仍维持较高水平。

保持细胞内较高的含水量：花生在水分胁迫下，增加水分吸收的另一种机制是使叶片具有较低的水势和一定的气孔导度及蒸腾率，使植株依靠水势差和蒸腾拉力吸收水分，避免水分胁迫进一步恶化。抗旱性强的花生品种受旱时，其叶片水势比不抗旱品种降得更低，叶片相对含水量较高，气孔阻力小。不同的花生品种，也存在其水势与抗旱性关系不一致的现象。在干旱条件下，抗旱花生品种比不抗旱花生品种叶片相对含水量高。耐旱品种花生在干旱条件下能通过渗透调节忍耐较低的叶部水势和叶片含水量。

根系渗透调节物质对干旱胁迫的反应：在水分胁迫条件下，无机离子（K^+，Ca^{2+}）、甜菜碱、脯氨酸、可溶性糖等在细胞内的含量都不同程度上升，它们都是调节植物水分胁迫条件下细胞水势的物质。液泡中 K^+ 积累降低细胞渗透势。Ca^{2+} 作为膜的稳定剂，有利于提高植物抗旱能力。干旱胁迫下，施加外源钙可以促进花生生长，提高叶片的叶绿素含量，增加 SOD、POD 和 CAT 酶活性，减轻活性氧对膜的伤害及对叶绿体结构的破坏，提高植物体内可溶性糖、游离氨基酸含量，使植株保持较高的相对含水量。从而达到提高植物的抗旱能力（顾学花等，2015）。

植物水分胁迫下，脯氨酸、可溶性糖、游离氨基酸、甜菜碱等作为渗透调节物质，渗透调节、稳定体内的渗透平衡，增强植物的保水能力；作为溶剂，参与生化反应，被称为低分子量伴侣；在水分胁迫下渗透调节物质与蛋白质原来的疏水区域，稳定了疏水表面，保证蛋白质结构的稳定性。抗旱性强的品种，在干旱胁迫时，渗透调节物质含量相应会升高。丁红等（2013）对花生品种的抗旱性研究后发现，花生品种在受到不同生育期干旱处理时，渗透调节物质的响应也会有所不同，同一花生品种在不同生育期的抗旱能力也不同，表现为花针期最强，结荚期次之，苗期最弱。李玲和潘瑞炽（1996）报道，花生体内脯氨酸水平的提高有利于抗旱。张铭（2017）研究认为，抗旱性强的花生品种在苗期经干旱胁迫后脯氨酸的含量快速上升，并且在复水后能快速恢复到对照水平，这可能是抗旱性的一个重要表现。目前认为，脯氨酸可以作为水分胁迫下的植物碳源和氮源，利用率极高；脯氨酸是一种高亲水物质，可以防止细胞在水分胁迫时脱水，同时也是酶和亚细胞结构的保护剂，能清除蛋白质分解初期产生的 NH_3，防止其他有毒氨基酸积累。脯氨酸可作为植物进行呼吸的能源，为复水后植物的恢复提供还原力。然而，脯氨酸积累能否作为植物抗旱性的指标，仍待进一步研究。同时，甜菜碱是一种非毒性的植物渗透调节物质。杨淑英等（2000）研究表明，植物生长受到干旱胁迫的环境影响，体内代谢积累甜菜碱以调节细胞内的渗透压，减少失水，维持体内水分平衡。在花生上研究表明，外源甜菜碱可以提高干旱胁迫下叶片水势和相对含水量，促进花生脯氨酸和可溶性糖的积累进而提高花生叶片的渗透调节能力；另外，外源甜菜碱能够保持干旱胁迫下花生叶片细胞生物膜稳定性，缓解活性氧引起的膜脂过氧化；甜菜碱还可以提高干旱胁迫处理下花生叶片的气孔导度，增强光合能力。

抗氧化能力提高：正常细胞代谢过程中活性氧（ROS）的产生和消除存在一定的平衡比例，干旱胁迫打破了这种平衡。植物受到干旱胁迫时气孔关闭，胞间二氧化碳浓度降低，PSⅡ活性下降，导致卡尔文循环所需的光能减少，电子的传递和利用受到阻碍，部分电子传递给氧，产生了大量的 ROS。为了防止细胞膜发生膜脂过氧化，这时需要植物自身通过合成酶和非酶抗氧化防御体系来清除过多的 ROS。超氧化物歧化酶（SOD）是清除 ROS 第一道防线，将 O_2^{-1} 歧化为 H_2O_2 和 O_2，而随后 CAT 和 POD 将 H_2O_2 转化为 H_2O。花生抗旱品种受干旱胁迫后 SOD、POD、CAT 等保护酶类活性增加，清除了过多的 ROS 对细胞膜的毒害。大量研究表明，抗旱能力强的花生品种遇到干旱胁迫时，体内的 SOD、POD 和 CAT 的活性增加的速度比抗旱能力弱的品种快，而且 MDA 含量积累较少，从而能够快速清除干旱胁迫产生的活性氧，减少对细胞膜的伤害。

（四）干旱—复水补偿效应

植物在长期的适应和进化过程中，逐渐形成了对干旱等各种逆境的抵抗能力，而且在逆境得到改善时其生理生化功能和生长发育还可得到一定的恢复，这种恢复有时甚至可以达到或超过未经胁迫或伤害下的情形，从而弥补逆境造成的伤害，表现出明显的补偿或超补偿效应，是生物对环境条件变化的一种适应性。关于补偿作用的研究在植物抗旱性方面主要集中表现在植物形态结构、生理生化功能和产量及水分利用效率补偿 3 种方式。张铭（2017）对 5 份不同抗旱性花生的苗期和结荚期进行干旱胁迫处理，结果发现苗期干旱胁迫复水处理后抗旱性较强的品种侧枝长都能够较好的恢复，而干旱敏感品种恢复程度很小。花生苗期干旱胁迫降低植株叶片的光合特性、主要荧光参数、脯氨酸含量，而复水以后它们很快恢复，有的甚至表现出小幅超补偿效应，这种干旱—复水的补偿效应强的可能是花生抗旱的一个表现。

第三节　花生耐湿涝的机制

水淹对植物的影响是多方面的，最严重的影响是长期淹水而导致的低氧次生胁迫。当土壤中水分过多情况下土壤孔隙被水分占据而阻碍了空气进入，从而导致土壤中植物根系氧气供给大幅减少，植物根系在缺氧情况下很难进行有氧呼吸，减少了植物生长发育所必需的能量运输；继而代替的是无氧呼吸，其产生的酒精会对植物产生毒害作用。

一、湿涝对花生生长发育的影响

(一) 湿涝对花生形态建成的影响

豆科作物的承受湿涝的时间限度一般为 2~4d，但因作物品种、生育时期、土壤类型和年份等而异。花生幼苗期湿涝处理 1~2d 对根瘤数、根系干重影响较小，对地上部干重、开花数影响较大；4~6d 湿涝处理则影响较大。花生开花至结荚阶段，如果雨水过多或排水不畅，就会引起茎蔓徒长，植株过早封行，甚至倒伏，根瘤菌的形成和生长受阻，抑制子房的发育和荚果的膨大，降低饱果率（万书波，2003）。花生根系具有无限生长习性，土壤水分状况可影响根系分布深度和数量（Ketring and Reid，1993）。研究表明，土壤水分过多对根系伸展范围影响较大，而根系分枝数、根长和根体积稍次（Gulati et al.，2013）。花生不同生育期淹水对花生植株性状影响不同，结荚期淹水显著降低了有效分枝数，使叶面积明显下降，减少果针数量（王洪波等，2014）。另外，湿涝对花生荚果和籽仁大小有一定的影响。短期湿涝对荚果和籽仁发育具有一定的促进作用，但是长期湿涝则抑制其生长，这与荚果、籽仁是在花生生育后期形成有关。

(二) 湿涝对花生光合和蒸腾作用的影响

光合作用是植物产量形成的基础。研究认为，作物受湿涝后光合作用明显下降。花生水淹初期，表皮细胞过度充分膨胀，会挤压体积较小地保卫细胞，迫使叶片气孔关闭，导致气孔扩散阻力增加和导度下降，从而使 CO_2 与 O_2 交换受阻造成叶片光合作用下降。另外，叶绿素含量是植物叶片光合性能、营养状况和衰老程度的直观表现。当土壤湿涝持续时，叶绿体结构被破坏，叶绿素合成受阻，从而导致光合作用受到严重影响。湿涝胁迫不但抑制光合速率，也减慢光合产物的运输，降低了植株能量供给。土壤水分过多时，气孔到叶片的蒸汽压差降低，气孔开度降低或关闭，气孔腔内的水蒸气不易扩散出去，导致花生叶片蒸腾速率大幅下降。

(三) 湿涝对花生呼吸作用的影响

长期淹水情况下土壤缺氧，导致植物进行无氧呼吸。长时间无氧呼吸会对植物产生有害作用，主要有三个方面危害：第一，植物无氧呼吸产生的能量少，无法满足植物基本的生长需求；第二，无氧呼吸不能提供植物中间代谢所必需的各种产物；第三，无氧呼吸会使植物体内积累大量的乙醛和乙醇等代谢产物，高浓度的乙醛和乙醇会对植物产生危害。乙醇脱氢酶是植物无氧呼吸的标志性酶，短期代谢有利于产能，而长期则造成乙醇积累，伤害植物株体。乙醇脱氢酶缺乏型突变体对淹水很敏感，说明发酵途径在花生淹水中起重要作用。

(四) 湿涝对花生营养吸收的影响

研究表明，湿涝时花生对氮、磷、钾、钙和镁的吸收和积累严重下降。氮、磷、钾和钙以叶片下降最明显，其次是根系，茎秆中相对下降较小。镁以茎秆下降最多，其次是叶片，根系相对下降最小（刘飞等，2007）。豆科植物的氮素营养可依靠共生的根瘤菌固氮，营养效率较高。据研究，根瘤菌固氮活性与土壤含水量、氧气状况密切相关。花生根瘤菌固氮的最佳湿度为田间持水量的 60%~80%（万书波，2003）。湿涝胁迫后，花生根瘤数量减少，固氮酶活性降低，对氮的吸收量降低，从而导致花生植株营养缺乏，植株干重降低。

（五）湿涝对花生植株体内激素的影响

湿涝影响植物内源激素的合成与运输。土壤淹水后花生根系内生长素、细胞分裂素和赤霉素含量减少，植物体乙烯增多，由于缺水植物体内氧分压降低，诱导根中 ACC 合成基因促进根中 ACC 的合成。ACC 随蒸腾液流由根系向地上部分运输，地上部分的 ACC 在通气条件下转变为乙烯，长期的湿涝导致花生植株内乙烯含量大幅增加。另外，花生植株遭受湿涝胁迫时，地上部分脱落酸合成加强，向根系运输数量减少，从而地上部分脱落酸含量增加。因此，湿涝胁迫打破了植株体内原有的激素平衡，过多的乙烯和脱落酸对植株正常生长产生抑制作用。

二、花生耐湿涝生理机制

作物在进化过程中，为适应低氧胁迫环境，在形态和代谢等方面，发生了一些有利的变化，如改变根茎组织的结构，形成通气组织和不定根，低氧胁迫诱导一些酶能够清除有毒代谢产物，重新调整植株体内激素含量等。

（一）通气组织和不定根的形成

一般植物长期淹水，细胞排列变疏松，组织间隙增大，茎基变粗并在地表形成不定根，有的甚至形成纺锤状茎基（Malik et al.，2002；张福锁，1993a）。这些变化可能与植物体改善氧运输有关。研究表明，花生受湿涝胁迫时不定根大量增生，单位体积的根鲜重降低（组织疏松化）（李林，2004b）；花生根系组织孔隙度随着灌溉水加深和灌溉/蒸发比值上升而增加（Khan，1983），湿涝诱导形成的新根或不定根可以吸收水分和矿质养分，皮孔增生则有助于逆境下的气体交换和排出体内毒素，这表明花生对缺氧胁迫的结构适应性。不定根的形成机理可能是植物受湿涝后，体内乙烯大量合成，刺激纤维素酶活性提高，从而导致通气组织的形成和发育；乙烯还能阻断生长素的向下运输使之局部积累于接近水面的茎部，从而导致不定根的形成和皮孔组织的增生（张福锁，1993a）。据测定，在皮孔增生处和新形成的不定根处都有大量乙烯释放。淹水缺氧还促使植物体内形成通气组织，花生根部缺氧，也可诱导形成通气组织，淹水缺氧之所以能诱导根部通气组织形成，主要因为缺氧刺激乙烯的生物合成，乙烯的增加刺激纤维素酶活性加强，于是把皮层细胞的胞壁溶解，最后形成通气组织。

（二）呼吸途径及强度的改变

众所周知，苹果酸脱氢酶（MDH）、琥珀酸脱氢酶（SDH）是衡量植物有氧呼吸代谢水平的关键酶指标。乳酸脱氢酶（LDH）和乙醇脱氢酶（ADH）是无氧呼吸代谢途径关键酶。不同耐涝花生品种在受到湿涝胁迫时呼吸途径及强度发生不同的变化。研究表明，与正常灌溉相比，湿涝条件下耐涝性强的花生品种有氧呼吸速度下降缓慢，如耐涝性强的品种豫花 15 号 MDH 活性下降速度最慢，耐涝性弱的品种中花 8 号最快。因此，耐涝性较强的花生根系中有氧呼吸受到抑制程度较小。湿涝条件下耐涝性强的品种的无氧呼吸上升快但持续时间短，表现为 LDH 和 ADH 活性在湿涝胁迫前期迅速增加，可及时供给植物能量，而中后期活性最低，增速最慢，不至于长期积累大量的乳酸和乙醇而造成植物细胞膜伤害。耐涝性较弱的中花 4 号在湿涝胁迫前期，LDH 和 ADH 活性较高，增速较快，但是其活性低于耐涝性强的品种，中后期增长也明显快于耐涝性强的品种，因此中花 4 号受湿涝胁迫后的前期难以迅速提供能量，中后期因积累大量酒精而中毒，最终导致植物死亡（谭彬，2011）。

（三）活性氧自由基清除

湿涝胁迫使植物体产生过多的 ROS，导致植物细胞膜脂过氧化加剧。为了清除植物体内过多的 ROS，减轻对细胞膜的伤害，耐湿涝花生品种植株体内抗氧化物酶活性会迅速上升。据李林等（2004b）研究，湿涝导致花生根系质膜透性增大，膜脂过氧化作用加重。但不同生育时期和不同品种存在很大差异。就耐湿涝（豫花 15）和湿涝敏感（花 269）品种的平均水平来看，不同生育阶段的质膜透性受湿涝的影响程度以苗期、成熟期较重，而花针期较轻；膜脂过氧化程度仍以苗期最重，而壮果期、花针期得以减轻。就不同时期的平均水平来看，不同品种的质膜透性受湿涝影响的程度以豫花 15 略轻于花 269，膜脂过氧化程度则以豫花 15 稍重。以不同品种的不同时期而论，豫花 15 的质膜透性和膜脂过氧化程度均在苗期加大，花针期减轻，壮果期膜透性变化小而膜脂过氧化程度升幅较大，与根系发育和根系活力的变化一致；花 269 不同于豫花 15，其质膜透性在苗期升幅小，而花针期、壮果期大幅度上升，膜脂过氧化程度在苗期加重，花针期有所减轻，而壮果期明显减轻。保护酶（SOD、POD、CAT）活性对湿涝的反应与生育阶段密切关联。3 个保护酶的活性（2 个品种平均而言）均在苗期因湿涝而降低，在花针期 SOD、POD 上升，而 CAT 下降，在壮果期 SOD 略降，POD 剧降，CAT 上升。在保护细胞膜、清除自由基伤害方面，豫花 15 主要依靠 POD、SOD，而花 269 主要依靠 CAT。在花生湿涝胁迫后，2 个品种的 POD 活性变化趋势差异较大。保护酶之间的协调性以 SOD 与 POD 之间较强，尤其是豫花 15。

（四）内源激素含量的改变

湿涝胁迫导致植物的一些生长发育特性的改变，如气孔关闭、叶柄偏上性生长、通气组织的形成、生长减缓等，这些外形的变化主要受到内源激素的影响。研究表明花生根系内源激素对湿涝胁迫的反应，依激素种类、生育阶段和品种而异。李林（2004）研究发现，在正常供水时，豫花 15 的激素含量与花 269 差异较小，其中生长素（IAA）、玉米素（Z）含量相当，脱落酸（ABA）较高，赤霉素（GA_3）较低；而湿涝胁迫后，豫花 15 的 IAA 从有所下降，GA_3、ABA 特别是 Z 大幅度上升；相应地花 269 的 ABA 上升，而 IAA、GA_3 特别是 Z 剧降。此时，豫花 15 对花 269 形成了不对称的超强优势，IAA、ABA、GA$_3$分别高出32.79%、69.75%、113.18%，而Z高4.9倍。由此可见，豫花15的根系对花269不仅具有超强的激素合成优势，而且该优势因湿涝而更明显。湿涝胁迫诱导的一类重要激素是ABA。在正常生长条件下，植株体内的ABA基本是由地上部分合成的，向地下根系运输。植株受湿涝胁迫时，地上部分合成的ABA加速，但是向下运输量减少，导致地上部分的各个器官ABA含量增加。当叶片中的ABA含量变化时，诱导了气孔关闭，蒸腾作用和呼吸速率下降。大量的研究表明，植物体内的ABA含量变化可以反映植物的耐涝性。耐涝性强的花生品种受湿涝胁迫后植株体内的ABA含量要明显高于耐涝性弱的品种。湿涝胁迫诱导的几种激素中，乙烯是研究得比较清楚的激素之一，也是植物对湿涝胁迫反应最敏感的激素之一。湿涝胁迫导致植株体内乙烯含量的增加，使植株出现不定根增生、气腔形成、生长减慢以及衰老加速等症状，植物体内的乙烯含量变化能够反映植物的耐涝性。但与花生植物湿涝胁迫相关的乙烯的研究鲜有报道。

植物适应湿涝的其他可能生化机制有：①储备碳水化合物：如海生蔗草属等耐缺氧植物在缺氧时根茎中储存了大量的碳水化合物（张福锁，1993a）。但很难以此解释忍耐问题。因为形态相似的灯芯草属同样积累碳水化合物，却在缺氧时死亡。②碳水化合物（淀粉、糖类）的高储备和高消耗：耐淹水稻品种在淹水前储备大量的碳水化合物，在淹水期消耗的碳水化合物也多，以维持生命力（Sarkar et al.，1996）。同样地，小麦叶、茎、胚根和不定根中的非结构性碳水化合物在湿害后成倍累积，排湿后又降低（Malik et al.，2002）。③磷酸戊糖途径：在忍耐缺氧的Oryzicola的胚芽鞘中，糖酵解的磷酸戊糖途径同有氧条件下一样活跃，为结构化合物的合成提供了重要的中间产物（张福锁，1993a）。④硝酸盐呼吸：前面提到供应氮素如硝酸盐即可缓解湿涝症状。值得注意的是，某些厌氧微生物利用NO$_3^-$替代O$_2$作为电子受体。因而有人认为高等植物根中也可能存在硝酸盐呼吸（降解还原）途径（张福锁，1993a）。充分供应NO$_3^-$可以激活硝酸还原酶（NR），与乙醛乙醇的还原过程竞争NADH，从而减少了酒精积累，避免潜在毒害。因此，NO$_3^-$既是氮源，又是氧源（强氧化剂），对湿涝胁迫的缓解起着双重作用。

第四节　花生耐酸性土壤胁迫机制

土壤酸化是指在自然和人为条件下土壤pH值下降的现象，是盐基离子淋失，Al^{3+}和H$^+$成为土壤中主要的交换性阳离子的过程，大部分酸性土壤的pH值小于5.5。目前，全世界酸性土壤面积占可耕地面积的40%，主要分布在热带、亚热带及温带地区（Kochian，1995）。我国的酸性土壤主要分布在长江以南的广大热带和亚热带地区和云贵川等地，总面积达203万km^2，约占全国可耕地面积的21%。自然发生的土壤酸化速度非常缓慢，人为因素加速了土壤酸化过程，主要包括人类活动引起的酸沉降和集约化农业生产。

一、酸化对土壤环境的影响及危害

研究认为，土壤酸化对植物的破坏并非土壤酸化作用本身造成的，而是铝毒害效应。铝是地壳中最丰富的金属元素，有很多化学形态，铝在土壤中大量存在，当土壤 pH 值>5.5 时，一般以稳定的铝硅酸盐和氧化物的形式存在，而土壤 pH 值<5.5 时，土壤中难溶性铝逐渐释放进入土壤，对植物产生毒害（刘国栋，1985）。土壤中的铝过多可造成大片森林枯萎、农作物减产、水生生物灭绝，同时也可通过食物链进入人体，影响人类健康。首先活性铝对植物根部产生毒害效应，根系接触活性铝后根伸长受到抑制，而其他部位遭受铝胁迫时，根伸长并未受到明显抑制，因此根尖是铝毒害的最初位点（Delhaize and Ryan，1995）。

土壤酸化对土壤环境另一个影响是有毒金属的活化。土壤酸化除了使铝活化之外，还可以导致土壤中一些重金属溶出。土壤中重金属的溶出速率和土壤的 pH 值有关，土壤 pH 值越低，重金属的溶出越快，重金属残渣态转化为弱酸溶解态、铁锰结合态和有机结合态等活性态的金属能力就越强。如 Pb、Zn、Cu、Cd 和 Mn 等重金属元素在土壤酸化时溶解在土壤中，过多的重金属元素危害植物的生长发育。研究表明，在培养液中 Mn^{2+} 含量在 $0.2\sim12\mu mol/L$ 时，对棉花、红薯、高粱和小麦的生长产生严重的限制。过量 Mn^{2+} 的存在，首先使地上部分生长受到限制，随着 Mn^{2+} 毒害程度的加重，根系也进一步受到伤害。

土壤酸化对土壤环境影响的第三个因素是土壤肥力降低。这是因为土壤酸化导致土壤盐基离子淋失造成的。盐基离子（Ca、Mg、K、Na 等）的淋失量主要受土壤 pH 值影响。当土壤 pH 值降低时土壤中正电荷增加，对盐基离子的吸附量显著减少，从而使这些离子容易淋失，造成土壤养分的大量流失，导致土壤贫瘠。在酸性土壤中，K、Ca 和 Mg 等盐基离子含量低，酸性土壤中的阳离子交换量也减少，土壤的保肥能力下降。另外，土壤酸化使土壤对磷酸盐的吸附能力和固定能力增加，导致有效磷的含量减少。

二、酸化土壤对花生的危害

土壤酸化对花生生长的影响主要是通过影响 K、Fe、Mn、Al、P、B、Zn 和 Cu 等土壤营养元素的存在状态和有效性，因而对花生的生长发育有直接的影响。酸化土壤中的高活性铝可使花生根系伸长受阻，根尖、侧根粗短而脆，呈褐色，根毛减少，根尖表皮细胞体积变小，表皮和外皮层细胞受到破坏、根冠脱落，根、茎叶干重下降，单株荚果重和单株结果数减少，说明铝胁迫对花生生长发育有抑制作用（廖伯寿等，2000）。铝胁迫影响植物对离子吸收，其中最主要的是对 Ca^{2+} 的吸收，减少根尖 Ca^{2+} 梯度，这可能是因为 Al^{3+} 阻碍质膜上的 Ca^{2+} 通道和 Ca^{2+} 转运系统有关（何龙飞，1999）。花生是喜 Ca 植物，Ca 对花生荚果发育至关重要，而在酸性土壤中由于淋溶作用而导致土壤中 Ca 大量流失，严重影响花生籽粒发育和产量形成，甚至造成绝产，这可能是铝胁迫造成花生减产的一个原因之一。

三、花生耐酸性土壤的生理机制

铝是酸性土壤中植物生长发育的主要限制因子。植物处于酸铝胁迫下并非被动受害，相反会产生一些能动的生理反应，来缓解铝胁迫。植物在长期进化过程中形成了两种耐铝机制，即外部排斥机制和内部耐受机制。花生耐铝胁迫因基因型不同而产生差异，耐铝花生品种可能通过以下几种生理反应来减轻铝对植株的伤害。

（一）细胞壁和细胞膜的作用

细胞壁和细胞膜是植物耐铝胁迫的第一道外部屏障，在外部排斥机制中起到主要作用，外部排斥作用即细胞壁中的多糖物质对铝的排斥作用和根尖分泌的有机酸对胞外铝的螯合。当处于铝胁迫时，首先是根尖细胞壁接触铝，植物细胞壁都具有结合金属离子的能力，固定金属离子的种类和能力与细胞壁的化学成分和结构有关。南瓜根系受到铝胁迫时，根尖细胞壁果胶增加17%，半纤维素再增加25%，纤维素增加10%。由此可见，细胞壁多糖积累的增加可能与植物耐铝胁迫能力有关。

细胞膜是阻止植物吸收铝的重要屏障。耐铝性不同的大麦品种，铝穿过细胞膜能力不同（Ishikawa et al.，2001）。小麦耐铝胁迫的生理机制为细胞膜能够维持正常的离子吸收和膜势，同时小麦细胞膜还能够改变自身成分使固醇脂与磷脂比值下降来抵抗铝的进入（Miyasaka et al.，1989；Zhang et al.，1997）。另外，还有研究表明，耐铝品种膜蛋白与 Al 结合较松，膜势下降等可能作为信号传导给细胞内的代谢过程，以产生抗铝作用（Caldwell，1989；Olivett et al.，1995）。在花生上的研究表明，耐铝花生品种根系含 Al 量低于铝敏感品种可能也是通过细胞壁和细胞膜的作用得以完成的，同时，可溶性糖含量的升高能够维持细胞较高的渗透压，对缓解铝害有一定的作用（黄咏梅，2005）。

（二）根际分泌物的作用

铝胁迫逆境下，植物根系分泌物的数量与组成发生明显的变化，认为这些物质与缓解植物铝害有关。它们可与铝络合，降低铝的有效性，减少植物铝吸收和铝对植物的毒害，其中有机酸可能起主导作用。根系分泌物缓解植物铝害的机理主要有以下几个方面：①对铝的螯合作用：耐铝植物根系在铝胁迫下分泌大量有机酸，在植物根区与铝螯合，减少铝进入细胞的量，降低铝毒性。研究最多的有机酸包括柠檬酸和苹果酸。②对土壤磷的活化作用：酸性土壤中，磷常与铝、铁形成 P-Al、P-Fe 复合物，使磷有效性下降。由于有机酸与二价及三价阳离子有很高的亲和力，因此可以与铝、铁络合，提高磷的有效性。③有机酸改变根际生物环境缓解植物铝害：植物根系分泌的有机酸为生物生长发育提供营养，吸引微生物、土壤动物在根际聚集。小麦品种的抗铝性与根系苹果酸的分泌呈正相关（Delhaize et al.，1993），草酸在荞麦和芋抗铝机制中发挥重要的作用（Ma and Miyasaka，1998）。研究表明，铝胁迫诱导花生根系柠檬酸和琥珀酸分泌显著增加，与对照相比，耐铝品种的增加量明显低于铝敏感品种（黄咏梅，2005），这可能因为铝处理的间隔时间太长的原因（24h）。根据有机酸分泌对铝胁迫响应的差异，可将其分为两类模式：模式 I 为有机酸分泌与铝处理之间的间隔时间短而迅速，小麦是典型的代表植物。模式 II 认为有机酸分泌和蛋白的合成等与铝胁迫之间时间间隔明显（4~6h），以豆科植物为代表（Ma and Miyasaka，1998）。

(三) 活性氧清除机制

线粒体在细胞代谢中扮演着重要的角色。逆境胁迫下，线粒体形成了一套抗氧化防御体系来减轻逆境对其自身的伤害。线粒体内的抗氧化物包括低分子量的活性氧清除剂，如 SOD、POD、CAT 等。铝能进入细胞质和线粒体，因此会影响线粒体膜的功能。当花生遭受铝胁迫时，根系线粒体膜发生膜脂过氧化，导致氧自由基和 MDA 含量的积累，可溶性糖含量升高，SOD 和 POD 的活性上升。耐铝花生品种自由基和 MDA 的积累量比铝敏感品种低，说明耐铝花生品种具有较强清除细胞内氧自由基的能力，使细胞膜脂过氧化程度减小。耐铝品种和铝敏感品种花生根系线粒体清除活性氧保护酶 SOD 和 POD 的活性在铝胁迫下明显提高，这可能是铝胁迫条件下 $O_2 \cdot^-$、H_2O_2 等活性氧自由基增多，抗氧化物酶活性的增加是植物体内活性氧积累与清除系统平衡的一种适应性调节，以减轻活性氧自由基增加所引起的细胞伤害（黄咏梅，2005）。而耐铝基因型比铝敏感基因型上升的比例更大，表明耐铝花生品种比铝敏感型花生具有较强的适应和抵御铝毒害的能力。

由上可得知，非生物逆境胁迫条件下，活性氧的过量积累对生物膜造成的过氧化伤害是其共性机制，而与抗性有关的重要逆境响应作用提高活性氧清除能力。

第六章　花生非生物逆境胁迫高产配套技术

第一节　花生耐渍涝生产配套技术与措施

水是作物生长发育的重要生态因子，对作物的分布和生产水平产生巨大影响。而干旱和渍涝是世界上主要非生物逆境胁迫之一。随着全球气候变暖、生态环境的不断恶化，全球气候变化异常加剧、极端天气呈常态。涝害经常发生于降水量较大、排水设施较差或水位波动剧烈的地区。据估计，在全球范围内10%的灌溉土地受到洪涝灾害的影响，这可能会降低高达20%的农作物产量（Sergey，2011）。每年由于反常和严重的洪水事件造成的农作物损失达数十亿美元（Laurentius and Julia，2015）。近50年来，全国多年平均洪涝灾害受灾面积约占全国播种总面积的6.4%，约为920万 hm^2（李茂松等，2004）。我国长江中下游地区和黄淮海平原受渍涝灾害的影响面积最大，大约占全国总受灾面积75%（余卫东等，2014）。近年我国的洪涝灾害有面积增大、危害加重趋势。

从气候地理学角度分析，我国南方花生生育前中期适逢3—6月的阴雨和梅雨季节，即便地势较高的旱地花生亦难免遭受阴雨引起的湿害。北方花生在生育前期多发干旱，在中后期则间或发生渍涝，有些年份比南方更严重，如2003年、2007年我国最大的花生产区黄淮地区、2010年整个北方产区的夏涝和秋涝、2017年河南驻马店、信阳、南阳地区（特别是花生生产第一大县：正阳县）花生遭遇严重的秋涝，造成减产损失程度比往年的旱灾更为严重。因此，通过农田基础设施建设（地块的排灌设计）、品种选择与改良、种植方式优化、合理施肥、化控措施等综合治理调控技术，建立花生耐渍涝胁迫高产配套栽培技术是确保我国花生生产持续稳定发展重要举措。

农田基本建设抗洪排涝要求：改善生产条件，增强抵御洪涝灾害的能力。鉴于洪涝仍是未来花生生产的主要威胁，因此要加强农田基本建设，平整土地，对容易发生涝灾的田块，要选择高地种植，搞好田间的沟系配套。低洼田块采用条田或高畦种植，沙土平地可起垄栽培。雨后要及时清理排水沟降湿，并及早中耕、锄地散墒，减轻涝害对花生造成的损失。

一、因地制宜地选择品种、基因改良

在豆科作物中，高秆直立型的鹰嘴豆品种群体透光性好，不易诱发高湿性病害，耐湿、抗倒能力强（ICRISAT，1990）。在禾本科作物中，有人根据耐湿性差异，将1321份小麦品种资源划分为耐湿型、中间型和不耐湿型三种类型（曹旸等，1996）。据对50

个甘薯品种的耐湿性研究，72%品种减产1%~63%，28%品种反而增产3%~101%（丁成伟等，1996）。花生耐渍涝品种方面，主要有TCGS 273、TCGS 2、TCGS 37、Kadiri 3、Lakonia、Serraiki、Sakania、Sindu、豫花15、中花5号、06-18-W、花119、花312和早丰1号等属于耐渍涝能力较强的品种。

二、调整播种期和播深

花生涝害的发生与气象密切相关，它虽具有一定的不可预测性，但四季更替，亦有其规律性，掌握涝害发生的规律性，找到适宜当地种植的品种，或通过提前、推迟播种等方式，避开涝害对其构成的威胁，把涝害对花生产量的损失减小到最低程度。对花生产区进行重新区划，把主要种植区调整到气候条件更适宜的地区，并选择生育期较长的高产产品种，可能会更适应未来气候变暖的要求。花生生长期可以利用的天数，据估计未来华南地区增加10~15d，长江流域增加15~20d，华北地区可增加20d以上。如黄淮平原，若将春花生播种期推迟20d，其产量效应不变。原因是推迟播种后生长季增温幅度减少，生育期长度增加。

三、喷施植物生长调节剂

植物生长调节剂对于缓解湿涝有一定调控效果。花生在湿涝处理后，叶面喷施浓度为10~100mg/L的GA_3，所有产量因素得到改善（Bishnoi，1995）。在湿涝条件下施用生长延缓剂B-9，可使花生根瘤数成倍增加，维持叶绿素含量不降低，而地上部干重减轻，开花数大幅度减少，但对根系干重无效应；而生长延缓剂CCC和氯化磷的作用不明显（Krishnamoorthy，1981）。

涝害发生后喷施150mg/L赤霉素可有效缓解耐涝品种的涝害，150mg/L赤霉素可缓解敏感品种的涝害，增产效果分别高达24.9%和45.3%，是高效、速效、使用简便的花生渍涝救灾技术（吴佳宝，2012；表6-1）。

表6-1　植物生长调节剂对渍涝胁迫下花生产量的影响（吴佳宝，2012）

调节剂	浓度（mg/L）	湘花2008		中花4号	
		产量（kg/亩）	±CK（%）	产量（kg/亩）	±CK（%）
赤霉素	0	345.3	0.0	256.6	0.0
	100	390.6	12.7	371.3	45.3
	150	431.3	24.9	323.3	26.6
	200	407.3	17.9	302.0	18.0
	250	354.0	2.3	348.0	35.9
	300	364.0	5.2	302.0	18.0

（续表）

调节剂	浓度（mg/L）	湘花 2008		中花 4 号	
		产量（kg/亩）	±CK（%）	产量（kg/亩）	±CK（%）
乙烯利	0	345.3	0.0	256.6	0.0
	100	399.3	15.6	285.3	11.7
	200	381.3	10.4	320.6	25.0
	300	394.0	13.9	314.0	22.7
	400	388.0	12.1	324.0	26.6
	500	341.3	−1.2	310.0	21.1
多效唑	0	345.3	0.0	256.6	0.0
	200	356.0	2.9	282.6	10.2
	400	364.6	5.2	317.3	24.2
	600	353.3	2.3	285.3	11.7
	800	346.6	0.0	268.6	4.7
	1 000	340.0	−1.7	268.0	4.7

四、营养调控

据刘飞（2005）研究，涝害发生后进行营养调控，几种营养调控措施对受湿涝后花生的 N、P、K 和 Ca、Mg 的吸收和积累几乎均有一定的提高。其中，含有氮组分的调控或追施磷肥可促进花生营养吸收，能较大的提高受湿涝后花生的总果数与饱果数，极显著提高受湿涝后花生的产量，又以追施氮肥提高幅度最大；其余调控处理提高幅度较小。

喷施硼酸、尿素+磷酸二氢钾、低浓度硝酸钙能提高敏感品种中花 4 号的产量，其中以 N2P2K2 提高的幅度最为明显，达到 67.5%。高浓度的钙 Ca2L 和 Ca2R 均会使花 4 号的产量降低（表 6-2、表 6-3）。而对于湘花 2008 而言，除了 N2P2K2 处理以外，其他处理都能在一定程度上提高花生的产量，比对照高出 6.5%~29.6%（王憨，2012）。

表 6-2　不同叶面肥处理每亩叶面肥喷施量（王憨，2012）

序号	肥类	计量	追肥方式
1	B1	硼酸 50g 对水 50kg	叶面喷施
2	B2	硼酸 100g 对水 50kg	叶面喷施
3	N1P1K1	500g 尿素+50g 磷酸二氢钾 对水 50kg	叶面喷施
4	N2P2K2	1000g 尿素+100g 磷酸二氢钾 对水 50kg	叶面喷施
5	Ca1L	25g 硝酸钙对水 50kg	叶面喷施

(续表)

序号	肥类	计量	追肥方式
6	Ca2L	50g 硝酸钙对水 50kg	叶面喷施
7	Ca1R	熟石灰 15kg	叶面喷施
8	Ca2R	熟石灰 30kg	叶面喷施

表 6-3 不同叶面肥处理对渍涝胁迫下产量的影响（王憨，2012）

处理	中花 4 号		湘花 2008	
	产量（kg/亩）	±CK（%）	产量（kg/亩）	±CK（%）
CK	173.04	0.0	192.65	0.0
B1	187.85	8.6	205.27	6.5
B2	193.09	11.6	244.04	26.7
N1P1K1	215.29	24.4	215.39	11.8
N2P2K2	289.92	67.5	189.19	−1.8
Ca1L	198.72	14.8	231.82	20.3
Ca2L	153.61	−11.2	249.66	29.6
Ca1R	189.69	9.6	222.65	15.6
Ca2R	155.69	−10.0	242.74	26.0

五、改善栽培措施

起垄覆膜的耕种模式对耐渍品种和敏感品种的生长发育都有一定的促进作用，但垄高不同效果也不同，起垄覆膜是耐渍品种的最优模式，而起垄至覆膜则是敏感品种的最佳模式（曾红远，2013）。起垄并覆膜处理对于产量有很好正面效应，比同种模式其他处理在饱果数上提高至 6%~13%，主要缘于花生饱果数、饱果率和饱仁率的提高，增加了百果重、百仁重、出仁率以及单株产量，降低秕果数、秕果重和秕仁率。在饱果重上提高到 5%~15%，在单株产量上提高至 13%~38% 等，都高于其他处理。即起垄覆膜的耕种模式是花生抗渍涝的有效栽培方式，适合我国南方花生产区气候特点，对提高花生产量和品质有一定参考意义和实用价值。

六、花生渍涝防控技术规程

以"单粒精播、高垄防涝、喷调节剂、营养调控"为关键技术，建立了花生渍涝防控技术规程。

技术要点：①选用豫花 15、桂花红、早丰 1 号等耐渍涝品种，精细包衣；②采用高畦或起垄栽培，密度 1.3 万~1.4 万株/亩；③合理配方施肥，$N : P_2O_5 : K_2O : CaO$

配比为1：1.5：1.5：2；④提前或推迟播期，适当浅播；⑤遇渍涝后10d，喷施浓度为10~100mg/L的赤霉素，配合施用植物生长延缓剂；⑥结荚期开始每隔7~10d喷施杀菌剂，共喷施3~4次；⑦每亩喷施2%尿素+0.2%磷酸二氢钾水溶液50kg，根部追施氮肥和钙肥。

第二节　花生抗旱生产配套技术与措施

干旱造成的减产是干旱和半干旱地区粮食生产的主要障碍之一。目前，世界上干旱、半干旱地区约占土地面积的36%，占总耕地面积的42.9%，其他地区也常受难以预测的不定期干旱的影响。据统计，世界性干旱导致的减产可超过其他因素造成减产的总和。我国是一个严重缺水的国家，人均占有水量不足世界平均数的1/4。干旱、半干旱地区占全国土地面积的47%，占总耕地面积的51%，农业的持续发展面临着严重的水危机。农作物生产用水量大，但我国单位耕地面积占有水量仅有世界平均数的60%。解决缺水和抗旱植物问题是关乎我国农业可持续发展的重要保障。大量研究表明，干旱直接影响作物的根系生长发育、植株形态建成等，降低叶绿素含量、生理活性，从而影响光合能力及产量（Sarker et al., 1999；Jiang and Huang, 2001）。花生以其扎根深、根毛较多、水分利用率较高等特点，具备较强的抗旱性，是旱薄地开发和发展旱作农业的理想作物。但地域降水量偏少、季节降水量极不均衡、季节性干旱仍是限制花生产量的主要因子。据统计，干旱常年造成的花生减产占全国总产20%以上。

提高花生的抗旱性及水分利用效率从以下三方面着手：①从水源到花生田间的输水过程中，减少渠系渗漏和水面蒸发；主要依靠工程措施，进行渠系衬砌或管道输水来完成，也可采用滴灌设施。②提高花生田间水利用率，防止田间渗漏和减少土壤蒸发，采取抗旱栽培措施、各种节水灌溉工程措施及田间土壤管理措施来解决。③提高花生品种的水分利用效率，通过选育或引种生育期短、抗旱、耐旱的品种以及相应的农艺节水措施来解决。

一、花生的需水量及需水规律

花生整个生长期间需水多少，因各地的气候、土壤、栽培措施、品种类型以及生育期长短等不同而异。花生的需水量是指在整个生育期间的各种生理活动、叶面蒸腾、地面蒸发所消耗的降水量、灌水量、地下水量的总和，也称田间耗水量。

依据花生的需水规律，亩产荚果250kg时，全生育期需耗水441.5mm，苗期需耗水73.6mm（封海胜，1992）。苏培玺等（2002）利用土工膜建立2m×2m×2m的防渗池，中间埋设中子管，用中子仪监测土壤水分动态，利用水量平衡法得出了黑河中游临泽绿洲花生早熟品种鲁花14在临泽的需水量（总耗水量）为360.6mm，产量3 382.5 kg/hm²，耗水系数1 066.1。

全生育期需水的规律是"两头少，中间多"，即花生苗期需水少，开花结果期需水多，成熟期需水又少。苏培玺等（2002）指出，黑河中游绿洲的早熟品种鲁花14在临泽生育期153d，其发育时期：播种期在4月25日，出苗期为5月6日，初花期6月16

日，盛花期、结荚期和成熟期分别为 7 月 15 日、8 月 10 日和 9 月 25 日。花生花期较长，约延续 60d，土壤水分对花生生长发育影响很大，从出苗到开花，需水分较少，需水日均 2mm，开花结荚期需水分较多，日均为 3.1mm，足够的水分才能促进子房柄入土和子房膨大；到成熟时需水较少，9 月日均为 1.7mm，水分过多，会引起徒长和荚果腐烂。

二、花生抗旱栽培技术

我国是一个农业大国，按目前的用水需求量，相应的粮食生产灌溉面积约为 $5.3 \times 10^7 km^2$，农业用水量约为 4 000 亿 m^3，约占总用水量的 73%。我国目前农业生产灌溉水的利用率较低，只有 30%~40%，农作物水分利用效率也只有 $0.87kg/m^3$，与发达国家相比差距很大。我国人均水资源占有量远低于世界平均水平，此外水资源分布极不平衡，南多北少，东多西少，限制着我国农业生产的发展。因此，推广应用花生耐寒品种、抗旱栽培技术、大力发展节水农业，提高水分利用效率的途径，是实现花生可持续发展的重要保证。

（一）节水灌溉技术

灌溉是解除干旱胁迫最直接的、最有效的方法。合理灌溉是花生正常生长发育并获得高产的重要保证，其原则是用最少量的水来获得最高的产量。通常花生需水量以水分临界期为依据，根据气候特点、土壤墒情、作物形态、生理性状和指标等来判断灌溉用水量、灌溉次数。

1. 灌水定额

灌水定额是指每次每公顷灌水量。灌水量要保证土壤中有适宜的水分提供给花生生长发育需要、满足花生根系发育对水分的要求、不引起地下水位上升或有害盐分引至表土层。

$$M = (W_m - W_0) \times R \times H \times 10\ 000$$

式中，W_m，以干土重百分数表示的土壤最大持水量；W_0，以干土重百分数表示的灌水前土壤湿度；H，以 m 为单位的土壤湿润深度；R，土壤容重（t/m^3）；M，灌水定额（m^3/hm^2）。

2. 灌溉时期和次数

旱情发生较严重，如花生植株出现叶子泛白、萎蔫状态，需要及时灌溉。花生灌溉要根据生育期及需水量大小确定。苗期，植株生长缓慢，矮小，蒸发量低，一般不需要灌溉，且适度干旱，有利于蹲苗扎根。花针期、结荚期对水分比较敏感，田间持水量低于 22.9% 时，可适度灌溉。苏培玺等（2002）指出，黑河中游绿洲的早熟品种鲁花 14 在临泽生育期 153d，总耗水量 360.6mm，耗水系数为 1 066.1，其发育时期：播种期 4 月 25 日，出苗期 5 月 6 日，初花期 6 月 16 日，盛花期、结荚期和成熟期分别为 7 月 15 日、8 月 10 日和 9 月 25 日。花生采用"四水"灌溉法（表 6-4），在满足其生长发育的同时，达到节水高效的目的。

表 6-4　花生"四水"灌溉法（苏培玺等，2002）

灌溉物候	灌水时期（月—日）	灌水定额（m³/hm²）
播前水	4 月 20—21 日	900
壮苗水	6 月 9—10 日	900
促花水	7 月 8—10 日	915
结荚水	8 月 8—10 日	900

3. 灌溉方式

花生的灌溉方式有 3 种，即沟灌、喷灌和滴灌。沟灌是在花生行间开沟，使水在沟中流动，慢慢渗入植株根部，这样，水分从沟中渗入土壤中，省工省水，减少土壤和养分流失，减轻土壤板结程度。但目前，花生起垄覆膜后垄间形成沟。因此，沟灌适用于垄与垄之间，并可进行隔垄灌溉，不仅减少棵间土壤蒸发，还能显著提高土壤水分利用效率，较好的改善根区土壤的通透性。

喷灌方式能节水 30%~50%，减少土壤团粒结构的破坏，保持土壤中水肥气热良好，有利于花生根系和荚果发育。在没有喷灌机械的情况下，采取人工喷灌方法时，可采用小垄种植，沿背垄行走，依次喷洒。一般每亩用水量 13~16m³，比沟灌节水 21.7%。

滴灌是利用低压管道系统分布在田间的许多滴头，慢慢渗入到花生根际周围。膜下滴灌技术可防止水分散失、提升地温，以"输点滴"的灌水方式，使水分直接作用于作物，改善了土壤水肥等条件，提高了灌概水的利用效率，达到节水增产的目的。我国北方大多是应用垄行种植，膜下滴灌技术与垄行种植十分匹配。杨传婷等（2012）通过试验得出：春播覆膜比春播露地降水利用高 3.05kg/（hm²·mm），夏播覆膜比夏播露地高 0.59kg/（hm²·mm），春播覆膜土壤贮水利用率比春播露地高 2.7kg/（hm²·mm）。膜下滴灌花生在全生育期内的需水量为 244.8~296.4mm。

（二）抗旱栽培技术措施

1. 抗旱品种

不同花生品种的抗旱性不同。花生品种类型间抗旱性存在较明显的差异，目前认为龙生型品种抗旱性最强；其次是普通型和珍珠豆型；再次是中间型，多粒型品种属不抗旱类型。花生抗旱育种应选用龙生型、普通型或珍珠豆型种质进行亲本组配。

选用抗旱性强的品种是节水栽培的途径之一。生产实践表明，在非灌溉和干旱条件下抗旱品种的增产幅度为 20%~30%、花生品种的抗旱性与稳产性有一定的相关性，通常是稳产性较好的品种，也表现出一定抗旱性。如鲁花 9 号、鲁花 11 号、冀花 2 号等品种均有较好的抗旱性。张智猛等（2011）在人工控水条件下，以北方花生产区推广种植的 29 个花生品种（系）为试验材料，对中度土壤水分胁迫下花生植株生长发育状况和光合色素含量等指标进行了研究，结果表明，冀花 4 号、花育 22 号、花育 24 号、花育 20 号、花育 21 号、花育 25 号、唐科 8 号、花育 17 号、花育 27 号 9 个品种具有较强的抗旱性。而厉广辉（2014）利用不同花生品种的干旱适应性、抗旱性差异、产量抗旱系数来评价花生品种的综合抗旱性，结果表明，如皋西洋生>A596>山花 11 号>农大 818>花育 20 号>山花 9 号>海花 1 号>79266>蓬莱一窝猴>花 17>ICG6848>白沙 1016。上述品种可因地制宜选用。

2. 抗旱栽培技术

（1）深耕增水技术。犁底层的土壤紧密、坚实、透水性极低，并严重阻碍根系下扎，只有打破犁底层，才可增加土壤疏松的耕作层厚度，增加雨水渗透量，扩大土壤蓄水含量，减少地面径流，提高土壤的保墒蓄水能力，使旱薄地在雨季可以接纳更多的雨水，形成"土壤水库"；同时犁底层的破除，有利于作物根系下扎，使根系的营养范围扩大，可以吸收较深土层内的水分，提高花生的抗旱能力。一般旱地深耕适宜在冬前进行。特别是旱薄地土层深度不足 20~30cm，应进行大犁深耕，破除犁底层，使耕作层再增加 10~15cm。据山东省临沂市农业科学院研究所试验，冬耕比春耕可以更多的积蓄水分，增幅为 2.01%~5.46%。因此，旱地花生产区应大力推广冬前深耕技术。

花生抗旱能力和产量高低随土层厚度的增加而提高。据试验测定，在花生生长期间，单产 4 500kg/hm^2 的地块，全土层厚度 30~33cm，80~100mm 降雨后，维持 20~25d 自然蒸发不显旱；单产 6 000kg/hm^2 的高产田，全土层厚度 40cm 左右，降雨 120mm，维持 35d 自然蒸发不凋萎；单产 7 500kg/hm^2 的高产田，全土层厚度 50cm 左右，降雨 150mm 后，维持 50d 自然蒸发不凋萎。山岭薄地花生田，增加耕深 15cm，每公顷可多蓄水 255~330m^3，荚果增产 30%以上。

（2）实行抗旱耕作技术。花生中低产田分布在丘陵山区，土层浅，坡度大。应采用等高耕作和横坡垄作。等高耕作就是在地面坡度较大（比降超过 1%）斜坡地，沿等高线进行横坡耕作，以增加降水入渗系数，减少地面径流、保持水土。据测定，这种方法一般可减少冲刷量 20%左右。横坡垄作，就是在坡度较大的地块，进行横坡起垄种植，使之起到节水保墒作用。

（3）地膜覆盖栽培技术。地膜覆盖栽培具有减少土壤水分蒸发、提高地温、防止土壤板结、改善土壤理化性状、加速土壤养分转化、促进根系发育等作用，抗旱增产效果十分显著。地膜覆盖花生田地膜覆盖能有效地抑制土壤水分的无效蒸发，抑蒸力可达 80%以上。由于地膜的不透气性，土壤水分气化为水蒸气到达膜面，不能散失。如气温降低，则水蒸气凝结成小水珠附在膜面上，由小变大，又滴落回土壤，这样反复蒸上、滴下，促进了作物大气连续体系中水分的有效循环，增加了耕层的贮水量，保持了土壤良好的墒情。据测定，在相同条件下，足墒播种后 60d 不降雨，地膜覆盖花生出苗期和幼苗期，10cm 土层水分为田间最大持水量的 57.0%~63.1%和 45.3%~62.6%，比露地栽培分别高 2.4%~9.4%、10.9%~15.1%。在花针期和结荚期遇特大干旱时，地膜覆盖的 0~10cm 土层水分为田间最大持水量的 45.3%~57.2%和 33.2%~45.3%，比露地栽培分别高 6.0%~6.2%、2.6%~6.5%（万书波，2003）。地膜覆盖栽培减少了土壤水分蒸发，增强了根系发育，相对地提高了抗旱能力。

（4）施行抢墒、造墒抗旱播种技术。

①抢墒播种：在播种适期内遇有小雨时，趁雨后土壤水分较多，空气潮湿，蒸发量

小、及时抢播，能起到全苗效果。

②造墒播种：在非灌溉区，土壤解冻后，按花生播种要求的行距预先打成小垄，保持一定的墒情。在播种时用耙子将垄上干土耙入沟内，露出正垄上湿土，然后开沟播种。

③闷墒播种：在有水浇条件的地区，于播前按要求的行距开沟灌水，灌水后覆土闷墒，第二天再按原垄开沟，然后播种，这种方法接近于较好的自然墒情，保苗效果很好。

（5）调节行距、合理复种。Giayetto et al.（2005）设 6 种不同株行距（0.70m×0.12m，0.50m×0.12m，0.70m×0.06m，0.30m×0.12m，0.50m×0.06m，0.30m×0.06m），对应密度 12、18、24、28、33、55 株/m²，种植 2 个花生品种 Florman 和 Colorado，发现行距对蒸腾速率（Te）的影响因品种而异，Colorado 在不同行距下无显著差异，而 Florman 则随行距减少而增加（表 6-5）。2 个品种的作物水分利用率（WUE）受到株距的影响，在同等行距下，株距大，水分利用率低，以 0.70m×0.12m 行距种植的花生水分利用率值最低。

表 6-5 花生在不同行距种植下水分蒸发蒸腾量（ET）、土壤蒸发量（Es）、作物水分利用率（WUE）、蒸腾速率（Te）和生物产量（Giayetto et al., 2005）

行距（m）	ET（mm）	ES（mm）	T（mm）	生物产量（kg/hm²）		WUE [kg/(hm²·mm)]		Te [kg/(hm²·mm)]	
				Total	Pod	Total	Pod	Total	Pod
0.75	517	188	329	12 234	5 358	23.7	10.4	37.2	16.2
0.5	517	130	387	15192	6 566	29.4	12.7	39.3	17.0
0.3	517	78	439	15 321	6 683	29.6	12.9	34.9	15.2
平均	517	132	385	14 249	6 202	27.6	12.0	37.1	16.1

利用不同作物（或品种）需水特性的差异及其生育期的不同合理进行作物品种搭配、调整播种期，以充分发挥品种、气候和水资源的潜力，提高水分利用率。研究表明：小麦、花生、玉米间套作是一种节水高效、提高水分利用率的栽培模式。间套种植的每个条带宽 3m，种植 8 行花生，1 行玉米，花生、玉米均是在小麦灌浆期间顺垄套播于小麦行间。水利部农田灌溉研究所多年试验结果表明，玉米花生两作物全生长期的耗水量相当于单作花生或玉米的耗水水平。每公顷产 6 000~7 500kg 玉米的单作夏玉米需水量为 4 005~4 500m³/hm²，而产量为 4 500kg/hm² 左右的单作花生需水量为 4 500~4 995m³/hm²，而两种作物立体套种全生长期耗水量为 4 738.5m³/hm²，体现了间套作的节水效益及水分利用率的提高。

3. 以肥济水

肥料是影响花生产量的重要因素之一。增施有机肥可以调剂水分，提高水的生产效率，充分发挥自然降水的增产潜力。有机质是土壤肥力的基础，除能稳定供给花生直接吸收利用的各种养分外，还有一部分转化为腐殖质，储藏和调节土壤养分，促进土壤团粒结构的形成，增强蓄水保墒能力，提高田间持水量。试验和生产实践表明，平衡施肥也是提高花生旱地栽培水分利用率的措施之一。据测定，每公顷施用 75 000kg 有机肥，比不施有机肥的对照，土壤蓄水量增加 50.7mm。

钾肥有效提高花生抵抗水分胁迫的能力。邱才飞和彭春瑞（2005）指出，在播种花生前，结合整地施用基肥，在施氮肥量相同的条件下，增施磷、钾肥。处理 1（N：P_2O_5：$K_2O=1:1.2:2$）增加花生根系的生长量，增大水分的有效吸收面积，增强抗旱能力。水分经济利用率最高的为 0.72，水分生物利用率变化趋势与经济利用率基本一致（表 6-6）。

表 6-6 不同处理的花生实际产量、产值和水分利用率（邱才飞和彭春瑞，2005）

测定项目	处理 1	处理 2	处理 3	对照
生物产量（kg/hm²）	8 746	8 654	8 116	8 119
经济产量（kg/hm²）	4 734	4 666	4 306	4 343
经济水分利用率［kg/（hm²·mm）］	0.72	0.71	0.65	0.66
生物水分利用率［kg/（hm²·mm）］	1.33	1.31	1.23	1.23
产值（元/hm²）	15 622	15 397	14 209	14 332
成本（元/hm²）	6 645	6 300	5 970	5 820
净收入（元/hm²）	8 977	9 097	8 239	8 512

注：降水量：659.5mm，为花生播种至收获期间的雨量；水分利用率=产量（kg/hm²）/降水量（mm）；花生收购价：3.30 元/kg。尿素 1 200元/t，钙镁磷肥 400 元/t，用工 20 元/工

结合南方花生生产实际，提出南方花生栽培高产抗逆栽培关键技术：钙肥施用降低干旱对产量的影响，提高花生抗旱系数。表 6-7 表明，施钙提高花生花针期、结荚期、饱果期的抗旱系数，相比 CaO 处理，提高 0.10~0.13（王建国，2017）。

表 6-7 不同钙肥梯度对干旱胁迫下花生抗旱系数的影响（王建国，2017）

年份	处理	花针期干旱	结荚期干旱	饱果期干旱	成熟期干旱
2015	CaO	0.69	0.72	0.56	0.94
	Ca375	0.89	0.75	0.74	0.95
	Ca750	0.82	0.73	0.70	0.95
2016	CaO	0.76	0.59	0.75	0.86
	Ca375	0.85	0.63	0.79	0.85
	Ca750	0.87	0.72	0.77	0.95

4. 化控抗旱技术

化控抗旱技术是利用减少植物蒸腾和农田无效蒸发的抗旱剂（抗蒸化学剂）和保水剂，改善和调整环境水分条件，增强土壤作物抗旱能力，提高水分生产潜力的又一有效途径。特别是在干旱情况下，抗旱剂能显著缓解植株体内水分的亏缺，增强抗旱耐旱能力，防止早衰。目前生产上应用的抗旱剂主要有：抗旱剂 1 号、黄腐酸、FA 旱地龙、

粉锈宁、多效唑、茉莉酸甲酯、氯化钙、二氧化硅有机化合物和琥珀酸等。

植物生长调节剂可提高花生的抗旱性，多效唑、矮壮素和茉莉酸甲酯能降低质膜透性的下降程度。外源生长调节剂可以通过提高脯氨酸的含量维持较高的超氧化物歧化酶的活性、降低丙二醛的含量来增加花生的抗旱性。

干旱引起植物体内 ABA 含量增加，而外加 ABA 能显著提高植物的抗逆性。在干旱条件下，木质部汁液 ABA 浓度升高和气孔导性下降有一致关系，改变来自根系的 ABA 合成与运输可以提供根部水分状况和气孔及其抗旱性、同化能力之间的直接联系。郭安红等（2004）试验表明，拔节期从中等干旱胁迫开始，玉米根、茎、叶中 ABA 含量大幅度增加，干旱加剧会使根和叶中 ABA 含量在高水平维持；在中等程度干旱胁迫下，通过根源信号 ABA 的产生、运输、累积和分配，提高了水分利用效率，优化了根系水分利用，从而提高了作物水分利用效率。

李玲和潘瑞炽（1996）报道，在干旱条件下，体内脱落酸含量增加，有利于花生抵御干旱。茉莉酸甲酯能增加花生叶片气孔阻力、叶片厚度和贮水细胞的体积，也增加 SOD 同工酶活性。目前认为脱落酸提高植物抗旱性的机制可能与通过细胞溶质 Ca^{2+} 途径和 ROS（活性氧）途径提交抗氧化系统活性有关。

（三）抗旱栽培技术路线图

总之，花生抗旱栽培技术是一项综合技术，穿插农业工程、水肥管理、耕作措施、化学调控等技术（图 6-1）。具体区域，可根据当地实际生产状况，合理安排，进一步提高花生抗旱能力，做到花生稳产、丰产。

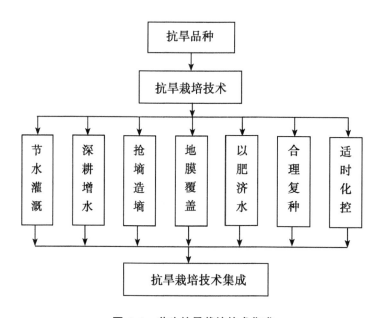

图 6-1　花生抗旱栽培技术集成

三、旱地花生高产栽培技术规程

以"单粒精播、起垄覆膜、增钙抑旱、水肥调控"为关键技术，建立了旱地花生高产栽培技术规程，成为农业部和山东省主推技术。

技术要点：①选用花育22、花育25、冀花4号等抗旱品种，精细包衣；②起垄覆膜栽培，密度1.5万~1.7万株/亩；③平衡施肥，增施有机肥2 000~3 000kg，增加钙肥用量，$N：P_2O_5：K_2O：CaO$配比为2：1：1.5：1.5；④适期抢墒播种，采用膜下滴灌等节水灌溉技术；⑤结荚期开始每隔10~15d喷施杀菌剂，共喷施2~3次；⑥生育中后期遇旱每亩滴灌20~30m³，随滴灌施尿素5~8kg和磷酸二氢钾10~14kg。

第三节　花生抗盐碱生产配套技术与措施

土壤盐渍化是一个全球性的资源和生态问题。全球约有各种盐碱地9.55亿 hm²。由于盲目施用化肥、不合理轮作、灌溉面积扩大等原因，世界范围内土壤次生盐渍化现象日趋严重，已成为威胁作物高产稳产的主要障碍之一（王传堂等，2016）。我国盐碱土总面积约为9 913万 hm²，其中现代盐碱土3 693万 hm²，残余盐碱土4 487万 hm²，潜在盐碱土1 733万 hm²，治理任务相当艰巨（王遵亲，1993）。因此，如何减缓盐碱土面积扩大、有效利用盐碱地成为当今重要的研究课题。

一、选用耐盐碱花生品种

花生栽培品种最适合种植于中性偏酸的土壤。盐碱胁迫是花生产量的重要限制因子。从耐盐碱鉴定手段看，发芽试验，盆栽试验、大田试验等被广泛运用，多以相对发芽率、胚根长度、主茎高、侧枝长、生物量、产量等指标作为选择依据。山东省花生研究所王传堂课题组通过种间杂交和化学诱变创制花生耐盐碱种质，并在盐碱地进行大田试验、鉴定。结果表明，126个参试花生品种（系）有69个耐盐碱，其中，花育9610、花育9617、花育9612、花31号、花育9611、花育57、花育40号、花育9614、花9613、STM-2、远杂9102共11个品种（系）在盐碱地和高产地块均表现较好，经进一步鉴定后有望供生产上应用（王传堂等，2015）。

石运庆等（2015）根据各主成因子权重对47个花生品种进行聚类分析，其中P31、P48两个材料为高度耐盐碱型，P45、P86、P109等6个材料为耐盐碱型，P92、花育28号、G37等18个材料为中等耐盐碱型，P24、G52、P29等16个材料为盐碱敏感型，花选10号、P125、P18等5个材料为盐碱高度敏感型。

二、花生耐盐碱栽培技术

（一）精细整地，施足基肥

针对盐碱土的成因、特点、利用目的等，在农业生产中相应地因地制宜采取工程措施、耕作措施和综合措施，以降低土壤盐分含量（短时间或持续）是盐碱地改良利用的要务。工程措施包括整平土地，建立完善的排灌系统，深翻改土、换土、淋洗和淤积等。盐碱地周围挖排水沟，可以脱盐、排涝。

有效的耕作措施。包括深耕细耙、增施绿肥和发展节水农业。深耕细耙，可以防止土壤板结，改善土壤团粒结构，增强透水、透气性，改良土壤性状，保水保肥，降低盐分危害。增施有机肥，提供花生生长营养物质，同时可以螯合盐离子，降低盐害水平。

平整土地。整地质量要求高于露地花生田，要求做到厢面平整，无杂草根蔸和粗大土块等可能刺破地膜的杂物。按地膜覆盖，一般按 80cm 起垄，垄高 25cm，垄面宽 150cm，播种 2 行花生，行距 25~30cm。也可按 200cm 开厢，厢面宽 180cm，播种 6~7 行花生。整地开厢时注意开好排水沟，厢面不能积水。

不同种植方式下盐碱地花生荚果产量高低依次表现为沟作覆膜>平作覆膜>垄作覆膜；沟作覆膜较其他两种种植方式增产可达 30%以上；沟作覆膜种植方式增产量高的原因是提高了百果重、百仁重和出仁率（图 6-2）（付晓，2015）。

平作覆膜（A）示意图

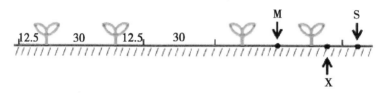

垄作覆膜（B）示意图

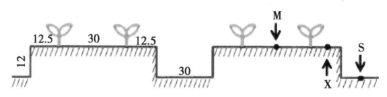

沟作覆膜（C）示意图

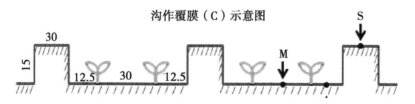

图 6-2　不同种植方式花生行间距（付晓，2015）（单位：cm）

（二）良种包衣，合理密植

精选耐盐花生品种种子，并进行种衣剂包衣。适时播种与合理密植，春播地膜覆盖栽培花生的播种期比当地露地播种提前 10~15d。播种时土壤墒情必须充足，播种深度 3~4cm 为宜，保证一播全苗。密度视土壤肥力和品种而定，一般肥力较好的地块，中熟大粒花生每亩应在 9 000 穴/ 18 000 株，中早熟中粒花生每亩 10 000~11 000 穴/

20 000~22 000株。

（三）微生物制剂

木霉制剂处理盐碱土可降低盐碱对花生生长的危害，促进生长发育，提高产量和品质，促进农业可持续发展（陈建爱等，2014abc）。

（四）花生耐盐碱高产高效栽培

王冕等（2015）创制了花生耐盐高产高效栽培方法。具体栽培步骤如下：①选择高产耐盐碱花生新品种花育 33 号、花育 36 号等；②每亩地施用腐熟的有机肥 4 500~5 000kg 做底肥，耕地时每亩地施用花生缓释专用肥 100~150kg，硫酸钾 10~15kg，有效硅含量 30%~40% 的钢渣硅肥 4~5kg，氧化铁、硫酸铁混合物铁肥 4~6kg；③耕地时起垄，垄高 35~40cm，垄宽 80~100cm，每隔四垄挖一个 50~60cm 的排水沟；④播种前，利用拌有益、卫福、满适金和地鹰辛硫磷复合拌种剂拌种，覆盖黑色地膜；⑤喷施叶面肥磷酸二氢钾、水溶性硅肥、EDTA 和 HEEDTAFe 增强植株耐盐碱性能，喷施植物生长调节剂矮壮素和壮饱安调节植株高度，防止徒长。

三、盐碱地花生高产栽培技术规程

以"单粒精播、大水压盐、以肥抑盐、防止早衰"为关键技术，制定了盐碱地花生高产栽培技术规程，成为山东省主推技术。

技术要点：①选用花育 32、粤油 26 号和豫花 9 号等耐盐品种，精细包衣；②选择土壤含盐量≤0.25% 的地块，播前 10d 进行大水压盐，降低耕作层含盐量至 0.1% 以下；③覆膜栽培，抑制水分蒸发引起的盐分上升，密度 1.5 万~1.7 万株/亩；④适当增加有机肥和钙肥用量，每亩施酸性腐熟有机肥 3 000~4 000kg，$N : P_2O_5 : K_2O : CaO$ 配比为 2.5 : 2 : 1.5 : 2，增施木霉制剂等微生物肥；⑤结荚期开始每隔 10~15d 喷施杀菌剂，共喷施 1~3 次；⑥花生生长中后期酌情化控和叶面喷肥，每亩喷施 2% 尿素+0.2% 磷酸二氢钾水溶液 50kg。

第四节　生产中钙素应用关键技术与措施

钙是一般作物所必需的中量元素，对花生而言则是仅次于氮、磷的第三位大量元素。花生缺钙会造成荚果发育减退，空、秕、烂果增多；严重缺钙时，形成大量空荚或烂果。钙是土壤中极易淋失的盐基离子，而在植物体内极难移动与再利用，在降水量大、雨日较多、地势较高的区域尤其是南方地区更容易缺钙。因此，开展钙肥调控栽培技术研究，充分利用低钙土壤资源，均具有重要意义。

一、土壤缺钙的判定

土壤酸化和钙素缺乏是一个恶性循环，即土壤酸化会加速钙的流失，而钙流失反过来又导致 pH 值降低（陈志才等，2012）。土壤钙素的缺乏与 pH 值偏低是导致花生空壳现象发生的主要原因（Chamlong et al., 1999；王秀贞等, 2010）。南方红壤地区土壤矿化强烈，钙、镁、钾、钠等阳离子随着水土的流失被严重淋失，而铝、铁离子因成胶体状态沉积下来（湖南省农业厅, 1989），同时侵蚀模数越大，土壤 pH 值越低，交换性钙离子淋失量也越大（孙雁君等, 2011）。

Bekker et al.（1994）研究认为，对花生生长而言土壤交换性钙的临界浓度为 1.5～1.6cmol Ca^{2+}/kg。周卫和林葆（2001）研究土壤供钙结果发现，供钙 0.6cmol（±）/kg 可影响花生总花数，当土壤钙含量低于 1.2cmol（±）/kg 时，钙主要通过影响总花数或可育花数控制花生产量。当土壤钙含量高于 1.2cmol（+）/kg 时，土壤饱和浸提液 Ca/TC 可能成为产量的限制因子，并提出花生缺钙土壤诊断的适用指标是土壤饱和浸提液钙离子与阳离子（钙、镁、钠、钾）当量之比即 Ca/TC，临界值为 0.25。植株诊断的适用指标是 9 叶期花生上 5 叶期的水溶性钙含量，临界值为 1.7g/kg 鲜重（林葆和周卫, 1997）。

美国国际化服务公司（ASI）指出土壤阳离子交换量>5cmol/kg 时，土壤钙缺乏的浓度为低于 800mg/kg；土壤阳离子交换量<5cmol/kg 时，土壤有效钙含量低于 520 mg/kg可视为土壤缺钙（何电源, 1994）（表 6-8）。笔者认为，土壤中 Ca<250mg/kg，需要增施钙肥，保障花生稳产。

表 6-8　土壤有效钙含量判定标准（何电源, 1994）

元素	土壤阳离子交换量	缺乏	潜在缺乏	适宜	丰富
钙	≥5cmol/kg	<820	801～1 201	1 201～4 800	>4 800
	<5cmol/kg	<520	521～700	701～1 201	>1 200

二、钙素应用关键技术

国内外在缺钙土壤中因地制宜地施用不同种类的钙肥如石膏、过磷酸钙、生石灰、熟石灰、碳酸钙、氰氨化钙、牡蛎壳粉、硫酸钙等，对花生均有显著或极显著的增产效果。推荐的石膏最佳用量为 300～400kg/hm² 或 750～1 500kg/hm²。研究表明在土壤交换性钙含量为 86.59mg/kg 时，以施 CaO 300kg/hm² 的花生产量最高、籽仁品质最好（周录英等, 2008）。

酸性土壤：石灰是一种生理碱性钙料。施用石灰后，不仅补充了钙源，而且降低了土壤酸度，并将不溶性磷素养分释放出来。石灰的施用量一般为每亩 25～50kg（王建国等, 2017），主要用作基肥撒施，也可于花生初花期在结果区开沟追施。如土壤 pH 值超过 6.8 时，则不能施用石灰；如需大量施用石灰，必须在花生播种几个月前撒施，以防 pH 值增高。硅钙肥和生物有机肥是较为理想的花生酸化土壤改良剂，荚果产量较对照分别增加 42.4% 和 49.4%（于天一等, 2018）。

盐碱地：补充钙肥，一般施用石膏，主要成分是硫酸钙，是一种含硫和钙的生理酸性肥料。不仅补充活性钙，而且可调节盐碱地的酸碱度，减少土壤溶液中过量的钠盐对花生根系的危害。施用量一般为每亩亩 20～30kg，严重缺钙地块可适量增加，主要用作追肥，施用方法同石灰。也可用作基肥施用。贝壳粉属钙质肥料。南方将贝壳烧后磨成粉状物，称贝壳粉，施在花生田里均有明显的增产效果。贝壳粉与有机肥料配合施用可发挥更大的增产作用。

钙肥常与 N、P、K 等肥料配施，以对花生的生长发育、营养吸收、产量、品质等产生多方面的互利作用。通常由于钙、钾具有拮抗作用，一般钙肥与 N、P、K 分开施用。另外，钙、硼配施可促进多种营养元素的吸收和积累，增加百仁重，增产效果显著（于俊红等，2009）。施用钙、硼肥不但使成熟期花生植株中钙、硼含量提高，而且土壤中的钙、硼残留量也明显增加（吴文新等，2001）。钙、硫配施增加了单株结果数和果重，提高了出仁率，明显提高了花生荚果产量；一般钙肥（氧化钙）300kg/hm^2 与硫肥（纯硫）300kg/hm^2 配施，产量最高，增产 15.99%（王媛媛，2013）。南方瘠薄红壤旱地，亩施 CaO 50kg，大籽花生品种湘花 2008 荚果干重可提高 37.87%（谭红姣，2015）。

第五节　酸性土花生栽培技术

近年来，我国酸性土壤面积不断扩大，强酸性土壤（pH 值<5.5）的面积从 1 127×10^{4}hm^2（20 世纪 80 年代）增加到 1 507×10^{4}hm^2（21 世纪初），化学氮肥的长期过量施用是我国农田土壤加速酸化的主要原因（Guo et al.，2010）。土壤酸化对农作物的影响主要是对根系产生毒害（张福锁，2016），并加速土壤养分的流失，使土壤肥力下降（张翠萍等，2014；于天一等，2014）。特别是山东胶东半岛、南方红壤区域等土壤酸性度较大，土壤中钙大量流失，严重影响花生籽粒的发育和产量的形成，甚至造成花生绝产、失收。

针对以上问题，山东省农业科学院万书波研究员领衔的花生栽培生理生态研究团队创建了以"单粒精播、石灰调酸、增钙促饱、叶面追肥"为关键技术，建立了酸性土花生高产栽培技术规程，成为省级地方标准。

技术要点：①选用花育 22、湘花 2008 等耐酸性强的高产品种；②起垄覆膜栽培，单粒精播，密度 1.3 万~1.5 万株/亩；③每亩基施石灰 50~100kg；④有机肥、微生物肥和钙肥配合施用，N∶P$_2$O$_5$∶K$_2$O∶CaO 配比为 2∶2∶1.5∶2；⑤适期化控（当花生封垄前后、主茎 28cm 左右时，及时用多效唑或烯效唑粉剂 100mg/kg 喷洒植株顶部，视长势连喷 2~3 次，一般控制主茎高在收获时 40~45cm 为宜）、后期每亩喷施 0.2%硝酸钙+0.2%磷酸二氢钾水溶液 60kg，喷施 2~3 次（叶面追肥防后期早衰）。

课题组分别于 2015 年和 2016 年在威海市文登区西楼社区酸性土壤上进行试验示范。2015 年高产田基肥和种肥施肥量为每亩复合肥 100kg、控释肥 50kg、有机肥 4 000kg、钙镁磷肥 80kg、微生物肥 10kg，单粒精播，密度每亩为 16 200株；主茎高 28cm 时化控，结荚后叶面喷施杀菌剂 2 次，生育后期叶面追肥 2 次，每亩平均荚果产量 675.5kg；2016 年试验结果为每亩平均荚果产量 581.1kg；示范田平均单产 426.3kg/亩，酸性土壤花生增施钙肥高产栽培技术增产增效显著（张佳蕾等，2018b）。

综上所述，生产上旱、涝、盐碱等非生物逆境和传统穴播 2 粒或多粒种植引起的生物逆境，成为制约花生单产突破的瓶颈。在连续 4 个国家科技支撑计划等项目支持下，山东农业科学院花生栽培研究团队与全国花生栽培研究团队密切合作，按照"理论创新、关键技术创制、技术体系创建"的总体思路，历经 19 年攻关研究，在抗逆栽培理论及关键技术方面取得重大突破。创建了单粒精播技术、钙肥调控技术、"三防三促"技术，形成了花生抗逆高产栽培技术体系，创造了世界高产纪录，实现了单产水平持续提高，取得了显著的经济、社会和生态效益。

第七章 花生单粒精播技术与多粒穴播的对比优势

第一节 单粒精播技术总论

花生是食、油两用的油料及经济作物，花生籽仁中不仅含有丰富的脂肪和蛋白质，还含有多种维生素、矿物质以及丰富的植物胆固醇，营养价值非常高。随着生活水平的提高及食品加工业的不断发展，人们对花生的营养及食用价值日趋重视，花生的总体需求量也呈现增加的趋势。我国是世界第一花生生产大国，种植面积大、单产水平及总产量高，年产1 400万 t 左右，约占世界总产的40%。同时，中国也是花生油消费量最大的国家，我国国内花生消费量占总产量的90%以上。由于巨大的人口压力以及不断增长的植物油消费量，国内食用油的供应已经远远满足不了人民的生活需要，我国仍然是植物油短缺的国家，目前我国油脂油料严重依赖进口。花生籽仁出油率高、油脂品质好、经济效益高、增产潜力大，市场竞争力强且适宜在全国范围内广泛种植，因此，促进花生产业发展，增加花生总体产量，将成为我国植物油供给的重要补充。花生总体产量的增加一方面是靠种植面积的扩大，另一方面是靠单产水平的提高。目前，我国耕地面积不断缩小、粮油争地矛盾日益突出，油料作物种植面积难以扩大，因此，提高花生单产水平是促进花生产业发展的重要途径。

由于20世纪花生种子保存条件欠佳，贮藏过程中易受潮变质，造成种子发芽率偏低，因此，为了保证出苗率，花生生产中一般采用每穴双粒或多粒种植。这种双（多）粒穴播种，用种量大，全国每年用于做种的花生约占总产量的10%，大大增加了农户种植成本；同时，一穴双株或多株之间过窄的植株间距造成个体之间相互竞争抑制，个体的生长和发育受到限制，大小苗现象突出，难以充分挖掘单株生产潜力，而且，较高的播种密度导致群体和个体的矛盾突出，群体质量下降，生育后期植株较早的出现衰老现象，严重影响了荚果发育过程中光合产物的合成与积累，不利于花生荚果产量的进一步提升。因此，花生双粒穴播对于花生单株潜力的发挥及节约用种量方面存在一定劣势，不利于花生高产高效生产。

为保证花生在较大密度前提下，减轻株间竞争，最大程度发挥单株潜力，改善群体质量，应扩大株距，保证结实范围不重叠，根系尽量不交叉。山东省农业科学院花生栽培研究团队创新性引入竞争排斥原理，提出"单粒精播、健壮个体、优化群体"技术思路，创建出单粒精播高产栽培技术。花生单粒精播是一项节种、高产的栽培模式，在精选种子、保证种子质量的前提下，通过增穴减粒，改传统的每穴双粒为每穴单粒，少群体、壮个体，培育健壮个体的基础上建立合理的群体结构，协调群体与个体的关系，充分发挥单株的生产潜力，从而实现花生群体产量的提高。近年来，花生单粒精播技术在全国得到广泛的研究与推广，山东省高产攻关示范田连续打破全国花生高产记录，实收超过 750kg/亩。由此可见，单粒精播技术对于花生品种潜力的发挥及群体产量的提高方面具有明显优势。

花生单粒播的提出最早始于 20 世纪 30 年代，起初主要以降低生产成本为主（万书波，2010）。90 年代，王才斌等（1996，1999）的研究表明，在高产条件下，花生由双粒改为单粒种植，更能发挥单株生产潜力，更有利于实现群体高产，并且明确了每垄两行植比 3 行植更适合精播栽培。李林和李宏志（1999）研究表明，通过行距、株距、穴苗数 3 个因素的综合运筹，优化播种方式，能有效协调群体与个体的关系，并且指出，在行距、密度相同的情况下，窄株单苗处理比宽株双苗处理，更能发挥个体优势。李安东等（2004）通过对花生生育特点的研究，初步阐述了花生单粒精播高产栽培的原理，并提出了关键配套栽培技术；郑亚萍等（2007，2012）认为，在单粒精播模式下，不同类型品种对肥料与密度的响应不同，大粒花生品种受肥料影响更为明显，而小粒花生品种产量受播种密度影响较大，并且指出大粒品种花育 22 号的适宜密度为 21.0 万穴/hm²，对土壤肥力要求相对较高，而小粒品种花育 20 号的适宜密度为 22.5 万穴/hm²，二者在最适精播密度下产量分别比传统双粒穴播提高 4.1% 和 2.2%。郭峰等（2008）进一步研究比较了不同品种在单粒精播条件下花生光合特性的差异，结果表明大花生的增产潜力要大于小花生，并且指出单粒精播条件下为促进花生的生长发育，保证花生产量，最好选择相对肥沃的地块、施足底肥、精选种子、适度保墒、精细播种等。冯烨等（2013a）研究表明，花生单粒播比双粒播具有较强的根系形态优势；钟瑞春等（2013）对不同品种花生单粒精播的产量及产量性状进行了比较，进一步表明单株生产力高的花生品种更适合单粒精播。花生属于用种量较大的作物，生产上，大花生用种量一般为 300~375kg/hm²，小花生由于粒小用种量略低，一般在 225~260 kg/hm²。单粒精播在保证不减少花生单产的前提下，预计可节约花生用种量 20%~30%，而以目前我国大花生用种量 350kg/hm² 左右，播种面积以 2007 年历史最低水平 394.48 万 hm² 计算，单粒精播栽培模式，每年至少可节约花生用种量 27.6 万 t。

由此可见，花生单粒精播技术的研究及推广已取得一定成果，在发挥单株生产潜力、节约用种量、增加产量方面已得到一定共识。目前对单粒精播花生的植株性状、生理特性、群体质量及产量构成等研究较多，比较系统地阐明了单粒精播增产的机理。

第二节　单粒精播个体优势

一、单粒精播对花生根系生长的影响

（一）单粒精播与花生根系的生长动态

作物高产稳产的关键是获得较高的生物产量，而生物产量的高低在很大程度上取决于根系的发育状况及时空分布。生产上通过施肥、合理密植等措施增加根系长度、表面积和体积，保证生育中后期植株对水分和养料的吸收，促进植株干物质的积累，对于进

一步提高花生产量具有重要意义（于天一等，2012）。金剑等（2004）在大豆上的研究结果也证明了这一点，在整个生育期内，高产大豆的根长、根表面积和根体积均显著高于低产大豆；而且各根系形态性状与产量之间的相关性以根长最高。冯烨等（2013a）研究表明，单粒精播（S1：19.5万穴/hm²；S2：22.5万穴/hm²）单株根系总长度、总体积和吸收总面积显著高于双粒穴播（CK：15万穴/hm²），根系平均直径小于对照。可见，单粒精播技术为花生根系的生长提供了充足的生长空间，在很大程度上促进了花生根系的形态建成，保证了在花生结荚期有强大的根系吸收水分和养料，从而促进了地上部的生长，为高产打下基础。

根系的干重可反应根系的发达程度（王晓光等，2005），对维持地上部生长和功能具有重要意义（郭庆法等，2004）。冯烨（2013a）通过对花生0~40cm土层根系的研究发现，根系干物质积累量在结荚初期达到峰值，并且随着单位面积种植株数的增加而减少，差异随着生育进程增大。在整个生育时期内，单粒精播的单株根系干物质积累量高于双粒穴播，高密度单粒精播处理（1 500穴/亩）低于适宜密度种植的处理（13 000穴/亩）。单粒精播根系干物质积累速率在开花60d之后降为负值，根系生长量开始小于死亡量，比双粒穴播降为负值的时间有所延后。表明单粒精播有利于花生在苗期和结荚初期健壮根系的形成，促进植株地上部冠层的生长，保证叶片较高的干物质合成能力，从而在结荚中后期又能够减缓根系干重的下降速度，避免根系早衰的发生（冯烨等，2013a）。

（二）单粒精播与花生根系的生理特性

花生根系的活力水平直接影响植物个体的生长情况，营养状况和产量水平。花生根系的衰老要先于地上部衰老的发生，根系活力是反应花生衰老状况的主要指标。李向东等（2001a）研究表明，春花生始花后根系活力符合单峰曲线变化，根系活力在始花后50天左右开始下降。施肥种类和数量（朱林等，2002；陈双臣等，2009）、种植方式和密度（刘忠民等，1998；王旭清等，2005a）均对根系活力和ATP酶活性有较大影响。单、双粒种植条件下，花生根系脱氢酶和ATP酶活性均呈现先升后降趋势变化，到结荚初期达到最大，与上述报道相同。单粒精播可显著提高生育中后期根系活力水平（冯烨，2013）。

糖类物质在植物能量供给，碳骨架及细胞壁的形成等方面发挥着重要作用。根系中的糖类物质及合成底物主要在叶片中产生再运转到根系，虽然只有0.6%~1.9%分配到根系中，但对根系的生长和形态建成具有重要作用（王才斌和万书波，2011）。郭峰（2007）研究表明，麦田套种花生可增加花生根系中淀粉和可溶性糖的含量，同时指出根系中淀粉合成底物虽然来源于叶片，但其合成的多寡与淀粉合成酶有关。根系中的SPS、SS是蔗糖代谢的主要酶，控制蔗糖的合成与降解，其活性的高低直接关系到根系淀粉合成底物的数量，从而影响着淀粉的合成（夏叔芳等，1981）。单、双粒种植条件下，花生根系中可溶性总糖、蔗糖和淀粉的含量均呈单峰曲线变化，峰值出现在花针期至结荚初期。单粒精播可显著提高苗期之后花生根系中可溶性总糖、蔗糖和淀粉的含量，同时增强了与蔗糖代谢相关的SPS和SS酶活性，加快了根系内糖类物质的转化速度，提高了根系碳代谢水平，有利于根系的生长发育，为单粒精播条件下根系的干物质积累奠定物质基础（冯烨，2013）。

氮素是植物体内蛋白质和核酸的重要的组成元素，对植物的生长发育极为重要。在花生整个生育期内，保持根系中一定的氮含量是进行各项生理活动的基础（李向东等，2000）。氮代谢是植物体内一个重要生理过程，主要受 NR、GS 等的控制，其活性高低直接影响花生对无机氮的利用和谷氨酰胺等的合成。张智猛等（2006）对纯作春花生研究表明，根系中 GS 活性的变化呈单峰曲线，峰值出现在结荚期。另外，麦套花生根系中氨基酸含量以及转氨酶活性均有所提高，更有利于蛋白质的合成（郭峰等，2009），并且不同的施肥种类、种植规格和环境因素都会影响氮代谢相关酶活性的改变（聂呈荣和凌菱生，1998；孙光闻等，2005；张智猛等，2005b；刘淑云等，2007）。单粒精播能显著提高花生根系中 NR 和 GS 的活性，促进了硝态氮的同化和氨基酸的合成，为合成更多种类的氨基酸和蛋白质提供充足的原料（冯烨，2013）。单粒精播条件下，根系中游离氨基酸和可溶性蛋白含量的提高，为叶片中的氮素同化以及籽粒蛋白质的合成提供物质基础。

花生根系是 ABA、ZR、IAA 和 GA_3 等内源激素合成的重要场所，之后运输到植株各个部位以多种方式调控着花生的生长发育。不同栽培方式和逆境条件下，花生内源激素含量发生不同程度变化，进而影响各项生理过程（王三根，2000；Cui and Xing，2000；Liu et al.，2005；Seki et al.，2007）。内源激素中 IAA、ZR 和 GA 促进植物生长、延缓衰老；而 ABA 则促进衰老、引起叶片气孔关闭，并对根系的溢泌速率和离子运输也有影响（王忠，2000）。Davies（1995）指出，植物激素间既相互协同又相互拮抗，不同激素间适当的比例决定了植物的生长发育。单、双粒种植条件下，花生根系中内源激素的含量有较大差异，单粒精播不仅引起了花生根系中 IAA、ZR 和 GA 含量升高、ABA 含量降低，而且使 IAA/ZR 比值升高，从而使花生根系健壮生长、延缓衰老，保障了荚果生长发育所需营养物质的吸收和运输（冯烨，2013）。

（三）单粒精播与花生根系伤流及其组分

根系是吸收植株生长所需水分和养分的主要器官，是决定花生地上部生长和产量的重要方面。由于根系不容易观测和取样，可以借助伤流强度以及伤流液的成分来表征根系的生长状况和活力水平。通过分析伤流液的成分，可帮助了解植物内部的物质循环和转化情况。在伤流液及其组分的研究中，以棉花、水稻和玉米等研究较多，而花生的研究较少。刘胜群等（2012）认为，生育后期玉米伤流强度下降，苗期伤流液中可溶性糖最低，苗期和灌浆期可溶性蛋白和游离氨基酸含量较高，并且不同品种玉米间伤流液中可溶性糖含量和游离氨基酸含量有明显差异。棉花伤流液中钾含量与棉株根茎叶中的钾含量和积累量都有显著的相关性，因此认为伤流液中钾含量可以作为衡量棉花植株钾含量的指标（夏颖等，2010）。冯烨（2013）研究表明，单粒精播能显著提高根系的伤流强度，增强根系向地上部输送水分、有机养分和矿质元素的能力；伤流液中可溶性糖和游离氨基酸含量、矿质元素（K^+、Zn^{2+}、Mg^{2+}、Ca^{2+}）含量在单粒精播条件下均得到不同程度的提高。根系向地上部运输矿质元素能力的加强，促进了地上部植株光合作用、呼吸作用等生理功能的发挥，为荚果发育、产量形成和提高奠定了基础。

二、单粒精播对花生植株性状的影响

单粒精播花生的主茎高、侧枝长均随着密度的增加而提高，而分枝数、单株结果数、双仁果率和饱果率均随密度的增加而减少（郑亚萍等，2012）。沈毓骏等（1993）研究表明，花生第一对侧枝基部 10cm 内节数和单株产量呈显著正相关，单粒穴播苗期株间相互影响小，植株基部见光充分，细胞伸长量小，节间缩短，基部 10cm 内的节数增加，利于形成矮化壮苗；减粒增穴单株密植的主茎及侧枝均趋矮化，分枝数及第一对侧枝基部 10cm 内的节数增多，利于塑造丰产株型。赵长星等（2013）研究结果一致，单粒精播第一对侧枝基部 10cm 内节数为 6.8~8.0 个，显著高于双粒穴播 5.7 个。麦茬夏直播花生单粒精播和双粒穴播在相同密度条件下前者各个生育期的主茎节数、主茎绿叶数、分枝数和叶面积指数均高于后者，尤其是分枝数差异显著（张佳蕾等，2016a）。在超高产条件下，花生单粒精播生育前期的主茎高、侧枝长、主茎节数、主茎绿叶数、分枝数、根冠比和叶面积系数均显著高于双粒穴播，有利于提早封垄有效增加光合面积；单粒精播成熟期的分枝数、主茎绿叶数和叶面积系数显著高于双粒穴播，有效光合时间得到延长（张佳蕾等，2015c）。花生单粒精播在提高根系干物质积累的同时，改善了地上部植株干物质积累动态，表现为地上部干重和根冠总干重的显著提高；单粒精播处理相对较高的根系生长速度使得其根冠比在整个取样期内都高于双粒穴播处理，且随着生育期推进差异逐渐显著。可见，单粒精播在生育中期营养生长与生殖生长并行阶段仍以根系的快速生长为主，且在生育后期根系的衰亡速率较慢，保证荚果和地上部养分供应及物质的同化积累（冯烨，2013）。

三、单粒精播对花生叶片衰老特性的调控

叶片生理功能衰退的快慢对产量形成有重要影响（王空军等，2002），花生的衰老与外界环境如温度、光照、水分（土壤及空气湿度）、CO_2 浓度、养分状况等的变化有关，而合理的种植方式及密度能改善花生群体的冠层微环境，进而延缓花生生育后期叶片的衰老，单粒精播技术通过调节播种方式及密度，改变了群体结构，优化了群体的冠层微环境特征，有利于延缓生育后期叶片的衰老。

（一）单粒精播对花生叶片保护酶活性及膜脂透性的影响

目前研究表明，引起植物衰老的因素有多种理论或假说，主要包括光碳失衡假说、激素平衡假说、营养胁迫假说等（张荣铣等，1999）。光碳失衡假说主张植物衰老进程是由光合机能衰退和自由基积累引发和加剧膜脂过氧化来进行的，认为由于光合机能的衰退，如叶绿素含量及 RuBPcase 活性降低、光合速率下降等，打乱了能量的供需平衡，破坏了光合碳循环的正常进行，造成多种有害自由基产生与积累，而自由基的过量积累导致膜脂过氧化加剧从而引起衰老（张荣铣等，1999）。植物体内自由基及 H_2O_2 累积造成的膜脂过氧化作用是生物膜破损的直接原因，也是引起衰老的关键因素，因此，减少自由基及 H_2O_2 的累积，减轻膜脂过氧化程度，是防止植物过早衰老的重要因素。机

体在代谢过程中，大部分的氧气（98%）可以被机体所吸收利用，用来产生能量，供其他生理活动的正常进行，而另外 2%的氧气却转化为超氧阴离子、羟基自由基等氧自由基，这是毒性氧的主要组成因子（王桔红等，2003）。同时，针对这些有毒活性氧，植物自身存在一定的适应性调节作用，即细胞内存在活性氧及自由基的清除酶保护系统，主要包括 SOD、POD、CAT 等保护酶，而叶片衰老过程中，由于清除活性氧及自由基的保护酶活性下降，导致细胞代谢产生的活性氧及自由基不能完全被清除，活性氧及自由基含量增加，膜脂受到攻击，进而发生膜脂过氧化作用，从而造成叶片衰老（王旭军等，2005）。MDA 是植物受到逆境胁迫或衰老时膜脂过氧化作用的最终产物，其含量多少是反映植物细胞膜受损伤程度的重要指标（李向东等，2001b；2002）。因此，可以通过研究 SOD、POD、CAT 活性及细胞膜透性来判断叶片的抗氧化能力及衰老状况。冯烨等（2013b）以小花生品种花育 23 号为试验材料，在大田条件下以双粒穴播为对照研究了单粒精播对花生叶片活性氧代谢的影响，表明单粒精播可提高叶片 SOD、POD 和 CAT 等保护酶活性，降低膜脂过氧化物 MDA 含量。其中 S1（19.5 万穴/hm^2）各生育期的 SOD、POD 和 CAT 活性平均值分别较双粒穴播高 16.5%、10.5%和 11.0%，MDA 含量低 7.5%；S2（22.5 万穴/hm^2）的 SOD、POD 和 CAT 活性分别高 8.0%、12.3%和 1.6%，MDA 含量低 14.5%。适当降低密度的单粒精播对花生冠层上部和冠层下部叶片保护酶活性均有不同程度提高，提高了生育后期叶片对活性氧及自由基的清除能力，降低了细胞膜脂的过氧化水平及膜脂的受损程度，延缓了生育后期叶片的衰老。夏直播花生单粒精播在饱果期和成熟期的叶片 SOD、POD 和 CAT 活性均显著高于双粒穴播，MDA 含量低于双粒穴播（张佳蕾等，2016a）。

（二）单粒精播对花生叶片激素含量的影响

激素是植物体内的重要信号物质，植物内在发育信号和外界环境因素通过诱导植物产生不同激素来调控叶片的发育与衰老（张艳军等，2014）。植物激素主要包括生长素（IAA）、细胞分分裂素（CTK）、赤霉素（GA）、脱落酸（ABA）等，玉米素和玉米素核苷（Z+ZR）是细胞分裂素的一种，具有延缓生育后期叶片衰老的作用（Gan and Amasino，1995）。IAA 和 GA 对植物的衰老也具有一定的延缓作用，而 ABA 对叶片的衰老具有加速作用（魏道智等，1998）。正常情况下，IAA 含量在植物叶片的生长发育中是逐渐增加的，而在衰老的器官或组织中其含量呈下降趋势，所以 IAA 含量的下降既可以作物衰老的启动因素，也可以作为判断衰老的重要特征，GA 在延缓花生衰老中具有明显作用，研究表明，GA 能加强蛋白质的合成，延缓 RNA 功能的丧失（Lers et al.，2010），而且 GA 还可通过影响 SOD、CAT 等酶活性，来加快自由基的清除，从而延缓衰老（周相娟等，2003）。另外，还有研究表明，GA 并不直接作用于叶片衰老，而是通过拮抗脱落酸来延缓叶片衰老进程（Jibran et al.，2013）。ABA 通过影响细胞膜的透性，加速叶片的衰老（魏道智等，1998），环境胁迫诱导的叶片 ABA 含量的增加和外施 ABA 均能促进叶片衰老（李付振，2005），因此，脱落酸能够直接作用于叶片的衰老。梁晓艳（2016）通过对花生不同冠层叶片不同激素含量的测定发现，花生生育后期（结荚期和饱果期），中密度（22.5 万粒/hm^2）和低密度（18 万粒/hm^2）单粒精播处理条件下花生叶片IAA、GA及Z+ZR含量均明显高于传统双粒播对照，而ABA含量处于较低水平，高密度（27万粒/hm²）单粒精播处理与对照之间差异不明显。花生整个生育期，冠层下部叶片IAA、GA及Z+ZR含量均低于冠层上部叶片，ABA含量高于冠层上部叶片，这说明叶片激素含量受密度的调控效果较为明显，高密度单粒精播和传统双粒穴播条件下花生群体密度较大，后期竞争激烈，容易造成光胁迫和营养协调，引起内部激素含量及比例发生变化，导致过早出现衰老现象，其中冠层下部叶片衰老较快，造成有效光合面积的大量减少。

四、单粒精播对花生光合特性的影响

花生产量主要来源于叶片的光合产物，叶片的光合性能是决定产量的最重要指标，而环境条件与栽培措施通常可以改变植株的生长发育及叶片的光合性能，进而影响光合产物的合成、运输与积累，最后影响作物的产量（焦念元，2006）。花生生产过程中，容易出现早衰现象，尤其是结荚期之后，叶片开始衰老，叶绿素含量下降，光合酶活性降低，光合功能开始衰退，造成生育中后期光合源质量明显下降（李向东等，2001b），而生育中后期干物质的生产与积累能力对花生经济产量的影响重大，因此，通过有效的栽培措施，提高花生生育中后期叶片的光合性能，延长叶片有效光合功能持续期对花生产量的进一步提高具有重要意义。合理种植方式及密度能有效改善群体结构、提高冠层叶片光合性能，促进生育后期光合产物的合成与积累（岳寿松，1989；董树亭，1991）。单粒精播通过调节播种方式及密度，改变了植株的群体分布状态，增加了群体分布的均匀性，优化了群体结构，促进了单株生产潜力的发挥，对实现花生产量的进一步提高具有重要意义。

叶片是花生生长发育过程中主要的源器官，也是进行光合作用的重要场所。作物生物产量形成过程中，绝大部分物质（90%~95%）来源于植物自身光合作用的产物（杜维广等，1999）。因此，叶片光合特性的好坏是决定作物产量高低的最重要因素，其中，以净光合速率为主的光合参数是反应叶片光合性能的重要指标。叶片的净光合速率与作物产量之间密切相关，Upmeyer and Koller（1973）研究表明，大豆产量与鼓粒期冠层叶片净光合速率呈显著正相关；楚奎锡（1988）研究认为，生育前期和生育中期叶片净光合速率与产量均呈正相关，但差异不显著；郝乃斌等（1989）研究指出，叶片净光合速率与作物子粒产量密切相关，相关系数达0.957，同时指出，二者高度相关主要取决于叶片的RuBPcase活性。叶片光合特性的好坏受种植方式及密度的影响较大。高飞等（2011）研究认为，在一定范围内，随着密度的增加，花生功能叶片净光合速率、蒸腾速率和气孔导度均表现增加的趋势，但是随着密度的继续增加，便出现下降趋势；陈传永等（2010）研究表明，叶片光合速率与种植密度呈负相关性，密度增加，使群体植株相互郁闭，冠层内部透光率下降，叶片受光条件差，最终导致光合速率下降。单粒精播花生的净光合速率（P_n）、气孔导度（G_s）及蒸腾速率（T_r）均显著高于双粒穴播，这表明单粒精播模式下叶片具有较高的光合活性及光合转化速率，提高了叶片的光合同化能力。另外，单粒精播提高了冠层下部叶片的光合色素含量及光合速率，延缓了后期叶片的衰老脱落，增加了不同层次叶片的光能利用率，提高了花生生育后期植株的光合同化能力（梁晓艳等，2015）。

叶绿素（Chl）是植物光合作用过程中吸收、传递和转换光能的物质基础，其含量多少是反映叶片光合强度的重要生理指标（石德成，1993）。叶绿素含量的降低，将影响光合机构中光合色素蛋白复合体的功能，降低叶绿体对光能的吸收与转化水平，进而影响植物的光合作用。中密度（22.5万粒/hm²）和低密度（18万粒/hm²）的单粒精播条件下，冠层上部和冠层下部叶片的实际光化学效率ΦPSⅡ、光合电子传递速率ETR及光化学淬灭系数qP均得到不同程度提高，同时降低了非光化学淬灭系数NPQ，尤其在生育后期效果更为明显，这说明适当降低密度的单粒精播条件下花生叶片在光能的吸收、传递和转换效率上明显高于对照，同时光能转换过程中的热耗散份额明显减少，这可能与单粒精播条件下叶片较高的叶绿素含量有关（梁晓艳，2016）。叶绿素是叶片中光能的吸收与电子传递的主要介质，其含量多少和比例与光合作用有着紧密关系，另外，叶绿素含量及比例的改变也是植物面对环境变化的重要生理性调节反应（王建华等，2011）。单粒精播植株上部叶片和下部叶片的叶绿素a、叶绿素b、叶绿素（a+b）和类胡萝卜素含量均高于双粒穴播。冠层下部叶片由于光照不足、通风透气差等因素导致叶片过早衰老，叶绿素含量下降。单粒精播能明显地提高植株下部叶片叶绿素总量和类胡萝卜素含量，S1（22.5万穴/hm²）、S2（19.5万穴/hm²）和S3（16.5万穴/hm²）处理植株下部叶片叶绿素（a+b）含量分别比双粒穴播提高19.2%、37.8%和39.5%，类胡萝卜素含量分别提高14.3%、21.4%和17.9%（梁晓艳等，2015）。

五、单粒精播对花生叶片碳、氮代谢酶活性的影响

碳氮代谢作为作物体内最基本的两大代谢途径，其代谢状况直接影响作物的生长发育、产量与品质，作物碳氮代谢水平除了受品种特性影响外，还受气候因素及栽培条件等诸多因素影响（Subramanian et al.，1993；Wright et al.，1994；郭峰等，2009）。研究表明，种植方式和密度能显著影响作物的碳氮代谢水平，合理的种植方式及适宜密度，能优化群体结构，提高作物的碳氮代谢水平，增加植株的碳氮积累量（王之杰等，2001；赵会杰等，2004；张宏等，2011）。

（一）单粒精播对叶片碳代谢的影响

蔗糖合成酶（SS）和蔗糖磷酸合成酶（SPS）是催化蔗糖合成的关键酶，二者活性的高低直接关系着同化物的积累与输出能力，提高叶片中SS和SPS活性，能有效提高叶片中蔗糖等同化产物的合成效率，而且提高了光合产物的输出能力，有利于籽粒中碳水化合物的合成与积累（董学会等，2006）。梁晓艳（2016）研究发现，中（22.5万粒/hm²）、低（18万粒/hm²）密度的单粒精播处理中花生叶片的SS及SPS活性显著提高，尤其在生育后期效果更为显著，这说明中、低密度的单粒精播处理中叶片具有较高的光合碳同化能力，尤其是生育后期叶片较高的碳代谢能力保证了生育后期碳代谢产物的供应能力，而高密度（27万粒/hm²）单粒精播对两种碳代谢酶活性的影响较小，与传统双粒播相比无明显优势，这说明SS和SPS活性受密度因子调控较为明显，适当降低密度，有利于生育后期SS和SPS活性的提高。

叶片可溶性糖是植物碳代谢过程的主要产物之一，是反映碳代谢能力及水平的重要指标（罗兴录等，2006），而且可溶性糖含量越高，越有利于光合产物向经济器官的转移和运输。蔗糖也是光合碳代谢的重要产物之一，花生碳代谢过程中，叶片代谢产生的蔗糖，在韧皮部组织的运输下进入籽粒，再通过一系列蔗糖代谢酶的裂解生成葡萄糖和果糖，以供籽粒中脂肪、蛋白质等碳水化合物的合成，因此，叶片中蔗糖含量的多少及合成水平直接关系花生荚果中籽粒的代谢与发育（孙虎等，2007）。同时，叶片中蔗糖及可溶性糖的含量高低也反映了"源"器官光合同化物的供应能力。研究发现，中密度（22.5万粒/hm²）和低密度（18万粒/hm²）单粒精播处理均能显著提高花生生育后期叶片的可溶性糖及蔗糖含量，其中，对可溶性糖含量的提高效果尤为明显，而高密度（27万粒/hm²）单粒精播处理中叶片可溶性糖及蔗糖含量与对照之间无明显差异，由此可见，中、低密度单粒精播提高了花生生育后期功能叶片的光合碳同化物的供应水平，一定程度上提高了生育后期叶源的质量，这为生育后期荚果的充实饱满提供了代谢基础（梁晓艳，2016）。

（二）单粒精播对叶片氮代谢的影响

叶片氮代谢是植物蛋白质合成的重要途径，而硝酸还原酶（NR）是植物NO_3^--N同化的限速酶，其活力水平决定着整个光合产物的同化过程，而且在很大程度上反映了光合作用与呼吸作用的强弱以及蛋白质合成的强度（张智猛等，2006）。研究表明，NR活性受到供氮状况、种植密度及组织衰老程度等条件的影响，而且幼嫩组织中的NR活性较高，随着叶片的衰老，活性逐渐降低，另外，随着供氮量的增加或密度的降低叶片的NR活性均表现出增加的趋势（聂呈荣和凌菱生，1998；姜慧芳和任小平，2004）。叶片NR活性在花生生育期内呈逐渐降低的趋势，中（22.5万粒/hm²）、低（18万粒/hm²）密度的单粒精播处理下降较为缓慢，生育后期二者的NR活性显著高于对照，这说明中、低密度的单粒精播处理延缓了叶片的衰老，可能与该处理下良好的冠层微环境有关。研究表明，适宜密度的单粒精播处理能有效改善花生生育中后期的冠层微环境（梁晓艳，2016）。

谷氨酰胺合成酶（GS）在氮代谢中属于多功能酶，对多种氮代谢过程具有调节作用，其活性大小可能影响其他氮代谢反应，而且可能导致部分糖代谢受阻（张智猛等，2006）。谷氨酸合成酶（GOGAT）也是植物氨同化的关键酶，与GS一起组成的氮素循环是植物体内氨同化的主要途径。谷氨酸脱氢酶（GDH）能够促进植物对氨的再同化，特别是在籽粒或果实发育后期，GDH对于谷氨酸的合成具有重要催化作用。因此，GDH活性的大小直接关系到作物籽粒蛋白质的合成。单粒精播处理不同程度提高了花生叶片的GS、GOGAT和GDH活性，可能与较高的NR活性有关，因为NR活性的增加可以诱导GS、GOGAT和GDH活性的增加（柴小清等，1996），由此看出，单粒精播条件下，适当的降低密度提高了叶片的氮代谢酶活性，提高了花生整个生育期叶片的氮代谢效率，这为花生籽仁蛋白质含量及产量的提高提供代谢基础，这一点在小麦和油菜上得出过相似结论（唐湘如和官春云，2001；王小纯等，2005）。

叶片中不同形态氮素含量多少可反映植物氮素营养水平及生理功能的强弱（Ladha

et al., 1998), 可溶性蛋白是植物氮代谢的重要产物, 也是叶片中各种酶蛋白的重要成分, 其含量不仅反映了叶片氮代谢能力, 而且反映了光合酶蛋白的功能状况, 而游离氨基酸作为植物内氮同化产物的主要运输形式 (张智猛等, 2012c), 其含量多少一定程度上代表了植物叶片氮代谢功能的强弱 (路兴花等, 2009)。不同研究表明, 降低密度和施氮处理均能加强叶片的氮代谢功能, 提高叶片中蛋白质的合成能力 (李晶等, 2010; 张智猛等, 2011d), 梁晓艳 (2016) 研究表明, 适当降低密度的单粒精播处理能够明显提高花生生育后期叶片的可溶性蛋白及游离氨基酸含量, 这与叶片中较强的氮代谢酶活性呈正相关。这说明, 适宜密度单粒精播不仅提高了花生生育后期叶片氮代谢酶活性, 而且促进了生育后期叶片氮代谢产物的积累, 为籽粒中蛋白质的合成与积累提供了物质基础。

六、单粒精播对营养元素吸收分配的影响

农作物高产的基础是尽量提高群体的光合生物量, 并以较大的比例转移到经济器官中去 (Nichiponovich, 1954)。合理的种植方式及适宜的密度能促进养分的吸收及营养物质向生殖器官的分配转移 (赵桂范等, 1995; 刘伟等, 2011)。

(一) 单粒精播对花生氮、磷、钾吸收分配的影响

作物较高的生物累积量是实现高产、优质生产的前提, 而生物量的积累则以养分吸收为基础 (Watt et al., 2003), 其中, 氮、磷、钾是作物生长发育的三大营养元素, 它们在植物体内的吸收与积累是作物产量形成的基础 (赵营等, 2006)。同一品种在不同的外界环境及栽培模式下养分吸收及分配规律存在差异。梁晓艳等 (2016) 以大花生品种花育 22 号为试验材料, 研究了高 (S1: 27.0 万穴/hm²)、中 (S2: 22.5 万穴/hm²)、低 (S3: 18.0 万穴/hm²) 密度单粒精播与传统双粒穴播 (CK: 13.5 万穴/hm²) 之间花生氮、磷、钾的累积吸收、分配特性及产量的差异。与 CK 相比, S1 和 S2 均不同程度提高了花生单株及群体氮、磷、钾的累积吸收量, 且 S2 在整个生育期内都具有较高的单株及群体养分累积吸收量, 生育后期效果尤为显著; S3 虽然具有较高的单株氮、磷、钾累积吸收量, 但群体累积吸收量较低。

万勇善等 (1999) 等研究表明, 高产花生品种产量提高主要是提高了经济系数, 即营养物质向荚果的分配转移率, 生物产量的提高亦起重要作用。因此, 通过采取一定措施提高经济系数是提高花生产量的重要途径。营养物质向荚果的分配转移率及经济系数的高低, 一定程度上反映了源器官光合产物分配并转运到库器官的能力大小, 即流的畅通性 (潘晓华和邓强辉, 2007)。作物要获得高产, 不光要实现源库协调还要实现"流"的通畅 (董钻和那桂秋, 1993)。作物对营养物质的吸收与分配特性, 除了与作物本身的品种特性有关外, 还与一定的栽培技术有关。赵桂范等 (1995) 研究表明, 不同种植方式对大豆植株干物质积累及氮、磷、钾等营养元素的吸收与分配均有不同程度的影响。Damisch (1996) 认为, 适宜的小麦种植密度既可保持较高的叶面积, 又有利于糖分的合成与转化, 提高养分利用率, 从而增加籽粒产量。中 (22.5 万粒/hm²)、低 (18 万粒/hm²) 密度的单粒精播处理均能有效地提高花生荚果的氮、磷、钾的分配

系数，同时，提高花生的经济系数，这说明在改传统双粒播为单粒播的基础上，适当的降低播种量，能有效地提高花生荚果中营养物质的分配转移率（梁晓艳，2016），该结果在大豆和棉花上得到了相似的结论。翟云龙（2005）对不同种植密度的春大豆的氮磷钾吸收分配特性进行了研究，结果表明，中、低密度处理的大豆更有利于营养物质向生殖器官的转移，更有利于单株产量的提高。娄善伟等（2010）对不同密度条件下棉花氮、磷、钾累积吸收动态及其分配特征进行了研究，结果表明，适宜的种植密度能够有效提高生殖器官中养分的分配转移率，从而提高产量。

（二）单粒精播对花生钙吸收分配的影响

钙素是花生需求量较大的营养元素之一，每生产 100kg 荚果需要吸收的钙高达 2.0~2.5kg，都高于磷的吸收量（于俊红等，2009）。钙素营养能增强花生碳、氮代谢水平，促进蛋白质及其他营养物质向籽粒的分配与转移，促进荚果的充实与饱满，减少空壳提高荚果饱满度（孙彦浩和陶寿祥，1991）。钙素的吸收规律与氮磷钾不同，它在植物体内的移动性较小，而且在不同的生育时期，花生对钙的需求量不同，前期对钙的需求量相对较少，主要通过根系吸收；结荚期花生对钙的需求量最大，荚果发育所需的钙主要通过果针和幼果吸收（万书波，2003），目前关于种植方式及密度对花生钙素营养吸收的研究较少，种植方式及密度对钙素吸收的影响主要通过调节根系及果针的吸收能力来实现。中密度（22.5 万粒/hm²）和低密度（18 万粒/hm²）单粒精播处理能显著提高花生单株钙的吸收能力，高密度（27 万粒/hm²）的单粒精播处理与对照相比，前期有一定优势，后期与对照无明显差异。原因可能是，生育前期，不同密度单粒精播均不同程度改善了花生的根系发育及吸收能力，均促进了钙素的吸收，而随着花生的进一步发育，中密度和低密度单粒精播处理的单株果针数及荚果发育水平表现出明显的优势，所以生育后期钙吸收水平的增加可能与单株荚果发育水平增加有关。从钙的吸收分配规律看，不同密度单粒精播对荚果钙的分配规律并没有影响，但是钙对其他营养物质向籽仁中运转的分配速率可能会产生影响。

第三节　单粒精播对花生群体质量的影响

作物产量构成、光合性能和源库理论是作物产量的三大理论，是互相渗透密不可分的。凌启鸿等（1993）在水稻叶龄模式的基础上提出群体质量理论，指出群体质量的本质特征在于抽穗至成熟期的高光合效率和物质生产能力。赵明等（1995）对此进行了详细综述，并明确提出以源联系光合性能、以库联系产量构成因素的源库性能"三合结构"的产量分析模式，认为作物的品种改良和栽培技术改进主要是沿着从源库的数量性能提高向着质量性能提高的方向发展。实际生产上提高作物群体质量就是指不断优化群体结构，以达到实现作物优质、高产的各项形态及生理指标。其中，良好的植株发育状况、合理的叶面积系数及发展动态、发达的根系及吸收能力及较高的干物质积累能力等是作物高产的重要群体质量性状。花生单粒精播是一项节种、高产的栽培模式，在精选种子的基础上，通过增穴减粒，改传统的每穴双粒播种为单粒播种，减少双株之间对资源的竞争及相互抑制，协调群体与个体的关系，充分挖掘个体的生产潜力，优化群体结构，从而实现花生高产。

一、单粒精播对花生田间微环境的影响

作物生产是一个群体生产的过程，群体内的各个体间既相互独立，又密切联系。采用合理的种植方式和密度，使植株得到合理分布，不仅可以改善植株的冠层结构，而且通过影响水、热、气等微环境来调节作物与环境的相互作用，最终影响作物群体的生长发育与产量（李潮海等，2001）。冠层微环境对作物生长发育和产量影响很大，良好的冠层微环境能够提高群体对自然资源的利用效率，从而增加光合物质的合成，提高作物产量。单粒精播技术通过改变播种方式与密度来调节作物的群体结构，保持生育后期冠层合理的光分布和气流交换，延缓花生后期衰老，提高光能利用率，是提高花生产量的重要途径。

光是作物生长过程中，群体竞争的主要因子（刘晓冰等，2004），而冠层内光照条件是决定冠层叶片光合特性的重要环境因子（Martin et al.，1995；Conocono et al.，1998）。通过改变种植方式与密度，调节作物的群体分布结构，改善冠层内部受光条件，不仅有助于提高冠层内叶片的光合速率，而且有利于促进冠层内其他微环境条件的改善，进而提高群体的光能利用率（李潮海等，2002）。冠层透光率反映了植株群体内部透光性，它可以通过影响叶片光合作用及有机物的合成，来影响作物最终产量。种植密度是调节冠层透光率的重要栽培措施之一，研究表明，高密度种植，可以提高群体的光能截获率，提高生育前期光能利用率，但过高的光能截获率也伴随植株间互相遮光严重，冠层内部透光率过低，造成冠层严重郁蔽，植株下部叶片不能达到光补偿点，不利于光合作用的进行和群体光合产物的积累。种植密度过小，虽然单株受光面积大，有助于单株光合能力的提高，但群体数量不足，会造成漏光损失，不利于光资源的充分利用（王才斌等，1999；张俊等，2010）。因此，采取适宜的密度，建立合理的群体大小，使光能得到最大限度的利用，是作物高产栽培的重要措施之一。另外，株行距的变化也会引起冠层内部的受光条件的改变，研究表明小行距有利于提高冠层的光截获（Taylor et al.，1982；Flenet et al.，1996；杨文平等，2008）。王才斌等（1999）研究表明，花生2行种植与3行种植相比，能够改善花生冠层内部的透光性，提高群体的光合速率和干物质生产；宋伟等（2011）研究表明，相同密度下，扩大行距和大小行种植方式有利于增加冠层内部的透光率。单粒精播改传统的每穴双粒为每穴单粒，同时适当减少穴距扩大株距，在田间配置上使花生的植株分布更加均匀，有效提高了冠层透光率，改善了不同层次的受光条件，减少了漏光损失，有效地提高了光能利用率。传统双粒穴播下，植株密度较大，田间配置不均匀，同穴双株之间竞争激烈，造成叶片互相郁蔽，透光、透气性差。单粒精播可明显提高生育期内的冠层温度和 CO_2 浓度，降低空气相对湿度，生育后期更加显著。单粒精播能有效改善群体生长的冠层微环境，延缓冠层下部叶片的衰老与脱落，提高不同层次叶片的光合性能，充分利用不同层次的光资源，保证花生产量的提高（梁晓艳等，2015）。

冠层温度和冠层相对湿度综合性地反映了作物冠层内部的环境状况，是在群体内、

外在因素的共同作用下形成的（王旭清等，2005b）。一般认为合理栽培能有效改善冠层内部小气候因子，提高地温，增加冠层内部通风透气性，降低群体内部湿度，有利于减少病虫害的发生并延缓后期衰老（高虹等，1997；李东广和余辉，2008）。单粒精播明显提高了花生生育期内的冠层温度，降低了空气相对湿度，在结荚期较为显著。传统双粒穴播模式下，密度较大，田间配置不均匀，同穴双株之间竞争激烈，造成叶片互相郁蔽，透光透气性差。冠层内部接受有效辐射少，气流交换不通畅，导致冠层内部温度较低，湿度较大，不利于冠层微环境质量的提高。另外，双粒穴播模式下花生的冠层CO_2浓度明显低于单粒精播模式，由此可以看出，单粒精播模式有效地改善了花生的田间配置，优化了群体结构，改善了群体内部不同冠层部位的透光性，提高了冠层温度，增强了群体之间的通风透气性，降低了过高的冠层内部湿度，有效改善了群体生长的冠层微环境，延缓了冠层下部叶片的衰老与脱落，提高了不同层次叶片的光合性能，充分利用了不同层次的光资源，增加了光合产物的合成与积累，为荚果库产量的提高提供充足的叶源数量（梁晓艳，2016）。

二、单粒精播对花生植株农艺性状的影响

植株农艺性状是判断植株生长发育好坏和能否获得高产的重要指标。个体生长健壮、群体发育良好是作物实现高产的基础。合理的密度和田间配置能使植株个体发育良好，群体结构合理，从而优化对外界环境因子的调控（尹田夫，1983）。植株高度是花生植株重要农艺性状之一，它直接关系着花生冠层透光状况及植株抗倒伏性，一般情况下，土壤肥水条件较好、温度高、群体密度较大，均能促进主茎高及侧枝长的增加，植株高度在一定程度上可反映花生植株个体发育状况，但是过高或过低的植株高度均不利于花生产量的提高。一般认为，丛生型品种主茎高度在40~50cm为宜，超过50cm存在旺长趋势，应采取一定措施以防倒伏；主茎高度不足30cm，表明植株营养发育不良，应采取以促为主的栽培措施（王才斌和万书波，2011）。中密度（22.5万粒/hm²）单粒精播处理植株主茎高度与传统双粒播之间无明显差异，均在适宜密度范围之内；高密度（27万粒/hm²）单粒精播模式下花生主茎高度超过50cm，明显高于对照，有旺长趋势；低密度（18万粒/hm²）条件下主茎高度有所降低，但高于40cm，由此可见，由传统双粒播种改为单粒播种，同时适当降低密度，有利于控制植株高度，防止由于密度过高造成的植株旺长，不利于合理群体结构的构建（梁晓艳，2016）。

花生分枝数的多少一定程度上反映了植株的健壮程度及生产能力，分枝数的多少受种植方式及种植密度的影响较大。孙玉桃等（2007）研究表明花生穴播3粒或穴播2粒，均会造成个体间拥挤，从而抑制植株分枝数的增加，而单粒穴播有利于促进分枝数的增加；而且还有研究表明，分枝数的多少与种植密度负相关，密度过大时分枝不发生（翟云龙，2005；张富厚，2006），可能是因为密度过大，植株间为了竞争光照而发生徒长，分枝数的生长则相对受到抑制。通过不同密度单粒精播处理发现，中密度（22.5万粒/hm²）和低密度（18万粒/hm²）单粒精播处理对花生分枝数影响较为明显，高密度（27万粒/hm²）单粒精播处理影响不大，这说明花生分枝数的变化受播种方式和密度的共同调控，改传统双粒播种为单粒播种的同时须适当降低密度才能有效增

加花生的分枝数量（梁晓艳，2016）。花生生育前期主茎绿叶数反应了花生的生长发育状况，生育后期主茎绿叶数的多少反应了花生的衰老状况，梁晓艳（2016）研究发现，生育前期单粒精播处理花生主茎绿叶数高于传统双粒穴播，生育后期高密度单粒精播处理叶片衰减速度较快，主茎绿叶数下降迅速，而中密度和低密度单粒精播条件下叶片衰老缓慢，生育后期主茎绿叶数明显高于对照。可见，适当降低密度的单粒精播处理有利于延缓生育后期叶片的衰老脱落，增加有效光合作用的叶片数量。

三、单粒精播对花生群体光合特性的影响

叶片是作物进行光合作用、制造有机物的重要场所，叶面积系数（LAI）作为反映作物群体质量的重要指标，直接影响作物产量的高低，它不仅对群体的光分布、光能利用、作物蒸腾蒸发、干物质积累及产量形成有显著影响，而且还是评估作物蒸腾时蒸发量及建立作物生长模型的最重要生理参数（李举华等，2008）。叶面积系数受单株叶面积和群体密度共同影响，单株叶面积增加或者群体密度增加都能提高花生叶面积系数，而单株叶面积的多少与植株发育状况有密切关系，都受种植方式和种植密度的调控。叶面积系数越大，光照截获量就越高，漏射到地面的光就越少，但叶面积系数的不断增大，会造成冠层对光的遮挡率过高，导致冠层下部叶片受光条件差，不能达到光饱和点，进而增加了叶片的呼吸消耗，不利于光合产物的合成与积累；而叶面积系数过小则会造成大量光照射到地面而损失浪费，使群体同化产物的总量降低（王晓林等，2003；李艳大等，2010）。因此，建立一个适宜的群体叶面积系数能有效提高光合产物的积累及光资源的充分利用。王才斌等（1992）研究表明，高产品种的叶面积发展动态都较为合理，存在一个较高的叶面积系数峰值，合理的 LAI 变化动态。叶面积指数峰值持续时间长是超高产花生的一个显著特点（王才斌等，2004）。单粒精播花生单株叶面积在幼苗期与双粒穴播相比差异甚小，进入花针期以后，差异逐渐显现，在出苗后的80~100d 差异最为明显。单粒精播在单株叶面积盛期可达到 1 801.2~1 929.6cm²/株，双粒穴播同期仅为 1 126.3~1 202.8cm²/株，前者比后者高 59.9%~60.4%；全生育期单株叶面积前者平均 1 175.3cm²/株，后者平均 832.8cm²/株，前者比后者高 41.1%（李安东等，2004）。郑亚萍等（2003）对超高产花生群体特征研究表明，山东春花生 LAI 峰值出现在饱果期，峰值期 LAI>5。单粒精播群体高光效能力显著增强，最大 LAI 比双粒穴播提高 9.8%，峰值持续期平均延长 13d 左右，群体光合速率提高 17.0%。夏直播花生 LAI 峰值也出现在饱果期，单粒精播的 LAI 最高为 4.81，显著高于双粒穴播的最高值 4.38，而双粒穴播由于生育后期落叶较重使叶面积指数低于单粒精播（张佳蕾等，2016a）。

四、单粒精播对花生干物质积累的影响

干物质积累是作物群体质量的重要指标之一，在花生的整个生育期，干物质积累过程均呈 S 型曲线特征，虽然盛花期之前是营养生长的主要阶段，也是干物质积累的重要时期，但是，研究表明盛花期之后，干物质的积累量占总干物质积累量的 68.84%，对花生经济产量的的影响最大（杜红等，2005）；王才斌和万书波（2011）研究也表明，

花生生育后期较高的干物质积累量是花生高产群体的重要特征之一，对经济产量的贡献率较高。单粒精播条件下，不同密度处理对花生单株干物质积累量均有不同程度的增加，随着密度的降低，增加幅度加大，从群体干物质积累量看，不同处理之间的差异有所不同，高密度（27 万粒/hm²）单粒精播处理在整个生育期内，干物质积累量与对照相比都具有明显的优势，这说明在密度不变的情况下，由双粒穴播改为单粒精播有利于花生单株及群体干物质的积累；中密度（22.5 万粒/hm²）的单粒精播处理虽然密度有所降低，但是群体干物质积累量并没有降低，到生育后期干物质积累甚至高于对照，这说明中密度单粒精播条件下，花生单株干物质积累量的增加大于密度降低带来的干物质损失，尤其生育后期较高的干物质积累量，对荚果产量的提高提供了重要物质基础。低密度（18 万粒/hm²）单粒精播处理，虽然单株干物质积累量显著增加，但由于密度过小，群体干物质积累量相对不足。由此可见，提高花生群体的干物质积累，不仅要采取合理的播种方式，而且要采取适宜的种植密度，保证花生生育期内较高干物质积累量及稳定的干物质增长速率，尤其是生育后期较高的干物质积累能力，对高产条件下花生产量的进一步提高具有重要意义（梁晓艳，2016）。

五、单粒精播对花生成针动态的影响

花生一生中开花很多，但相当大一部分未能形成果针，一般情况下成针率只有30%~70%（王才斌和万书波，2011）。花生果针（含子房柄）的多少直接影响了花生结果数和产量（张俊等，2015a）。花生开花时期不同，成针率和成果率也不同，一般情况下，初花期和盛花期开的花成针率较高，分别为83.4%~89.5%，成果率也较高，为55.2%~56.5%，结荚期之后开的花成针率非常低（甄志高等，2007）；Senoo（2004）的研究也表明，花生开花期越早，成针及结荚率越高。花生果针数除了受品种及遗传因素的影响外，还受各种环境及栽培因素的影响，研究表明，密度增加时，成针率呈下降趋势。梁晓艳（2016）通过调查统计发现，单粒精播条件下，适当降低密度能有效增加花生的果针总数及果针入土率，而且，果针下扎比较集中，出苗后30~70d果针数量的迅速增加，有利于提高果针的成果率。

六、单粒精播对荚果库发育及源库关系的影响

作物品种的源库特征与产量形成关系是对一定生态环境与栽培条件的反映，通过合理的栽培措施，实现源、库关系的协调是作物获得高产的生理基础（周海燕等，2007），而种植方式和密度是调节作物源库特征及产量形成的有效栽培措施。充足的光合源和较大的库容量是作物高产的重要特征，其中，库容量的大小，一定程度上决定了作物经济产量的大小，而库容量的大小除了受品种本身特性影响外，主要受种植密度的影响，随着种植密度的增加，作物群体库容量增加，但是，密度过大，不利于库的充实与饱满（雷逢进等，2013）。研究表明，随密度增加单穗粒数和粒重都会有不同程度下降（江龙等，1999；关义新等，2000；郭玉秋等，2002）。因此，在一定的生态环境条件下，根据作物品种特性，采用合理的种植方式与密度，建立大小适宜的库容量，协调好源—库之间关系，是作物产量提高的重要途径。

（一）单粒精播对花生荚果库容量的影响

从花生产量构成因素看，经济产量＝单位面积结果数×果重（黄玉茜等，2011）。果重可以通过增加荚果体积和提高荚果饱满度实现，而单位面积结果数是反应花生库容量大小的重要指标，增加花生库容量有两条途径，一是增加花生群体密度，二是提高花生单株结果数，而随着密度的增加花生单株结果数呈下降的趋势，而且密度过高容易造成群体竞争加剧，导致生育后期出现早衰现象，从而不利于荚果的充实与饱满，降低果重。花生是单株生产力较大的作物，因此，通过充分发挥单株生产力，提高花生单株结果数是提高花生产量的一条切实可行的途径。花生单粒精播技术是改传统双粒播为单粒播的基础上，适当降低密度，通过增加单株结果数来弥补密度降低带来的群体结果数的减少。适宜密度单粒精播（22.5万穴/hm²）与双粒穴播相比单株结果数显著增加，经济系数提高8.3%~10.6%，荚果产量提高8.1%~11.4%（梁晓艳等，2015，2016）。从群体荚果干物质积累量看，高密度（27万粒/hm²）单粒精播处理在荚果发育前期具有一定优势，到荚果发育后期，荚果干物质积累速率迅速降低，导致后期荚果干物质积累量增加缓慢，不能满足扩库后所有荚果的充实与饱满，而中密度（22.5万粒/hm²）单粒精播处理，始终保持平稳的增长态势，保证了荚果发育后期荚果的充实与饱满，由此可见，适宜密度的单粒精播不仅有利于花生荚果库容量的扩增，而且有利于荚果库的充实与饱满，进而实现花生群体产量的提高。

（二）单粒精播对花生源库关系的影响

从源库协调的理论分析，花生产量的提高必须通过增源、扩库，协调源库关系来实现，而花生源库特征的形成除了受花生品种特性影响外，很大程度上取决于栽培措施，而通过调节种植方式与密度建立合理的群体结构来实现花生产量的提高，是一条切实可行的高产栽培措施。目前，花生高产栽培生产上面临的主要问题就是生育后期源不足，生育中后期花生群体源质量与数量的下降，是限制花生产量提高的主要因素。

单粒精播技术通过改变播种方式及密度，调节植株的田间分布状况，建立合理的群体结构。一方面，单粒精播促进了花生苗期的苗壮发育，增加了花生的有效分枝数，显著提高了花针期的有效开花数及有效果针数，通过单株结果数的增加来弥补密度降低带来的库容量减少的问题；另一方面，适宜的精播密度缓解了群体与个体间矛盾，优化了生育后期群体的冠层微环境，延缓了生育后期叶片的衰老脱落，使生育后期花生源的质量和数量保持一个缓慢下降的趋势，提高了生育后期叶源的光合同化物的供给能力，保证了荚果库的充实与饱满，提高了荚果干重。从源库协调关系的角度分析，适宜密度单粒精播高产的作用机理是：前期以增源扩库为主，后期主要以增源为主，整个生育过程中源库协调发展，最终实现产量的提高；而密度过高，容易造成前期营养生长旺盛，后期叶片过早衰老脱落，叶源数量下降过快，造成后期源数量的不足，源库比例失调，不利于荚果的充实饱满及产量的提高；而密度过低，容易造成前期叶源数量不足，不能满足荚果库对光合产物的需求。对于生产潜力较高的大粒品种花育22，在单粒精播密度为22.5万粒/hm²的条件下，花生源库比例协调发展，尤其是生育后期充足的叶源供应水平，保证了荚果的充实与饱满，充分发挥了该品种的生产潜力，从而实现了花生产量的提高。适宜密度单粒精播条件下花生籽仁品质的提高主要是在提高荚果的成熟度及饱果率的基础上实现的，荚果的成熟与饱满，离不开生育后期高效的籽粒库代谢活性，高效的籽粒库代谢活性促进了籽仁中脂肪、蛋白质及各种氨基酸的合成，进而提高了花生籽仁品质（梁晓艳，2016）。

七、单粒精播对产量构成因素的影响

孙彦浩等（1982）指出，建立一个大小适宜、个体发育与群体发展协调的群体结构，争取果多果饱是花生高产栽培的重要任务。双粒穴播虽然具有足够的生物产量，但是由于双株之间竞争激烈，光合生产积累的产物分配在营养器官中过多，导致营养物质向荚果的转移分配率降低，所以经济系数偏低。另外，适宜密度单粒精播的千克果数显著低于双粒穴播，而出仁率显著高于后者。由此可以看出，适宜密度的单粒精播充分发挥出单株生产潜力，提高荚果形成期营养物质向荚果的分配转移率，促进荚果的充实与饱满（梁晓艳等，2015）。超高产条件下，单粒精播花生的荚果产量平均比双粒穴播高13.92%，单株结果数显著增加是增产的原因，单粒精播总果数（幼果除外）最高达到592.5 万粒/hm²（张佳蕾等，2015c），但单粒精播与双粒穴播的千克果数差异不显著。相同播种量前提下，夏直播花生单粒精播和双粒穴播的单株结果数差异不大，但双粒穴播的单株幼果数较多，单株产量差异的关键因素在于单株饱果数的多少。夏花生单粒精播千克果数比双粒穴播低34.2粒，单粒精播荚果产量高于双粒穴播的原因是单株饱果数增多从而增加了单株果重（张佳蕾等，2016a）。高产春花生单粒精播增产的途径主要是提高了单株结果数，而夏花生单粒精播增产途径主要是在单株结果数基本一致前提下提高了饱果率。

第八章　花生栽培精准调控技术

第一节　钙肥调控技术

花生是喜钙作物，需钙量大，仅次于氮、钾，居第三位。与同等产量水平的其他作物相比，约为大豆的 2 倍，玉米的 3 倍，水稻的 5 倍，小麦的 7 倍。钙在花生体内的流动性差，在花生植株一侧施钙，并不能改善另一侧的果实质量。花生根系吸收的钙素，除根系自身生长需要外，主要输送到茎叶，运转到荚果的很少。花生对不同肥料钙的利用率为 4.8%～12.7%。

一、增施钙肥对花生产量和品质的影响

环境胁迫下植物能通过提高胞内游离钙离子浓度使其与钙调素（CaM）结合从而启动一系列生理生化过程，形成细胞的逆境伤害适应机制，从而使 Ca^{2+} 和 CaM 在植物对逆境胁迫的感受、传递、响应和适应过程中起中心作用。国内外对花生 Ca 营养的研究较多，主要涉及 Ca 对花生的生长发育、产量及产量构成因素、籽仁品质的影响，以及形态解剖特征、生理生化特性和分子生物学机理，初步明确了 Ca 对花生荚果发育、抗逆性、产量构成等方面的重要作用（Adams et al., 1993；周卫和林葆，1996，2001；Chamlong et al., 1999；刘秀梅等，2005；Rahman et al., 2006；王才斌等，2008；李岳等，2012）。

（一）钙肥对旱地花生植株性状和产量的影响

我国花生主要分布于干旱和半干旱丘陵地区，由于生长季降水量不均且年度间波动较大，约有 70% 的花生受到不同程度干旱胁迫，干旱引起的花生减产率平均在 20% 以上，是限制花生产量提高的主要因素（姜慧芳和任小平，2004；严美玲等，2007b）。旱地花生施用钙肥显著提高植株的主茎高、侧枝长、分枝数和主茎节数，尤其是能大幅提高分枝数，从而显著提高了生物学产量（表 8-1），奠定了花生经济产量增加的物质基础。不同钙肥施用量相比，T_1 处理对旱地花生植株生长的促进作用要高于 T_2 处理，但差异不显著。钙肥处理的花生在收获期的主茎绿叶数显著高于不施钙处理，说明旱地花生施用钙肥植株保绿性较好，有利于延长叶片光合时间，增加光合产物积累。

表 8-1　钙肥对旱地花生成熟期植株性状的影响（张佳蕾等，2016b）

处理	主茎高（cm）	侧枝长（cm）	分枝数	主茎绿叶数	主茎节数	生物产量（g）
T_0	38.0±1.2b	41.2±0.7b	9.5±0.3b	5.5±0.4b	17.5±0.3b	46.87±3.31b
T_1	41.1±1.4a	43.3±1.5a	11.0±0.8a	7.0±0.6a	18.5±0.6a	52.69±4.17a
T_2	40.2±0.9a	42.5±1.1a	10.5±0.6a	6.5±0.7a	18.2±0.5a	50.02±2.75a

注：T_0、T_1、T_2，每亩施 CaO 0、14kg、28kg。同列不同小写字母表示差异显著（$p<0.05$）

增施钙肥显著增加旱地花生的单株结果数、单株果重、双仁果率、出仁率和荚果产量，对单位面积株数也有所增加（表 8-2）。T_1 处理的荚果产量比 T_0 处理提高了 22.26%，T_2 处理比 T_0 处理增产 18.56%。T_1 处理的双仁果率比 T_0 处理高 4.92 个百分点，出仁率比 T_0 处理高 3.42 个百分点；T_2 处理的双仁果率比 T_0 处理高 5.23 个百分点，出仁率比 T_0 处理高 3.90 个百分点。不同施钙量相比，T_1 与 T_2 处理的单株结果数、单株果重、单位面积株数、双仁果率和出仁率均差异不显著，T_1 处理的荚果产量比 T_2 处理增产 3.12%。

表 8-2　钙肥对旱地花生产量和产量构成因素的影响（张佳蕾等，2016b）

处理	单株结果数	单株果重（g）	单位面积株数	双仁果率（%）	出仁率（%）	荚果产量（kg/hm²）
T_0	11.85±0.94b	22.25±0.96b	14 400±130a	61.87±2.31b	67.51±0.69b	4 727.8±219.1b
T_1	13.50±1.26a	25.97±0.42a	14 900±210a	66.79±3.25a	70.93±0.48a	5 780.1±235.3a
T_2	12.90±0.68a	25.35±0.27a	14 800±90a	67.10±2.79a	71.41±0.65a	5 605.3±176.2a

注：T_0、T_1、T_2，每亩施 CaO 0、14kg、28kg。同列不同小写字母表示差异显著（$p<0.05$）

（二）钙肥对旱地花生生育后期生理特性的影响

1. 保护酶活性和 MDA 含量

钙肥处理均显著提高旱地花生在饱果期和成熟期的叶片保护酶 SOD、POD 和 CAT 活性，显著降低了 MDA 含量（表 8-3）。与 T_0 比较，T_1 和 T_2 处理对饱果期叶片的 SOD 活性平均提高 20.21%，对 POD 活性和 CAT 活性平均提高 23.80% 和 31.36%，两处理对成熟期叶片的 SOD、POD 和 CAT 活性平均提高 31.35%、49.60% 和 114.51%，说明钙肥处理对旱地花生成熟期的叶片保护酶活性影响更大，有利于延缓植株衰老。不同钙肥用量相比，T_2 处理在饱果期的 SOD 活性要显著高于 T_1 处理，POD、CAT 活性差异不显著；而 T_1 处理在成熟期的 CAT 活性要显著高于 T_2 处理，但 SOD、POD 活性以及 MDA 含量差异不显著。

表8-3　钙肥对旱地花生叶片保护酶活性和MDA含量以及净光合速率的影响（张佳蕾等，2016b）

生育期	处理	SOD/ （U/g）	POD/ （△470/g）	CAT/ [mg/（g·min）]	MDA/ （μmol/g）	Photosynthetic rate/[μmol/ （m²·s）]
饱果期	T_0	95.65±7.23c	35.13±5.67b	4.64±0.54b	9.54±1.01a	21.25±0.64b
	T_1	110.32±5.76b	42.53±3.76a	6.21±0.43a	7.97±0.68b	23.67±0.38a
	T_2	119.65±6.85a	44.45±2.89a	5.98±0.65a	7.48±0.75b	23.87±0.52a
成熟期	T_0	38.76±5.28b	25.21±3.18b	1.62±0.28c	12.87±1.23a	15.34±0.48b
	T_1	52.37±3.67a	36.78±4.23a	3.87±0.32a	9.67±0.74b	17.37±0.55a
	T_2	49.45±4.15a	38.65±3.87a	3.08±0.53b	10.12±0.69b	17.68±0.42a

注：T_0、T_1、T_2，每亩施CaO 0、14kg、28kg。同列不同小写字母表示差异显著（$p<0.05$）

2. 净光合速率和叶绿素含量

增施钙肥显著提高旱地花生在饱果期和成熟期的叶片净光合速率（表8-3），显著提高两个生育时期的叶绿素a含量和叶绿素a+b含量（图8-1）。T_1和T_2处理在饱果期的净光合速率分别比T_0提高了11.39%和12.33%，在成熟期的净光合速率分别比T_0提高了13.23%和15.25%；两个施钙处理在饱果期的叶绿素a+b含量分别比T_0增加了13.38%和12.16%，在成熟期的叶绿素a+b含量分别增加了19.64%和21.67%，说明钙肥处理对成熟期的净光合速率和叶绿素a+b含量的提高幅度要高于饱果期，这与钙肥处理对叶片保护酶活性的影响一致。不同钙肥用量相比，T_1和T_2处理在饱果期和成熟期的净光合速率、叶绿素a和叶绿素a+b的含量上差异均较小。

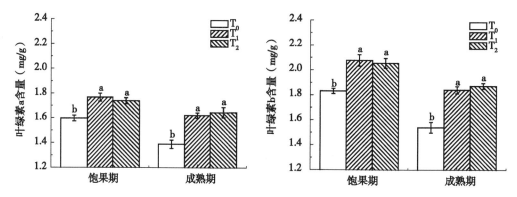

图8-1　钙肥对旱地花生生育后期叶片叶绿素含量的影响（张佳蕾等，2016b）

T_0、T_1、T_2，每亩施CaO 0、14kg、28kg

3. 叶片NR活性和根系活力

增施钙肥处理显著提高了旱地花生饱果期和成熟期叶片NR活性和根系活力（图8-2）。T_1和T_2处理在饱果期的NR活性分别比T_0高34.77%和24.37%，在成熟期的NR分别比T_0高37.58%和41.71%。T_1和T_2处理在饱果期的根系活力分别比T_0高23.61%和28.11%，在成熟期分别比T_0高19.37%和22.65%。不同施钙量相比，T_1处理在饱果期的 NR 活性较高于 T_2 处理，在成熟期略低于后者。T_2 处理在饱果期和成熟期的根系活力均略高于 T_1 处理。

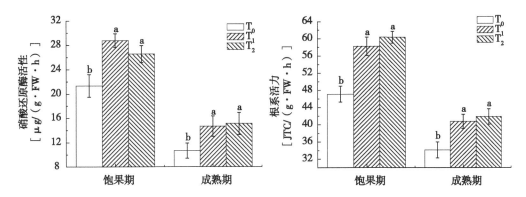

图 8-2　钙肥对旱地花生生育后期叶片 NR 活性和根系活力的影响（张佳蕾等，2016b）

T_0、T_1、T_2，每亩施 CaO 0、14kg、28kg

（三）钙肥对旱地花生饱果期叶绿素荧光参数的影响

叶绿素荧光参数可以反映植物叶片光合系统Ⅱ对光能的吸收和利用情况（Demmig-Adams and Adams，1996）。有研究表明，Ca^{2+} 作为叶绿体 PSⅡ不可缺少的组分在稳定细胞膜结构和维系 PSⅡ的中心活性方面均有重要作用（Minorsky，1985；孙宪芝等，2008）。Ca 不仅能相对增加烤烟幼苗叶片在干旱胁迫下捕获的光能，相对增加被捕获光能用于光合电子传递的量，而且增加了电子传递链中的能量传递，从而提高其抗旱性（张会慧等，2011）。

1. Y（Ⅱ）和 ETR

Y（Ⅱ）是实际光照下的量子产量，即某一光照强度下的实际光合效率，ETR 代表相对光合电子传递速率。不同处理在饱果期的 Y（Ⅱ）和 ETR 大小均表现为 $T_1 > T_2 > T_0$（图 8-3），说明增施钙肥能显著提高旱地花生的光化学效能。

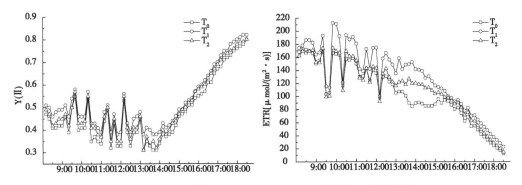

图 8-3　钙肥对旱地花生饱果期 Y（Ⅱ）和 ETR 的影响（张佳蕾等，2016b）

T_0、T_1、T_2，每亩施 CaO 0、14kg、28kg

2. qP 和 qL

qP 和 qL 被称为光化学淬灭，在一定程度上反映了 PS Ⅱ 反应中心的开放程度。各处理在饱果期的 qP 和 qL 日变化趋势与 Y（Ⅱ）相同，不同处理的 qP 和 qL 日变化值均表现为施用钙肥的高于不施钙肥处理，说明增施钙肥能增加 PS Ⅱ 天线色素吸收的光能用于光化学电子传递的份额，有利于光合速率的增强（图8-4）。

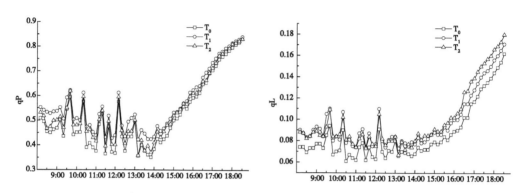

图8-4　钙肥对旱地花生饱果期 qP 和 qL 的影响（张佳蕾等，2016b）

T_0、T_1、T_2，每亩施 CaO 0、14kg、28kg

3. qN 和 NPQ

qN 和 NPQ 为非光化学淬灭，反映的是 PS Ⅱ 天线色素吸收的光能不能用于光合电子传递而以热的形式耗散掉的光能部分。增施钙肥处理在饱果期的 qN 和 NPQ 日变化值要低于不施钙肥处理，同时表现出 T_0 与 T_2 差异较小，而 T_0 与 T_1 差异较显著（图8-5）。不同处理的 qN 和 NPQ 日变化值还表现出在 15 时之前差异较大，而之后差异变小。说明增施钙肥能减少旱地花生的 PS Ⅱ 天线色素吸收的光能以热耗散形式的损失。

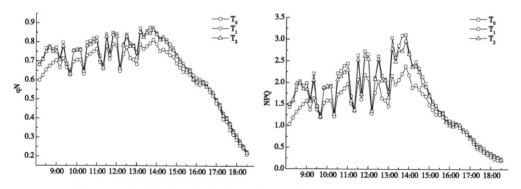

图8-5　钙肥对旱地花生饱果期 qN 和 NPQ 的影响（张佳蕾等，2016b）

T_0、T_1、T_2，每亩施 CaO 0、14kg、28kg

增施钙肥处理使旱地花生叶片 qP 和 qL 显著升高，而 qN 和 NPQ 显著降低，表明钙肥处理促进了叶绿体对光能的吸收和传递，促进了光合作用的原初反应，加快光合电子传递，通过非辐射性热耗散释放 PS Ⅱ 吸收的过多能量减少，使用于光合作用的光能增加，光合作用能力增强，从而增加了旱地花生的荚果产量。增施钙肥通过提高旱地花生的叶片净光合速率和延缓植株衰老从而促进了光合产物积累，显著提高了生物产量和经济产量。

(四) 酸性土增施钙肥对花生产量和品质的影响

我国酸性土壤面积不断扩大，20世纪80年代强酸性土壤（pH值<5.5）的面积约为1.69亿亩，21世纪初已增加到2.26亿亩，化学氮肥的长期过量施用是我国农田土壤加速酸化的主要原因（Guo et al.，2010）。土壤酸化对农作物的影响主要是对根系产生毒害（张福锁，2016），并加速土壤养分的流失，使土壤肥力下降（张翠萍等，2014；于天一等，2014；袁金华和徐仁扣，2012）。研究表明，酸性土壤 pH 值由 5.4 下降至 4.7 时，油菜籽减产达 40%，花生和芝麻的减产幅度为 15% 左右。我国东南沿海花生主要种植于旱砂地，该区域土壤盐基饱和度较低，酸度较大，土壤中钙大量流失，严重影响花生籽粒的发育和产量的形成，甚至导致花生绝产。

酸性土增施钙肥能显著增加花生的荚果产量（表8-4）。两个试验点增施钙肥处理的单株结果数、双仁果率、单株果重、出仁率和荚果产量均显著高于不施钙肥处理，T_1 和 T_2 处理间除了荚果产量差异较大外，单株结果数、双仁果率、单株果重和出仁率差异不显著。文登试验点 T_1 和 T_2 处理分别比 T_0 增产 25.27% 和 18.81%，三庄试验点 T_1 和 T_2 处理分别增产 28.57% 和 24.49%。钙肥对酸性土花生出仁率的影响较大，文登试验点 T_1 和 T_2 处理分别比 T_0 提高 17.22% 和 16.35%，三庄试验点 T_1 和 T_2 处理分别比 T_0 提高 12.97% 和 11.60%，两试验点 T_1 处理的出仁率均高于 T_2 处理。说明酸性土增施钙肥提高产量的原因主要是增加了单株结果数，提高了双仁果率，同时显著提高了籽仁饱满度。

表 8-4 酸性土增施钙肥对花生产量及产量构成因素的影响（张佳蕾等，2015a）

地点	处理	单株结果数	双仁果率（%）	单株产量（g）	出仁率（%）	荚果产量（kg/hm²）	增产（%）
文登（2013）	T_0	8.30b	53.03b	13.25b	50.23b	3 578.36c	—
	T_1	12.75a	64.08a	18.75a	67.45a	4 482.53a	25.27
	T_2	12.30a	62.41a	17.60a	66.58a	4 251.43b	18.81
三庄（2014）	T_0	10.50b	56.58b	14.61b	56.78c	4 085.38c	—
	T_1	14.25a	60.47a	20.94a	69.75a	5 252.63a	28.57
	T_2	13.50a	61.24a	20.10a	68.38b	5 085.88b	24.49

注：T_0、T_1、T_2，每亩施 CaO 0、14kg、28kg。同列不同小写字母表示差异显著（$p<0.05$）

酸性土增施钙肥显著增加了花生籽仁蛋白质和脂肪含量，提高了赖氨酸和总氨基酸含量，增加了油酸相对含量提高了 O/L 值（表8-5）。文登试验点 T_1 和 T_2 处理的籽仁蛋白质含量分别比 T_0 提高 2.11% 和 1.85%，脂肪含量分别提高 2.46% 和 2.68%。三庄试验点 T_1 和 T_2 处理的籽仁蛋白质含量分别比 T_0 提高 1.92% 和 1.26%，脂肪含量分别提高 3.55% 和 2.48%。文登试验点 T_1 和 T_2 处理的蛋白质和脂肪含量差异不显著，而三庄试

验点 T_1 处理的蛋白质和脂肪含量显著高于 T_2 处理。文登试验点 T_1 处理的油酸相对含量显著高于 T_0 和 T_2 处理，亚油酸相对含量显著低于后两者，从而使其 O/L 值显著增高，T_0 和 T_2 处理差异不显著。三庄试验点 T_1 和 T_2 处理的油酸相对含量均显著高于 T_0，其亚油酸相对含量显著低于后者，T_1 和 T_2 处理之间差异不显著。

表 8-5 酸性土增施钙肥对花生籽仁品质的影响（张佳蕾等，2015a）

地点	处理	蛋白质（%）	脂肪（%）	赖氨酸（%）	总氨基酸（%）	油酸（%）	亚油酸（%）	油酸/亚油酸
文登（2013）	T_0	21.19b	50.01b	0.84b	19.46b	45.32b	35.22a	1.29b
	T_1	23.30a	52.47a	0.86b	20.93a	48.09a	32.62b	1.47a
	T_2	23.04a	52.69a	0.91a	21.23a	45.52b	34.28a	1.33b
三庄（2014）	T_0	21.90c	50.29c	0.80b	19.23b	44.97b	35.85a	1.25b
	T_1	23.82a	53.84a	0.87a	20.86a	45.82a	34.11b	1.34a
	T_2	23.16b	52.77b	0.89a	21.15a	45.88a	33.97b	1.35a

注：油酸、亚油酸为相对含量。T_0、T_1、T_2，每亩施 CaO 0、14kg、28kg

（五）酸性土增施钙肥对花生叶片氮代谢酶活性的影响

高等植物体内绝大部分 NH_4^+ 是通过谷氨酰胺合成酶/谷氨酸合成酶（GS/GOGAT）循环同化。而谷氨酸脱氢酶（GDH）主要在植物的衰老过程及逆境如高温和水分胁迫等状况下进行 NH_4^+ 同化功能。施用钙肥提高了花生不同生育时期叶片中 NR、GS 和 GOGAT 等活性，促进植株对氮素的吸收，增加籽仁中蛋白质含量（王媛媛等，2014）。不同浓度的外源 Ca^{2+} 对小麦幼苗氮素代谢的影响表明小麦幼苗不同氮同化途径对 Ca^{2+} 的响应不同，GS 途径比 GDH 途径对小麦氮素同化量的增加作用更大（王志强等，2008）。

1. GS 和 GOGAT 活性

GS 和 GOGAT 是处于氮代谢中心的多功能酶，参与多种氮代谢的调节。增施钙肥处理与不施钙肥处理的花生叶片 GS 和 GOGAT 活性变化趋势基本一致，开花之后其活性先增高后降低（图 8-6）。酸性土增施钙肥显著提高了花生叶片的 GS 和 GOGAT 活性，对 GS 活性提高幅度在生育前期较大，到成熟期略低于不施钙肥处理。将各处理数据拟合成二次方程，曲线拟合效果较好。方程特征系数表明，增施钙肥处理 GS 活性达到峰值时间约在花后 45d，而不施钙肥处理达到峰值时间大约在花后 56d；增施钙肥处理 GOGAT 活性达到峰值时间约在花后 43d，而不施钙肥达到峰值时间约在花后 46d。增施钙肥使 GS 活性达到峰值时间提早 10d 左右，使 GOGAT 活性峰值时间提早 3d 左右，并能较长时间保持较高的活性，有利于氮素积累。两个增施钙肥处理相比，T_1 的 GS 活性明显高于 T_2 处理，而两者的 GOGAT 活性差异较小。

2. GOT 和 GPT 活性

GOT 和 GPT 是植物体内最重要的转氨酶。各处理 GOT 活性变化趋势表现为先降低

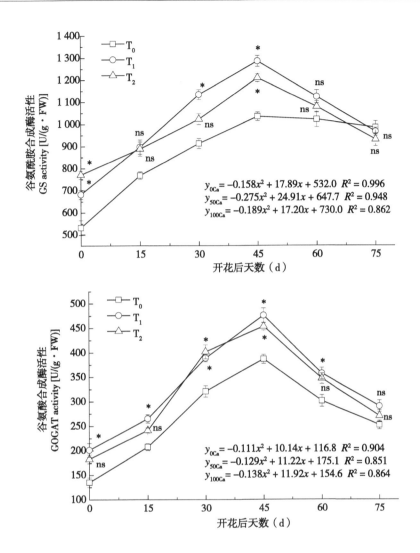

图 8-6　酸性土增施钙肥对花生叶片 GS 和 GOGAT 活性的影响（张佳蕾等，2015a）

T_0、T_1、T_2，每亩施 CaO 0、14kg、28kg

后升高，而 GPT 活性表现为先升高后降低（图 8-7）。增施钙肥处理的 GOT 和 GPT 活性显著高于不施钙肥处理。增施钙肥与不施钙肥处理的 GOT 活性在花后 30d 之前和花后 45d 之后差异较大，而增施钙肥的 GPT 活性在花后 60d 之前较高，花后 75d 时低于不施钙肥处理。GPT 活性方程特征系数表明，T_0 处理的 GPT 活性达到峰值时间约在花后 58d，T_1 与 T_2 处理达到峰值时间约在花后 50d 和 41d，增施钙肥明显早于不施钙肥处理。T_1 与 T_2 处理的 GOT 活性差异较小，而 GPT 活性差异较大，T_2 处理花后 45d 之前显著高于 T_1 处理，花后 60d 之后低于后者。

3. GDH 活性

GDH 对 GS/GOGAT 循环起辅助作用。酸性土花生叶片 GDH 活性与 GS/GOGAT 变

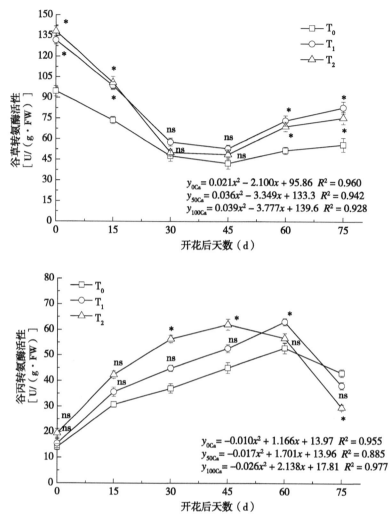

图 8-7 酸性土增施钙肥对花生叶片 GOT 和 GPT 活性的影响（张佳蕾等，2015a）

T_0、T_1、T_2，每亩施 CaO 0、14kg、28kg

化趋势相反，开花后先降低后增高（图 8-8）。不施钙肥处理的各时期 GDH 活性均显著高于施钙处理，T_0 处理在花后 45d 时 GDH 活性分别比 T_1 和 T_2 处理高 34.66% 和 54.40%。T_1 与 T_2 处理的 GDH 活性差异较小。生育后期各处理的 GDH 活性增大的原因是花生开始衰老，GS/GOGAT 同化作用变小，植株主要依靠 GDH 途径进行氮素同化。

（六）酸性土增施钙肥对花生叶片碳代谢酶活性的影响

1. PEPCase 活性

PEP 羧化酶是植物体内碳同化的关键酶。酸性土花生不施钙肥与增施钙肥处理的 PEPCase 活性变化趋势不同，前者变化比较平稳，从开花后活性逐渐增强，生育后期也保持较高活性，后者变化趋势呈抛物线型，在花后 30d 达到最大后开始降低（图 8-8）。

增施钙肥处理的 PEPCase 活性在花后 45d 之前明显高于不施钙肥处理，之后活性降低较快，到花后 60d 之后显著低于不施钙肥处理。增施钙肥的两个处理相比，T_1 在花后 30d 之前 PEPCase 活性显著高于 T_2，花后 45d 之后差异较小。方程特征系数表明，T_1 处理 PEPCase 活性达到峰值时间约在花后 33d，略早于 T_2 处理。

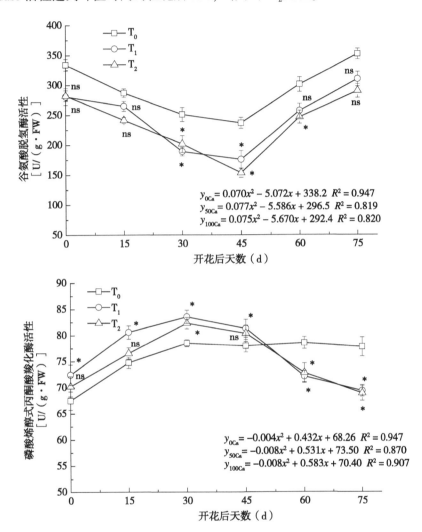

$$y_{0Ca} = 0.070x^2 - 5.072x + 338.2 \quad R^2 = 0.947$$
$$y_{50Ca} = 0.077x^2 - 5.586x + 296.5 \quad R^2 = 0.819$$
$$y_{100Ca} = 0.075x^2 - 5.670x + 292.4 \quad R^2 = 0.820$$

$$y_{0Ca} = -0.004x^2 + 0.432x + 68.26 \quad R^2 = 0.947$$
$$y_{50Ca} = -0.008x^2 + 0.531x + 73.50 \quad R^2 = 0.870$$
$$y_{100Ca} = -0.008x^2 + 0.583x + 70.40 \quad R^2 = 0.907$$

图 8-8　酸性土增施钙肥对花生叶片 GDH 和 PEPCase 活性的影响（张佳蕾等，2015a）

T_0、T_1、T_2，每亩施 CaO 0、14kg、28kg

2. SS 和 SPS 活性

SPS 催化的蔗糖合成途径是叶片蔗糖合成的主要途径，有些学者认为光合器官中 SS 也具有较强的催化蔗糖合成的能力。酸性土花生叶片的 SS 和 SPS 活性变化趋势基本相同，随生育期推进表现为先增高后降低（图 8-9）。增施钙肥处理的 SS 和 SPS 在生育前期的活性显著高于不施钙肥处理，T_1 处理的 SS 和 SPS 活性要高于 T_2 处理。T_1 和 T_2 处理的 SS 活性在花后 45d 之前显著高于 T_0，之后活性下降速率较快，花后 60d 之后低

于 T_0。与 SS 表现基本一致，T_1 和 T_2 处理的 SPS 活性在生育前期较高，花后 30d 至花后 45d（荚果膨大充实期）差异显著，花后 75d 时其活性显著低于 T_0。SS 和 SPS 活性变化曲线拟合效果良好，方程特征系数表明，酸性土增施钙肥花生叶片的 SS 和 SPS 活性达到峰值时间明显早于不施钙肥处理（SS 平均提早 10d，SPS 平均提早 12d）。

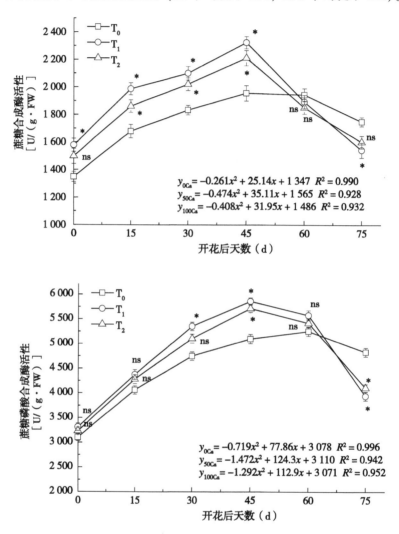

图 8-9　酸性土增施钙肥对花生叶片 SS 和 SPS 活性的影响（张佳蕾等，2015a）

T_0、T_1、T_2，每亩施 CaO 0、14kg、28kg

酸性土增施钙肥能显著提高花生叶片 GS、GOGAT、GPT 等氮代谢关键酶活性和 PEPCase、SS、SPS 等碳代谢关键酶活性，延长了酶活性峰值持续期，促进光合产物向蛋白质和脂肪转化，同时提高了籽仁的饱满度，这是增施钙肥提高蛋白质和脂肪含量的主要原因。

二、钙素活化技术

在土壤钙素营养方面的研究表明，单纯提高钙肥的施用量，虽然土壤中钙含量显著提高，但水溶性钙和交换性钙的淋溶率较高（刘晶晶等，2005），应综合分析影响钙素营养的各种因素，选择适宜的钙肥种类、施钙方式和时期（张大庚等，2012；李鹏，2017；陈建国等，2008）。沿海地区酸性土壤表层钙素淋失率较大，改良酸性土壤的常用方法是施用石灰等碱性物质直接中和土壤酸度，该方法是改良酸性土壤的传统和有效的方法，但也存在一些问题。长期大量施用石灰会导致土壤板结和养分不平衡，因为石灰仅提供养分钙，而大量的钙会导致土壤镁、钾缺乏以及磷有效性下降。并且石灰在土壤中的移动性差，仅能中和20cm以上表层土壤的酸度，对20cm以下的表下层和底层土壤基本无效。而植物根系可深达40~60cm的土层，表下层土壤酸度的改良与表层土壤同等重要。土壤酸化伴随着土壤肥力退化，土壤酸度改良必须与土壤肥力提升同步进行。将石灰等无机改良剂与有机肥、秸秆或秸秆生物质炭按一定的比例配合施用，不仅可以中和土壤酸度，还能同时提高土壤肥力，保持土壤养分平衡。有研究表明，混施有机肥与微生物肥可以不同程度地增加土壤中速效N、有效P和有效K的含量（褚长彬等，2012），显著提高作物产量和品质（沈宝云等，2011；钱建民等，2015；陈惠哲等，2010），但微生物肥对土壤钙素影响的研究较少。因此通过研究不同肥料配施对土壤钙素活化度影响，提高有效钙含量和荚果产量及品质，对肥料减施和花生增产具有重要指导意义。

（一）不同肥料配施对酸性土壤钙素活化的影响

1. 水溶性钙含量

土壤中对植物有效的钙素包括水溶性钙和交换性钙，与作物生长相关性较好。不同肥料配施的0~20cm、20~40cm土层的水溶性钙含量变化规律基本一致（图8-10）。与单施无机肥相比，无机肥/有机肥配施和无机肥/有机肥/微生物肥配施均提高了水溶性钙含量，其中无机肥/有机肥配施处理比单施无机肥处理整个生育期0~20cm的水溶性钙含量提高48.13%，20~40cm提高21.78%；无机肥/有机肥/微生物肥配施比单施无机肥处理0~20cm提高66.50%，20~40cm提高61.41%。与不施钙肥处理相比，增施钙肥处理均显著提高了0~20，20~40cm土层中水溶性钙含量，其中无机肥/熟石灰配施比单施无机肥处理整个生育期0~20cm的水溶性钙含量提高1.21倍，20~40cm提高1.16倍；无机肥/有机肥/熟石灰配施比无机肥/有机肥配施处理0~20cm提高1.42倍，20~40cm提高2.03倍；无机肥/有机肥/微生物肥/熟石灰配施比无机肥/有机肥/微生物肥配施处理0~20cm提高1.63倍，20~40cm提高1.85倍。3个增施钙肥处理相比，无机肥/有机肥/微生物肥/熟石灰配施的水溶性钙含量最高，其次是无机肥/有机肥/熟石灰配施处理，两者水溶性钙含量均显著高于无机肥/熟石灰配施处理。

2. 交换性钙含量

酸性土中交换性钙含量高于水溶性钙含量，不同肥料配施的0~20cm和20~40cm土层的交换性钙含量变化规律也基本一致（图8-11）。与单施无机肥相比，无机肥/有

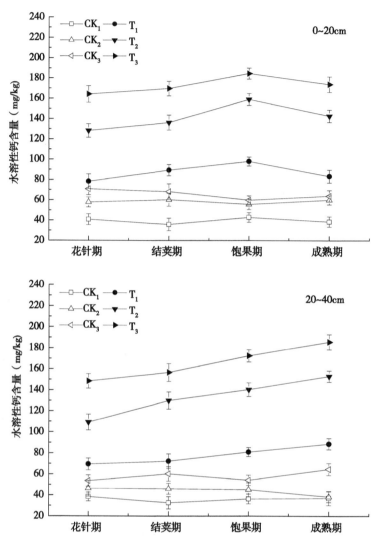

图 8-10　不同肥料配施对酸性土壤水溶性钙含量的影响（张佳蕾等，2018a）

CK$_1$：单施无机肥；T$_1$：无机肥/熟石灰配施；CK$_2$：无机肥/有机肥配施；

T$_2$：无机肥/有机肥/熟石灰配施；CK$_3$：无机肥/有机肥/微生物肥配施；T$_3$：无

机肥/有机肥/微生物肥/熟石灰配施

机肥配施和无机肥/有机肥/微生物肥配施均提高了交换性钙含量，其中无机肥/有机肥配施比单施无机肥处理 0～20cm 的交换性钙含量平均提高 39.12%，20～40cm 提高 37.18%；无机肥/有机肥/微生物肥配施各生育期平均比单施无机肥处理 0～20cm 提高 60.88%，20～40cm 提高 62.45%。与不施钙肥处理相比，增施钙肥处理均显著提高了 0～20cm 和 20～40cm 土层中交换性钙含量，其中无机肥/熟石灰配施比单施无机肥处理 0～20cm 的交换性钙含量平均提高 1.20 倍，20～40cm 提高 1.25 倍；无机肥/有机肥/熟石灰配施比无机肥/有机肥配施处理 0～20cm 提高 1.53 倍，20～40cm 提高 1.71 倍；无机肥/有机肥/微生物肥/熟石灰配施比无机肥/有机肥/微生物肥配施处理0~20cm提高1.74倍，20~40cm提高1.87倍。与对水溶性钙含量影响一致，3个增施钙肥处理以无机肥/有机肥/微生物肥/熟石灰配施的交换性钙含量最高，其次是无机肥/有机肥/熟石灰配施处理，两者交换性钙含量均显著高于无机肥/熟石灰配施处理。

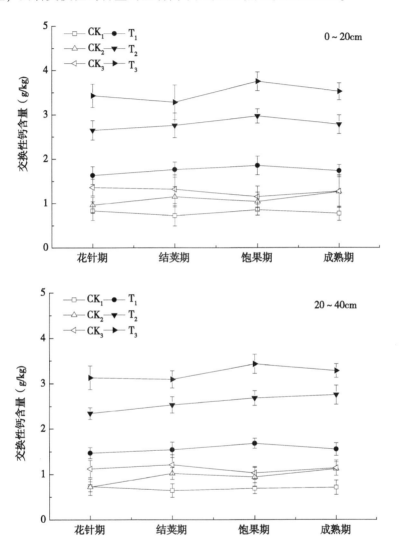

图8-11 不同肥料配施对酸性土壤交换性钙含量的影响（张佳蕾等，2018a）

CK_1：单施无机肥；T_1：无机肥/熟石灰配施；CK_2：无机肥/有机肥配施；

T_2：无机肥/有机肥/熟石灰配施；CK_3：无机肥/有机肥/微生物肥配施；T_3：无

机肥/有机肥/微生物肥/熟石灰配施

不同肥料配施对酸性土壤水溶性钙和交换性钙含量的影响表明，增施有机肥和微生物肥（CK_2、CK_3）可在一定程度上增加酸性土壤中有效钙含量，但增加幅度较小，而无机肥和熟石灰配施（T_1）对有效钙活化效果也不理想。本试验条件下，无机肥/有机肥/熟石灰配施（T$_2$）和无机肥/有机肥/微生物肥/熟石灰配施（T$_3$）能显著提高水溶性钙和交换性钙含量，尤其是T$_3$处理对钙素活化作用最强。

（二）不同肥料配施对酸性土花生植株性状的影响

不同肥料配施与单施无机肥相比，均显著提高了酸性土花生的主茎高、侧枝长、分枝数、主茎节数、主茎绿叶数、叶面积指数和单株干物质重（表8-6，图8-12）。无机肥/熟石灰配施比单施无机肥处理成熟期的主茎高提高8.62%，分枝数提高6.94%，主茎绿叶数提高23.08%，根茎干重提高17.46%，叶干重提高25.66%，各生育期平均叶面积指数提高9.50%；无机肥/有机肥/熟石灰配施比无机肥/有机肥配施成熟期的主茎高提高9.61%，分枝数提高7.86%，主茎绿叶数提高28.20%，根茎干重提高23.07%，叶干重提高23.88%，各生育期平均叶面积指数提高15.59%；无机肥/有机肥/微生物肥/熟石灰配施比无机肥/有机肥/微生物肥配施成熟期的主茎高提高5.60%，分枝数提高4.97%，主茎绿叶数提高21.82%，根茎干重提高17.39%，叶干重提高17.82%，各生育期平均叶面积指数提高14.46%。无机肥/有机肥/熟石灰配施比单施无机肥成熟期的干物质重提高54.01%，各生育期平均叶面积指数提高31.49%；无机肥/有机肥/微生物肥/熟石灰配施比单施无机肥成熟期的干物质重提高57.64%，各生育期平均叶面积指数提高36.53%。无机肥与有机肥和微生物肥配施及增施钙肥均具有塑造高产株型的作用。

表8-6　不同肥料配施对酸性土花生成熟期植株性状影响（张佳蕾等，2018a）

处理	主茎高（cm）	侧枝长（cm）	分枝数（条）	主茎节数（个）	主茎绿叶数（个）	根茎干重（g）	叶干重（g）
CK$_1$	36.53d	39.45c	9.65c	15.24d	6.50d	14.83d	11.30d
T$_1$	39.68c	42.38b	10.32b	17.35c	8.00c	17.42c	14.20c
CK$_2$	39.43c	43.03b	10.43b	18.37b	8.83bc	18.64bc	15.62bc
T$_2$	43.22ab	49.12a	11.25a	18.64b	11.32a	22.94a	19.35a
CK$_3$	42.17b	44.63b	10.67b	19.35ab	9.58b	19.49b	16.78b
T$_3$	44.53a	48.35a	11.20a	20.46a	11.67a	22.88a	19.77a

CK$_1$：单施无机肥；T$_1$：无机肥/熟石灰配施；CK$_2$：无机肥/有机肥配施；T$_2$：无机肥/有机肥/熟石灰配施；CK$_3$：无机肥/有机肥/微生物肥配施；T$_3$：无机肥/有机肥/微生物肥/熟石灰配施

（三）不同肥料配施对酸性土花生产量及产量构成因素的影响

不同肥料配施均提高了酸性土花生的单株结果数、单株饱果数、单株果重，显著提高了荚果产量和出仁率，增施钙肥处理比不施钙肥处理的实收株数也有所增加（表8-7）。无机肥/熟石灰配施比单施无机肥单株结果数增加16.42%，单株果重增加19.29%，实收株数增加1.42%，荚果产量增加21.39%；无机肥/有机肥/熟石灰配施比无机肥/有机肥配施单株结果数增加6.39%，单株果重增加11.54%，实收株数增加

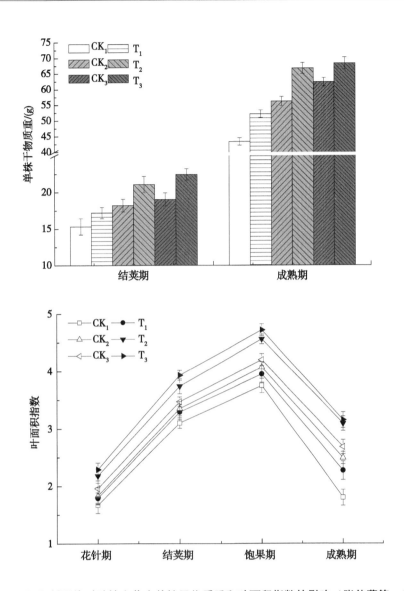

图 8-12 不同肥料配施对酸性土花生单株干物质重和叶面积指数的影响（张佳蕾等，2018a）

CK_1：单施无机肥；T_1：无机肥/熟石灰配施；CK_2：无机肥/有机肥配施；T_2：无机肥/有机肥/熟石灰配施；CK_3：无机肥/有机肥/微生物肥配施；T_3：无机肥/有机肥/微生物肥/熟石灰配施

1.82%，荚果产量增加 12.69%；无机肥/有机肥/微生物肥/熟石灰配施比无机肥/有机肥/微生物肥配施单株结果数增加 5.47%，单株果重增加 13.43%，实收株数增加 1.41%，荚果产量增加 14.38%。配施效果最好的是无机肥/有机肥/微生物肥/熟石灰（T_3）处理，比单施无机肥增产达到 52.52%，出仁率也提高 4.43 个百分点，籽仁产量达到 4 074.18kg/hm^2。不同肥料配施增产的主要原因是增加了单株结果数、提高了荚果饱满度。

表 8-7　不同肥料配施对酸性土花生产量及其构成因素影响（张佳蕾等，2018a）

处理	荚果产量 （kg/hm²）	增产 （%）	实收株数 （万株/hm²）	单株结果数 （个）	单株饱果数 （个）	单株果重 （g）	出仁率 （%）
CK₁	3 828.10e		22.53b	9.62d	4.57d	17.21e	65.35d
T₁	4 646.85d	21.39	22.85a	11.20c	6.63bc	20.53d	67.86c
CK₂	4 935.20c		22.55b	11.58bc	6.11c	21.93c	67.48c
T₂	5 561.25b	12.69	22.96a	12.32a	8.23a	24.46b	68.75b
CK₃	5 104.65c		22.72ab	11.88ab	6.86b	22.63c	68.03bc
T₃	5 838.60a	14.38	23.04a	12.53a	8.75a	25.67a	69.78a

CK₁：单施无机肥；T₁：无机肥/熟石灰配施；CK₂：无机肥/有机肥配施；T₂：无机肥/有机肥/熟石灰配施；CK₃：无机肥/有机肥/微生物肥配施；T₃：无机肥/有机肥/微生物肥/熟石灰配施

（四）不同肥料配施对酸性土花生籽仁品质的影响

不同肥料配施均提高了酸性土花生籽仁蛋白质、赖氨酸和总氨基酸含量，提高了脂肪含量和油酸相对含量以及 O/L 值（表 8-8）。无机肥/熟石灰配施比单施无机肥的蛋白质含量提高 1.07 个百分点，脂肪含量提高 0.83 个百分点，O/L 值提高 10.94%；无机肥/有机肥/熟石灰配施比无机肥/有机肥配施的蛋白质含量提高 1.08 个百分点，脂肪含量提高 0.98 个百分点，O/L 值提高 9.77%；无机肥/有机肥/微生物肥/熟石灰配施比无机肥/有机肥/微生物肥配施的蛋白质含量提高 0.93 个百分点，脂肪含量提高 0.78 个百分点，O/L 值提高 8.09%。无机肥/有机肥/微生物肥/熟石灰配施比单施无机肥的蛋白质、脂肪、赖氨酸和总氨基酸含量分别提高 1.60、1.94、0.12 和 1.61 个百分点，O/L 值提高 14.84%。

表 8-8　不同肥料配施对酸性土花生籽仁品质的影响（张佳蕾等，2018a）

处理	蛋白质含量（%）	脂肪含量（%）	赖氨酸含量（%）	总氨基酸含量（%）	油酸相对含量（%）	亚油酸相对含量（%）	油酸/亚油酸
CK₁	21.82c	49.62d	0.76c	18.26e	45.22d	35.34a	1.28d
T₁	22.89ab	50.45bc	0.83b	19.13bc	47.41b	33.42c	1.42b
CK₂	22.13bc	50.24c	0.81bc	18.62de	45.92cd	34.48b	1.33c
T₂	23.21a	51.22ab	0.86ab	19.46ab	47.92ab	32.81d	1.46a
CK₃	22.45b	50.78b	0.82b	18.93cd	46.58c	34.24b	1.36c
T₃	23.42a	51.56a	0.88a	19.87a	48.24a	32.76d	1.47a

CK₁：单施无机肥；T₁：无机肥/熟石灰配施；CK₂：无机肥/有机肥配施；T₂：无机肥/有机肥/熟石灰配施；CK₃：无机肥/有机肥/微生物肥配施；T₃：无机肥/有机肥/微生物肥/熟石灰配施

研究结果表明，①无机肥/有机肥配施和无机肥/有机肥/微生物肥配施均能提高酸性土壤中水溶性钙和交换性钙含量。②无机肥/熟石灰、无机肥/有机肥/熟石灰、无机肥/有机肥/微生物肥/熟石灰配施均显著提高了酸性土中水溶性钙和交换性钙含量，但无机肥/熟石灰配施效果较差，而无机肥/有机肥/熟石灰、无机肥/有机肥/微生物肥/熟石灰配施对钙素活化效率较高，能大幅提高酸性土中有效钙含量。③不同肥料配施均能提高酸性土花生的荚果产量，增产原因是增加了单株结果数提高了荚果饱满度，并对成苗率和实收株数有所提高。对酸性土花生荚果产量提高幅度最大的是无机肥/有机肥/微生物肥/熟石灰配施处理。④不同肥料配施均能提高酸性土花生的籽仁蛋白质、总氨基酸、脂肪含量以及 O/L 值，品质改善的原因是增加了光合产物向荚果分配，提高了籽仁饱满度。对酸性土花生籽仁品质改善效果最好的是无机肥/有机肥/微生物肥/熟石灰配施处理。

第二节　"三防三促"技术

一、提早化控对花生生理特性和产量的影响

挖掘作物产量潜力，探索作物高产新途径，实现产量新突破一直是作物科学的艰巨任务。随着作物化学调控技术的发展，利用化控技术塑造作物丰产株型和理想群体结构正在成为实现农作物优质高产追求的目标。花生在高肥水、高密度条件下生育中期易发生植株旺长，生育后期易倒伏、叶片早衰，影响荚果充实度。生产上主要通过喷施植物生长抑制剂来控制株高、延缓衰老，具有明显的增产作用。目前生产上一般在花生主茎高 35~40cm 时进行化控，化控时间偏晚，不利于光合产物合理分配。前期研究表明，多效唑处理能显著提高不同品质类型花生的荚果产量（张佳蕾等，2013，2015d），并且高产条件下花生存在地上部冗余现象，荚果产量在一定范围内与地上部株高呈反比。研究多效唑不同喷施时间对花生产量和品质的影响，阐明提早化控对花生个体发育和群体结构优化的生理基础，对弥补花生化控理论研究不足具有重要意义，为花生高产优质生产提供技术指导。

（一）提早化控对花生生理特性的影响

1. 叶绿素含量

不同时期 PBZ 处理均提高了两品种在结荚期和饱果期的叶片叶绿素 a 和叶绿素 b 含量（表 8-9）。两品种在结荚期的叶绿素含量均表现为 PBZ-1 > PBZ-2 > PBZ-3，表明 PBZ 处理时间越早对结荚期的叶绿素含量提高幅度越大。不同时期 PBZ 处理对两个品种在饱果期的叶绿素含量提高幅度表现不同，HY20 上表现为 PBZ-2 > PBZ-3 > PBZ-1，PBZ-1 与 CK 的叶绿素 a 和叶绿素 b 含量差异不显著，HY25 上表现为 PBZ-1 > PBZ-2 > PBZ-3。说明 PBZ-1 对 HY25 叶绿素含量的提高幅度最大，而 PBZ 处理时间过早对 HY20 在生育后期叶绿素含量有不利影响。

表 8-9　提早化控对花生叶片叶绿素含量的影响（张佳蕾等，2018c）

品种	处理	结荚期			饱果期		
		Chla（mg/g FM）	Chlb（mg/g FM）	Chla+b（mg/g FM）	Chla（mg/g FM）	Chlb（mg/g FM）	Chla+b（mg/g FM）
HY20	CK	1.27c	0.28b	1.54c	0.81c	0.18c	0.99c
	PBZ-1	1.60a	0.35a	1.95a	0.84c	0.19c	1.03c
	PBZ-2	1.45b	0.31b	1.76b	1.49a	0.31a	1.80a
	PBZ-3	1.36bc	0.29b	1.65bc	1.25b	0.26b	1.51b
HY25	CK	1.39d	0.28c	1.67d	1.01c	0.21b	1.22c
	PBZ-1	1.89a	0.44a	2.33a	1.51a	0.33a	1.84a
	PBZ-2	1.74b	0.38b	2.12b	1.49a	0.32a	1.82a
	PBZ-3	1.54c	0.32c	1.87c	1.41b	0.31a	1.72b

HY20：花育 20；HY25：花育 25；CK：对照；PBZ-1：主茎高约 25cm 时喷施多效唑；PBZ-2：主茎高约 30cm 时喷施多效唑；PBZ-3：主茎高约 35cm 时喷施多效唑。同列同一品种不同字母表示差异显著（$P<0.05$）

2. 根系活力

不同时期喷施 PBZ 均提高了两品种在结荚期以及 HY25 在饱果期的根系活力，其中 PBZ-1 提高幅度最大，其次为 PBZ-2（图 9-13）。HY20 的 PBZ-1 处理结荚期根系活力比 CK 提高 24.6%，PBZ-2 处理比 CK 提高 18.3%，均与 CK 差异显著；HY25 的 PBZ-1 处理结荚期根系活力比 CK 提高 29.9%，PBZ-2 处理比 CK 提高 21.6%，PBZ-3 处理也与 CK 差异显著。HY20 在饱果期根系活力以 PBZ-2 处理最高，比 CK 提高 25.1%，其次是 PBZ-3，均与 CK 差异显著，而 PBZ-1 处理根系活力要略低于 CK；HY25 的 PBZ-1 处理饱果期根系活力比 CK 高 24.6%，PBZ-2 处理的饱果期根系活力也显著高于 CK。不同时期 PBZ 处理对两品种根系活力的影响差异与对叶绿素含量的影响表现基本一致。

3. 叶片保护酶活性和 MDA 含量

不同时期 PBZ 处理均提高了两品种在结荚期和饱果期（除 HY20 的 PBZ-1 处理饱果期外）的叶片 SOD、POD 和 CAT 活性，降低了其 MDA 含量（表 8-10）。HY20 在结荚期的 SOD、POD 和 CAT 活性表现为 PBZ-1>PBZ-2>PBZ-3>CK，PBZ-1 的 MDA 含量也最低，而在饱果期的保护酶活性表现为 PBZ-2>PBZ-3>CK>PBZ-1；HY25 在两个生育期的 PBZ-1 和 PBZ-2 处理的 SOD、POD 和 CAT 活性及 MDA 含量均与 CK 差异显著，并且以 PBZ-1 的影响最大，PBZ-3 的影响相对较小。PBZ 处理时间过早降低了 HY20 在生育后期的叶片保护酶活性，加速了植株衰老，而在一定范围内 PBZ 处理时间越早 HY25 的保护酶活性越高，说明大花生 HY25 对较早化控的耐受性较好。

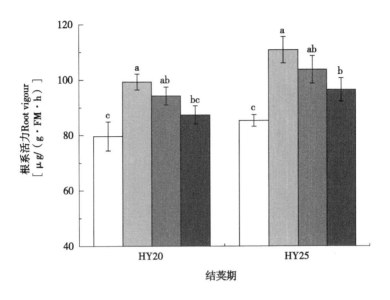

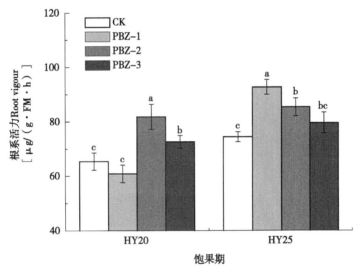

图 8-13　提早化控对花生根系活力的影响（张佳蕾等，2018c）

HY20：花育 20；HY25：花育 25；CK：对照；PBZ-1：主茎高约 25cm 时喷施多效唑；PBZ-2：主茎高约 30cm 时喷施多效唑；PBZ-3：主茎高约 35cm 时喷施多效唑。同列同一品种不同字母表示差异显著（$P<0.05$）

表 8-10　提早化控对叶片 SOD、POD、CAT 活性和 MDA 含量的影响（张佳蕾等，2018c）

品种	处理	结荚期				饱果期			
		SOD (U/g)	POD [Δ470·g·min]	CAT [mg/(g·min)]	MDA (μmol/g)	SOD (U/g)	POD [Δ470·g·min]	CAT [mg/(g·min)]	MDA (μmol/g)
HY20	CK	83.27c	33.34c	3.87b	11.29a	57.23c	27.45bc	2.68bc	18.45a
	PBZ-1	92.46a	42.76a	4.45a	8.81b	55.34c	25.42c	2.63c	18.93a
	PBZ-2	91.65ab	39.72ab	4.32a	9.23b	71.65a	33.23a	2.81a	15.55c
	PBZ-3	87.79b	35.65bc	3.99b	10.76a	65.11b	29.67b	2.74ab	17.12b
HY25	CK	97.23c	42.67c	4.78b	8.97a	63.67c	32.76c	3.21c	15.78a
	PBZ-1	118.27a	59.78a	6.12a	7.34c	92.78a	45.87a	3.98a	11.75c
	PBZ-2	113.19ab	57.82a	5.87a	7.86bc	87.53a	39.76b	3.65b	13.59b
	PBZ-3	106.54b	50.65b	5.06b	8.23ab	77.65b	35.87bc	3.57b	14.25b

HY20：花育 20；HY25：花育 25；CK：对照；PBZ-1：主茎高约 25cm 时喷施多效唑；PBZ-2：主茎高约 30cm 时喷施多效唑；PBZ-3：主茎高约 35cm 时喷施多效唑。同列同一品种不同字母表示差异显著（$P<0.05$）

4. 叶片氮代谢酶活性

不同时期喷施 PBZ 均降低了两个品种在结荚期和饱果期的叶片氮代谢酶 NR、GS、GDH 和 GOGAT 活性（表 8-11）。两品种的氮代谢酶活性均以 PBZ-1 降低幅度最大，PBZ-3 降低幅度最小，表现为化控时间越早氮代谢酶活性越低。其中 PBZ-1 和 PBZ-2 处理的氮代谢酶活性与 CK 差异显著，HY20 的 PBZ-1 处理 NR、GS 和 GOGAT 活性在结荚期分别比 CK 降低 21.3%、18.9% 和 19.4%，在饱果期分别比 CK 降低 33.5%、20.2% 和 22.4%；HY25 的 PBZ-1 处理 NR、GS 和 GOGAT 活性在结荚期分别比 CK 降低 16.5%、14.6% 和 18.2%，在饱果期分别比 CK 降低 19.8%、15.1% 和 17.1%。上述结果表明，HY20 的 PBZ-1 处理对饱果期的氮代谢酶活性降低幅度要大于结荚期，而 HY25 的 PBZ-1 处理两个生育期的氮代谢酶活性降低幅度差异不大。

表 8-11　提早化控对叶片氮代谢酶活性的影响（张佳蕾等，2018c）

品种	处理	结荚期				饱果期			
		NR [μg/(h·g FM)]	GS [U/(mg FM)]	GDH [U/(g FM)]	GOGAT [U/(g FM)]	NR [μg/(h·g FM)]	GS [U/(mg FM)]	GDH [U/(g FM)]	GOGAT [U/(g FM)]
HY20	CK	28.10a	64.56a	370a	357a	20.59a	51.69a	395a	269a
	PBZ-1	22.13b	52.34c	319c	287c	13.70c	41.25c	310c	209c
	PBZ-2	23.34b	51.31c	310c	301c	15.31c	42.64bc	336b	213c
	PBZ-3	27.22a	56.78b	332b	327b	17.96b	44.58b	346b	238b

（续表）

品种	处理	结荚期				饱果期			
		NR [μg/ (h·g FM)]	GS [U/ (mg FM)]	GDH [U/ (g FM)]	GOGAT [U/ (g FM)]	NR [μg/ (h·g FM)]	GS [U/ (mg FM)]	GDH [U/ (g FM)]	GOGAT [U/ (g FM)]
HY25	CK	36. 23a	58. 87a	329a	338a	34. 91a	54. 25a	378a	296a
	PBZ-1	30. 24c	50. 29c	279c	276d	27. 99c	46. 07c	285c	246c
	PBZ-2	31. 17bc	54. 78b	292b	298c	29. 61bc	49. 23b	310b	257bc
	PBZ-3	32. 15b	53. 45b	302b	317b	30. 65b	50. 04b	327b	262b

HY20：花育 20；HY25：花育 25；CK：对照；PBZ-1：主茎高约 25cm 时喷施多效唑；PBZ-2：主茎高约 30cm 时喷施多效唑；PBZ-3：主茎高约 35cm 时喷施多效唑。同列同一品种不同字母表示差异显著（P<0.05）

5. 叶片碳代谢酶活性

与对氮代谢酶活性的影响相反，不同时期喷施 PBZ 均提高了两品种结荚期和饱果期（除 HY20 的 PBZ-1 处理饱果期之外）叶片碳代谢酶 SS、SPS 和 PEPC 活性（表 8-12）。两品种在结荚期以及 HY25 在饱果期的 SS、SPS 和 PEPC 活性大小表现为PBZ-1>PBZ-2>PBZ-3，均显著高于 CK。HY20 的 PBZ-1 处理结荚期 SS、SPS 和 PEPC 活性分别比 CK 提高 23.2%、57.0%和 16.0%；HY25 的 PBZ-1 处理结荚期 SS、SPS 和 PEPC 活性分别比 CK 提高 19.2%、95.8%和 25.5%。HY20 各处理在饱果期的碳代谢酶活性表现为 PBZ-2>PBZ-3>PBZ-1，PBZ-2 处理的 SS、SPS 和 PEPC 活性分别比 CK 提高 19.0%、61.9%和 30.7%，PBZ-1 与 CK 的酶活性差异不显著，原因是 PBZ 处理时间过早导致后期早衰影响了其叶片碳代谢酶活性。

表 8-12　提早化控对叶片碳代谢酶活性的影响（张佳蕾等，2018c）

品种	处理	结荚期			饱果期		
		SS [Gmg/ (h·g FM)]	SPS [Gmg/ (h·g FM)]	PEPC [U/ (gFM)]	SS [Gmg/ (h·g FM)]	SPS [Gmg/ (h·g FM)]	PEPC [U/ (gFM)]
HY20	CK	57. 46c	15. 71c	310c	43. 30c	18. 09c	263c
	PBZ-1	70. 77a	24. 66a	360a	42. 73c	20. 50c	261c
	PBZ-2	67. 89ab	21. 82b	341ab	51. 539a	29. 29a	344a
	PBZ-3	64. 78b	19. 78b	337b	46. 21b	24. 76b	318b

（续表）

品种	处理	结荚期			饱果期		
		SS [Gmg/（h·g FM）]	SPS [Gmg/（h·g FM）]	PEPC [U/（gFM）]	SS [Gmg/（h·g FM）]	SPS [Gmg/（h·g FM）]	PEPC [U/（gFM）]
HY25	CK	65.98c	12.69d	389d	49.72c	15.34d	352d
	PBZ-1	78.66a	24.76a	488a	63.87a	29.68a	449a
	PBZ-2	74.23b	21.34b	456b	57.95b	22.26b	413b
	PBZ-3	73.73b	17.893c	428c	55.29b	18.457c	383c

HY20：花育20；HY25：花育25；CK：对照；PBZ-1：主茎高约25cm时喷施多效唑；PBZ-2：主茎高约30cm时喷施多效唑；PBZ-3：主茎高约35cm时喷施多效唑。同列同一品种不同字母表示差异显著（$P<0.05$）

（二）提早化控对花生植株性状的影响

不同时期PBZ处理均显著降低了花生饱果期和成熟期植株的主茎高和侧枝长，其中以PBZ-1处理降低幅度最大，其次是PBZ-2处理，PBZ-3处理的降低幅度较小（图8-14）。不同时期PBZ处理均增加了两个生育期的分枝数，PBZ处理成熟期的分枝数分别比CK增加了1.25个、0.90个和0.75个分枝，说明化控时间越早增加越显著。与对主茎高和侧枝长影响一致，PBZ处理均显著降低了饱果期和成熟期的主茎节数，3个PBZ处理在成熟期的主茎节数分别比CK处理少2.68个、1.82个和1.05个节间。PBZ处理均显著降低了饱果期的主茎绿叶数，其中以PBZ-1降低幅度最大。成熟期的主茎绿叶数表现相反，以CK处理的最低，原因是CK处理的叶片早衰，落叶严重。同样原因，PBZ处理在饱果期的叶面积指数（LAI）要低于CK，但PBZ处理在成熟期的LAI要显著高于CK，其中以PBZ-2处理的LAI值最高，其次是PBZ-1。PBZ-3由于化控较晚，成熟期落叶也较多，因此主茎绿叶数和叶面积指数要低于较早化控处理。

（三）提早化控对叶片内源激素含量的影响

赤霉素（GA）是一类主要通过促进节间生长而调控植物株高的重要激素。生长素（IAA）也属于促进型植物激素，但是与IAA的浓度、植物的种类与器官、细胞的年龄等因素有关。玉米素核苷（ZR）等细胞分裂素能促进小麦分蘖。脱落酸（ABA）对植物生长发育是一种抑制型激素，可以促进碳水化合物向库的运输，加快籽粒灌浆。不同时期PBZ处理均显著降低了花生饱果期叶片的GA和IAA含量，均显著提高了饱果期叶片的ZR和ABA含量。相较于饱果期而言，PBZ处理对成熟期叶片的各内源激素含量影响表现不一（图8-15）。除PBZ-1对成熟期叶片的GA含量显著降低和PBZ-1、PBZ-2对ABA含量显著增高外，其余处理的成熟期内源激素含量差异不显著。首先两个生育期的GA含量均以PBZ-1处理最低，最后是PBZ-2处理，CK处理的GA含量最高。与GA含量表现一致，饱果期的IAA含量也以PBZ-1处理最低，其次是PBZ-2处

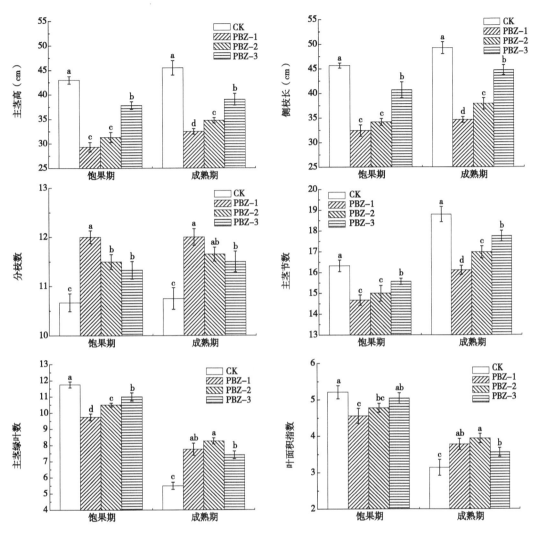

图8-14　提早化控对主茎高、侧枝长、分枝数、主茎节数、主茎绿叶数和
叶面积指数的影响（张佳蕾等，2018d）

CK：对照；PBZ-1：主茎高约25cm时喷施多效唑；PBZ-2：主茎高约30cm时喷施多效唑；
PBZ-3：主茎高约35cm时喷施多效唑

理。PBZ-1和PBZ-2处理对成熟期叶片的IAA含量略有增高。饱果期叶片ZR含量表现为PBZ-1＞PBZ-2＞PBZ-3≈CK，在成熟期以PBZ-2处理的ZR含量较低。饱果期叶片ABA含量表现为PBZ-1＞PBZ-2＞PBZ-3＞CK，在成熟期以PBZ-1和PBZ-2处理的ABA含量较高。

不同时期PBZ处理均显著降低了饱果期叶片的GA/ABA和IAA/ABA的比值，对ZR/ABA影响不显著。在成熟期除了PBZ-3对GA/ABA降低差异不显著外，其余各处理均显著降低了成熟期叶片各内源激素的比值（表8-13）。各处理在饱果期和成熟期叶片的GA/ABA、IAA/ABA和ZR/ABA比值均以PBZ-1和PBZ-2处理的最低，其次是

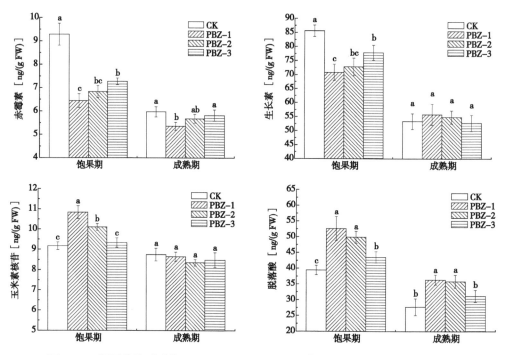

图 8-15　提早化控对叶片 GA、IAA、ZR 和 ABA 含量的影响（张佳蕾等，2018d）

CK：对照；PBZ-1：主茎高约 25cm 时喷施多效唑；PBZ-2：主茎高约 30cm 时喷施多效唑；PBZ-3：主茎高约 35cm 时喷施多效唑

PBZ-3 处理，CK 处理的各激素比值最高，说明提早化控对叶片内源激素平衡的影响较大。PBZ-1 和 PBZ-2 处理的各内源激素比值差异不显著。

表 8-13　提早化控对叶片中 GA/ABA、IAA/ABA 和 ZR/ABA 的影响（张佳蕾等，2018d）

处理	饱果期			成熟期		
	GA/ABA	IAA/ABA	ZR/ABA	GA/ABA	IAA/ABA	ZR/ABA
CK	0.24a	2.17a	0.23a	0.22a	1.92a	0.32a
PBZ-1	0.12c	1.35c	0.21a	0.15b	1.53c	0.24bc
PBZ-2	0.14bc	1.46c	0.20a	0.16b	1.53c	0.23c
PBZ-3	0.17b	1.79b	0.21a	0.19ab	1.69b	0.27b

CK：对照；PBZ-1：主茎高约 25cm 时喷施多效唑；PBZ-2：主茎高约 30cm 时喷施多效唑；PBZ-3：主茎高约 35cm 时喷施多效唑

提早化控通过对内源激素含量的改变从而影响了花生的个体发育和群体构建。一是通过提高 ZR 和 ABA 含量来提高了叶片叶绿素含量和保护酶活性。较好的植株保绿性有利于保持较高的光合速率和较长的高光效持续时间，这是花生高产优质的生理基础。二是通过提高 ZR 含量来增加了花生的分枝数，使高产花生群体结构更合理。花生分枝数的增加是单株结果数和荚果产量增加的主要原因。三是通过降低 GA

和 IAA 含量来控制营养生长，通过提高 ABA 含量使光合产物有利于向荚果转运。减少地上部冗余和加快碳水化合物向库的运输，是增加荚果产量和提高籽仁品质的物质基础。

（四）提早化控对花生干物质和产量构成的影响

不同时期 PBZ 处理均提高了两品种的单株结果数、单株果重、经济系数和荚果产量，显著降低了地上部茎叶干质量，对根干质量影响较小（表 8-14）。PBZ-2 处理对 HY20 的单株结果数、单株果重、经济系数和荚果产量提高幅度最大，PBZ-3 对荚果产量的提高幅度较大。PBZ-2 使 HY20 荚果产量提高 23.7%，单株结果数提高 29.6%，单株果重提高 25.7%，经济系数提高 0.14。PBZ-1 对 HY25 的单株结果数、单株果重、经济系数和荚果产量提高幅度最大，对茎叶干质量降低幅度也最大，其次是 PBZ-2，PBZ-3 对上述指标的影响较小。PBZ-1 使 HY25 荚果产量提高 23.1%，单株结果数提高 30.5%，单株果重提高 23.0%，经济系数提高 0.17。使 HY20 植株早衰的 PBZ-1 处理严重影响了其荚果充实度，虽然单株结果数增多，但单株果重与 CK 差异不显著，导致荚果产量提高幅度较小。

表 8-14　提早化控对花生干物质和产量构成的影响（张佳蕾等，2018c）

品种	处理	单株结果数	单株果重（g）	茎叶干质量（g）	根干质量（g）	经济系数	荚果产量（kg/hm²）
HY20	CK	11.65c	18.78c	23.41a	1.53a	0.43c	5026c
	PBZ-1	15.00a	20.26bc	15.87c	1.54a	0.54ab	5 365bc
	PBZ-2	15.10a	23.61a	16.27c	1.55a	0.57a	6 216a
	PBZ-3	13.50b	21.13b	17.87b	1.59a	0.52b	5 510b
HY25	CK	11.15c	20.66c	22.47a	1.60a	0.44c	5 524d
	PBZ-1	14.55a	25.41a	16.97c	1.59a	0.61a	6 797a
	PBZ-2	13.65ab	24.33ab	19.05b	1.58a	0.55b	6 503b
	PBZ-3	13.05b	23.28b	19.23b	1.56a	0.53b	6 237c

HY20：花育 20；HY25：花育 25；CK：对照；PBZ-1：主茎高约 25cm 时喷施多效唑；PBZ-2：主茎高约 30cm 时喷施多效唑；PBZ-3：主茎高约 35cm 时喷施多效唑。同列同一品种不同字母表示差异显著（$P<0.05$）

（五）提早化控对花生籽仁品质的影响

不同时期喷施 PBZ 均降低了两品种籽仁蛋白质、赖氨酸和总氨基酸含量以及亚油酸相对含量，提高了脂肪含量、油酸相对含量和 O/L 值（除 HY20 的 PBZ-1 处理之外）（表 8-15）。首先 HY20 籽仁的蛋白质、总氨基酸和赖氨酸含量以 PBZ-1 处理最低，其次是 PBZ-2 和 PBZ-3 处理，均显著低于 CK；HY20 籽仁脂肪含量、油酸相对含量和 O/L 值以 PBZ-2 处理最高，最后是 PBZ-3 处理，均显著高于 CK，其中 PBZ-2 的脂肪含量比 CK 提高了 1.7%，而 PBZ-1 的脂肪含量和 O/L 值要略低于 CK。首先 HY25 的蛋白质、总氨基酸和赖氨酸含量也以 PBZ-1 处理最低，其次是 PBZ-2 处理，与 CK 差异显著；HY25 脂肪含量、油酸相对含量和 O/L 值以 PBZ-1 处理最高，最后是 PBZ-2 处理，其中 PBZ-1 的脂肪含量比 CK 提高了 1.13%。

表 8-15　提早化控对花生籽仁品质的影响（张佳蕾等，2018c）

品种	处理	蛋白质（%）	赖氨酸（%）	总氨基酸（%）	脂肪（%）	油酸（%）	亚油酸（%）	油酸/亚油酸
HY20	CK	26.98a	0.96a	24.36a	50.54c	35.75c	42.12a	0.85b
	PBZ-1	25.40c	0.80c	22.52c	50.30c	35.45c	42.47a	0.83b
	PBZ-2	25.88bc	0.86b	23.02b	52.24a	40.22a	37.32c	1.08a
	PBZ-3	26.26b	0.89b	23.40b	51.40b	39.25b	38.36b	1.02a
HY25	CK	24.86a	0.84a	22.45a	53.84c	40.23d	38.17a	1.05c
	PBZ-1	23.36c	0.77b	20.82c	54.97a	43.52a	34.82c	1.25a
	PBZ-2	24.17b	0.79b	21.63b	54.64ab	42.44b	36.33b	1.17ab
	PBZ-3	24.32b	0.80ab	21.78b	54.26bc	41.48c	37.19b	1.12bc

HY20：花育 20；HY25：花育 25；CK：对照；PBZ-1：主茎高约 25cm 时喷施多效唑；PBZ-2：主茎高约 30cm 时喷施多效唑；PBZ-3：主茎高约 35cm 时喷施多效唑。同列同一品种不同字母表示差异显著（$P<0.05$）

适宜时期多效唑处理通过提高不同品种花生的叶片保护酶活性、叶绿素含量以及根系活力等生理指标，延缓了植株衰老，从而增强了群体高光效能力，增加了光合产物积累。同时通过抑制地上部植株旺长，促进光合产物向荚果分配，有效提高了经济系数和荚果产量。提早化控显著提高了叶片碳代谢酶活性，使脂肪含量和 O/L 值显著提高，对油用型大花生品种增加产油量和改善油的品质具有较大意义。

二、"三防三促"调控技术对花生农艺性状和产量的影响

高产花生由于较大的种植密度和较高的肥水供应水平，生育中期植株容易旺长，造成田间郁蔽通风透光能力差，生育后期肥力不足，所以生产上存在以下几个问题：第一，遇连阴雨天气会导致植株徒长倒伏；第二，田间郁蔽会加重病虫害尤其是叶斑病的发生；第三，花生不便追肥容易使生育后期脱肥早衰。植株徒长倒伏、叶斑病加重和脱肥早衰均显著影响荚果的充实饱满，限制了产量提高甚至减产严重。高肥水地块的花生主要通过喷施植物生长抑制剂来控制株高防止倒伏，具有明显的增产作用。研究表明多效唑能延缓花生植株衰老，促进干物质向荚果分配，增加单株结果数和荚果产量。花生叶斑病主要危害叶片和茎秆，破坏叶绿素，造成光合作用效能下降，大量病斑会引起落叶，严重影响干物质积累和荚果成熟，一般可使花生减产 10%~20%，严重时可达 30%以上。应用杀菌剂是当前田间防治叶斑病的重要措施，化学药剂对于花生叶部病害的防治效果一般在 60%左右（韩锁义等，2016）。叶面追肥是花生重要的根外营养方式，对

于补给花生必需营养元素，促进后期荚果发育有重要作用。叶面追施氮肥可通过增加叶绿素含量，提升光系统 PSⅡ 反应中心内部光能转换效率等，促使叶片光合作用的提高，同时氮素是蛋白质、氨基酸、核酸等重要组成成分，叶面氮肥显著改善了作物营养，从而促进了干物质的积累。磷是核酸、核苷酸、蛋白、磷脂等重要组成成分，磷在土壤中很容易被固定，因此叶面追施磷肥是补给花生磷源的重要措施。钾素参与呼吸作用气孔调节、光合作用及其同化产物从"源"向"库"端的运输（王才斌和万书波，2011；Lambers et al.，2015；沈浦等，2015）。

研究人员对上述问题进行了较多的研究和探索，如不同化控剂和化控浓度对花生防徒长倒伏效果研究（马冲等，2012；钟瑞春等，2013），杀菌剂种类和喷施时期对叶斑病的防治效果（王才斌等，2005；晏立英等，2016；葛洪滨等，2014），追肥时期和追肥方法对花生叶面积指数、叶绿素含量、光合速率、产量和产量构成因素等的影响（毕振方等，2011；赵秀芬等，2009；李灿东等，2015；蒋春姬等，2017）。课题组在产量调控理论和田间调控技术研究的基础上，创建了"三防三促"调控技术：一是精准化控，防徒长倒伏，促进物质分配和运转；二是提早用药，防病保叶，促进光合产物积累；三是叶面追肥，防后期早衰，促进荚果充实饱满。在目前我国花生平均单产徘徊不前、高产纪录难以突破的背景下，"三防三促"调控技术的应用将是带动花生单产水平提高和进一步获取高产的重要措施之一。

（一）"三防三促"技术对花生生理特性的影响

1. 叶绿素含量

不同试验处理均显著提高了花生饱果期和成熟期叶片叶绿素含量（图 8-16）。T_1（精准化控）处理在饱果期和成熟期的叶绿素含量分别比 CK 提高 14.45% 和 23.94%；T_2（精准化控+提早用药）处理在饱果期和成熟期分别比 CK 提高 23.70% 和 33.10%，比 T_1 处理分别提高 8.08% 和 7.39%；T_3（精准化控+提早用药+叶面追肥）处理在饱果期和成熟期分别比 CK 提高 27.75% 和 35.21%，比 T_1 处理分别提高 11.62% 和 9.09%，比 T_2 处理分别提高 3.27% 和 1.59%。首先 T_3 处理对叶片叶绿素含量提高幅度最大，其次是 T_2 处理，再次为 T_1 处理。由此说明精准化控、提早用药和叶面追肥单项技术均能提高叶片叶绿素含量，"三防三促"技术可显著提高饱果期和成熟期的叶绿素含量，有利于高产花生尤其在生育后期仍保持较高的光合能力。

2. 根系活力

不同试验处理均显著提高了花生饱果期和成熟期的根系活力，其中 2017 年各处理对根系活力提高幅度较大（图 8-17）。T_1（精准化控）处理在饱果期和成熟期的活力分别比 CK 提高 24.48% 和 30.00%；T_2（精准化控+提早用药）处理在饱果期和成熟期分别比 CK 提高 27.92% 和 40.84%，比 T_1 处理分别提高 2.76% 和 8.34%；T_3（精准化控+提早用药+叶面追肥）处理在饱果期和成熟期分别比 CK 提高 34.12% 和 45.30%，比 T_1 处理分别提高 7.75% 和 11.77%，比 T_2 处理分别提高 4.85% 和 3.17%。与对叶片叶绿素含量影响一致，各处理也以 T_3 处理对根系活力提高幅度最大，提早用药防病保叶和叶面追肥防后期早衰使植株根系在生育后期仍保持较高的吸收能力，为光合产物的

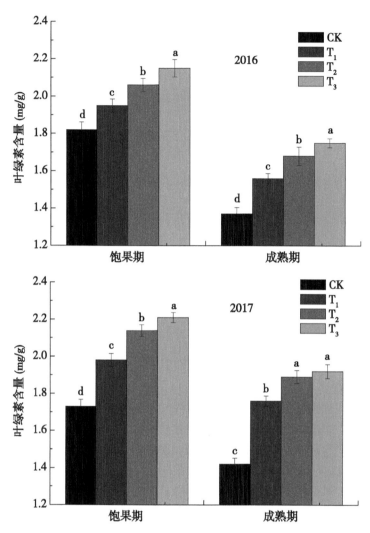

图 8-16 不同处理对叶片叶绿素含量的影响（张佳蕾等，2018e）

CK：常规管理；T_1：精准化控；T_2：精准化控+提早用药；

T_3：精准化控+提早用药+叶面追肥

积累提供保障。

3. 叶片保护酶活性和丙二醛含量

不同处理均显著提高了饱果期和成熟期叶片 SOD、POD、CAT 活性，显著降低了 MDA 含量，各处理均以 T_3 处理效果最显著（表 8-16）。T_1（精准化控）处理在饱果期和成熟期的 SOD 活性分别比 CK 提高 12.70% 和 24.83%，POD 活性分别提高 27.75% 和 30.20%，CAT 活性分别提高 35.92% 和 23.91%，MDA 含量分别比 CK 降低 32.27% 和 19.90%。T_2（精准化控+提早用药）处理在饱果期和成熟期的 MDA 含量分别比 T_1 处理降低 19.01% 和 5.91%，比 CK 处理降低 45.15% 和 24.63%。T_3（精准化控+提早用药+

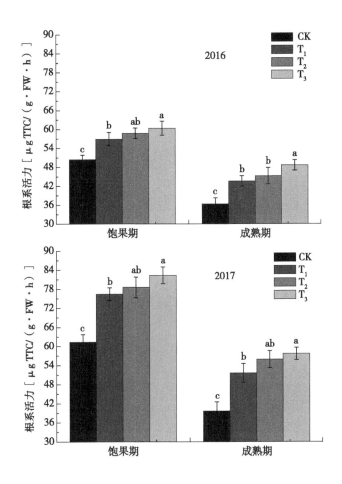

图 8-17　不同处理对根系活力的影响（张佳蕾等，2018e）

CK：常规管理；T_1：精准化控；T_2：精准化控+提早用药；

T_3：精准化控+提早用药+叶面追肥

叶面追肥）处理在饱果期和成熟期的 MDA 含量分别比 T_2 处理降低 3.44% 和 10.95%，分别比 T_1 处理降低 21.80% 和 16.21%，分别比 CK 处理降低 47.04% 和 32.89%。CK 处理由于地上部生长过旺导致田间通风透光性差，引起叶部病害发生较重，再加上后期脱肥，使叶片 SOD、POD、CAT 活性下降和 MDA 含量升高，植株早衰落叶影响了光合产物积累。精准化控抑制地上部生长，增加了植株间通透性，改善了田间微环境，提早用药预防了叶斑病等病害的发生，叶面追肥防止了生育后期因脱肥引起的早衰，"三防三促"技术的应用增加了较大叶面积持续期，有效提高了光合面积和光合时间，促进了光合产物的积累和向荚果的转运。

表 8-16　不同处理对叶片 SOD、POD、CAT 活性和 MDA 含量的影响（张佳蕾等，2018e）

年份	处理	饱果期				成熟期			
		SOD（U/g）	POD（Δ470/g·min）	CAT［mg/（g·min）］	MDA（μmol/g）	SOD（U/g）	POD（Δ470/g·min）	CAT［mg/（g·min）］	MDA（μmol/g）
2016	CK	74.45c	42.32c	3.63c	12.31a	43.56d	24.76c	2.32c	17.87a
	T_1	85.76b	54.18b	4.27b	9.58b	58.35c	29.65b	2.75b	13.56b
	T_2	88.78a	58.43a	4.53a	8.23c	63.27b	32.63ab	2.84ab	11.79c
	T_3	89.58a	57.65a	4.58a	7.98c	67.53a	35.28a	2.91a	11.34c
2017	CK	87.38c	45.91d	4.26c	11.65a	57.26d	27.98c	2.97c	15.63a
	T_1	98.48b	58.65c	5.79b	7.89b	71.48c	36.43b	3.68b	12.52b
	T_2	102.72ab	61.21b	6.02a	6.39c	75.81b	39.57a	3.87ab	11.78bc
	T_3	104.76a	63.25a	6.11a	6.17c	78.26a	38.87a	3.95a	10.49c

CK：常规管理；T_1：精准化控；T_2：精准化控+提早用药；T_3：精准化控+提早用药+叶面追肥。同列不同小写字母表示差异显著（$P<0.05$）

（二）"三防三促"技术对花生植株性状的影响

不同处理均显著降低了花生成熟期的主茎高、侧枝长和主茎节数，提高了分枝数、主茎绿叶数和叶面积指数（表 8-17）。T_1（精准化控）处理的主茎高、侧枝长和主茎节数分别比 CK 降低 23.19%、22.40% 和 4.69 个，分枝数、主茎绿叶数和叶面积指数分别比 CK 提高 0.88 个、1.92 个和 12.25%。除主茎绿叶数和叶面积指数之外，T_1、T_2 和 T_3 处理的主茎高、侧枝长、主茎节数和分枝数均差异不显著。T_2（精准化控+提早用药）处理的主茎绿叶数和叶面积指数分别比 T_1 处理提高了 0.89 个和 5.01%，T_3（精准化控+提早用药+叶面追肥）处理分别比 T_1 处理提高了 2.36 个和 3.83%。精准化控显著抑制了地上部植株的伸长生长，促进了侧枝分化，提早用药和叶面追肥增强了植株保绿性，有效提高了生育后期的叶面积指数，"三防三促"技术有利于地上部理想株型构建。

表 8-17　不同处理花生成熟期植株性状差异（张佳蕾等，2018e）

年份	处理	主茎高（cm）	侧枝长（cm）	分枝数	主茎节数	主茎绿叶数	叶面积指数
2016	CK	47.65a	49.54a	9.75b	26.28a	4.87c	2.87c
	T_1	38.28b	39.76b	10.87a	22.47b	7.50b	3.26b
	T_2	40.45b	41.25b	11.12a	23.65b	8.24ab	3.47a
	T_3	39.53b	40.66b	11.03a	23.87b	8.86a	3.50a

（续表）

年份	处理	主茎高（cm）	侧枝长（cm）	分枝数	主茎节数	主茎绿叶数	叶面积指数
2017	CK	52.57a	53.76a	9.64b	27.83a	5.34d	3.02c
	T₁	40.38b	41.72b	10.52a	23.14b	7.26c	3.39b
	T₂	39.76b	40.96b	10.38a	23.43b	8.15b	3.56a
	T₃	40.79b	42.04b	10.69a	23.75b	9.62a	3.52a

CK：常规管理；T₁：精准化控；T₂：精准化控+提早用药；T₃：精准化控+提早用药+叶面追肥。同列不同小写字母表示差异显著（P<0.05）

（三）"三防三促"技术对植株干物质和产量构成的影响

不同处理均显著提高了花生单株结果数、单株果重和荚果产量（表8-18），其中T₁（精准化控）处理2016年的单株果重和荚果产量分别比CK增加17.51%和18.36%，2017年的单株果重和荚果产量分别比CK增加19.73%和20.35%；T₂（精准化控+提早用药）处理2016年的单株果重和荚果产量分别比CK增加23.46%和24.83%，2017年分别比CK增加25.50%和26.39%；T₃（精准化控+提早用药+叶面追肥）处理2016年的单株果重和荚果产量分别比CK增加31.25%和30.22%，2017年分别比CK增加29.27%和30.62%；T₂处理2016年和2017年的荚果产量分别比T₁处理增加5.47%和5.02%，T₃处理分别比T₁处理增加10.02%和8.53%。T₂和T₃处理的植株干物质重均显著高于CK，而T₁处理与CK差异不显著，但不同处理的经济系数均显著高于CK，其中T₁处理2016和2017年的经济系数分别比CK提高15.56%和17.39%，T₂处理分别比CK提高20.00%和19.57%，T₃处理分别比CK提高22.22%和19.57%。不同处理的出仁率差异较大，T₃处理的出仁率最高，其次是T₂处理，T₁处理与CK的差异不显著，其中T₃处理2016年和2017年的出仁率分别比CK提高了3.11个百分点和3.02个百分点。以上说明精准化控通过促进物质转运显著提高了单株结果数和单株果重，提早用药和叶面追肥通过促进光合产物积累显著提高了荚果饱满度。

表8-18 不同处理对花生干物质和产量构成的影响（张佳蕾等，2018e）

年份	处理	单株结果数	单株果重（g）	植株干物质重（g）	经济系数	荚果产量（kg/hm²）	出仁率（%）
2016	CK	17.82c	35.46c	78.45c	0.45c	7 767.2d	68.76c
	T₁	20.85b	41.67b	79.62bc	0.52b	9 193.5c	68.65c
	T₂	21.79ab	43.78ab	81.07b	0.54ab	9 696.0b	70.23b
	T₃	23.04a	46.54a	84.62a	0.55a	10 114.5a	71.87a

（续表）

年份	处理	单株结果数	单株果重（g）	植株干物质重（g）	经济系数	荚果产量（kg/hm²）	出仁率（%）
2017	CK	18.33c	36.45c	79.24c	0.46b	8 020.5c	69.33c
	T_1	21.86b	43.64b	80.81bc	0.54a	9 652.4b	69.14c
	T_2	22.78ab	45.73ab	83.15ab	0.55a	10 137.2a	71.17b
	T_3	23.47a	47.12a	85.67a	0.55a	10 476.0a	72.35a

CK：常规管理；T_1：精准化控；T_2：精准化控+提早用药；T_3：精准化控+提早用药+叶面追肥。同列不同小写字母表示差异显著（$P<0.05$）

"三防三促"调控技术有利于高产花生理想株型塑造，有利于改善植株生理特性，有利于促进荚果生长发育。通过精准化控，防徒长倒伏，促进了物质分配和运转；通过提早用药，防病保叶，促进了光合产物积累；通过叶面追肥，防后期早衰，促进了荚果充实饱满。

课题组以单粒精播技术为核心，配套钙肥调控和"三防三促"关键技术，连续3年实收超过亩产750kg，创造实收亩产782.6kg的世界纪录，突破了穴播2粒未达到750kg的技术瓶颈。在旱地、渍涝地、盐碱地和酸性土壤分别取得亩产611.3kg、426.7kg、548.6kg和675.5kg的最高水平。

第三节　覆膜"W"栽培技术

清棵是花生高产栽培中一项成功的苗期管理措施，该技术已在我国主要花生种植区广泛推广应用，取得了很好的效果。清棵又叫清棵蹲苗，是根据花生子叶不易出土和半出土的特性，在花生齐苗后进行第一次中耕时，用小锄在花生幼苗周围将土向四周扒开，形成一个"小土窝"，使2片子叶和第一对侧枝露出土面，以利于第一对侧枝生长。花生清棵能促进幼苗健壮，第1对侧枝早出土，多结荚，提高饱果数和饱果率。大田试验结果表明，花生结果量的规律是，第1对侧枝结果量占总结果量的60%~70%，第2对侧枝结果量占20%~30%。也有研究表明，花生清棵强化了第1对侧枝基部这一期望性状部位的高活性基因组合的表达，使清棵比不清棵第1对侧枝结果数增加1.86个，单株结果数增加1.74个，饱果率提高7.5%，荚果增产14.7%，籽仁增产16.4%。

自地膜覆盖技术在花生上应用以来，已在花生生产上发挥了重要作用，而常规覆膜栽培存在子叶节不出土、幼苗出土时易被灼伤、出苗孔较大易跑墒等诸多问题，从而限制了地膜功能的发挥。沈毓骏等将花生控制下针栽培法用于地膜覆盖，创造了覆膜花生控制下针栽培法，较好地解决了常规地膜覆盖的诸多弊端，但仍存在土壤过松或墒情不足而导致种子或幼苗易落干、膜上压土易被风吹走、较少降雨不能充分利用等问题。为此创建了花生覆膜"W"栽培技术，以系统解决上述栽培技术中存在的问题，更好的发挥地膜覆盖和清棵蹲苗等其他栽培技术融合的综合效果。

青岛农业大学为验证花生覆膜"W"栽培技术的应用效果，进行了多年多点试验。

试验设 3 个处理：① 花生覆膜 "W" 栽培技术，主要技术环节包括：地膜覆盖、膜上播行镇压（深 2cm）、镇压沟底膜上打孔（孔距 5cm、孔径 1cm）、沟内覆土（厚约5cm），覆土后垄面上呈 3cm 高小土垄，覆膜镇压后的垄形相似于英文字母 W，故称覆膜 "W" 栽培技术；②覆膜控制下针 "AnM" 栽培技术；③常规覆膜栽培，膜上不覆土。3 个处理分别以 W、A、C 表示。

一、花生覆膜 "W" 栽培技术对主茎高和侧枝长的影响

不同处理在出苗后 35d 以前主茎高度差异较少，以后差异逐渐增大。处理 W 主茎生长速度较慢，最终高度也较低，主茎高度为 46.5cm，较处理 A 和处理 C 的 51.9cm 和 55.2cm 分别减少 5.4cm 和 8.7cm，减少 10.4% 和 15.8%。花生侧茎的生长动态与主茎相似，处理间侧茎长度的差异也与主茎的类似，处理 W 侧茎长度为 52.6cm，较处理 A 和处理 C 的 56.4cm 和 61.5cm，分别减少 6.7% 和 14.5%（图 8-18）。

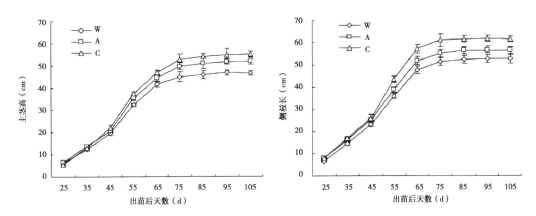

图 8-18　花生覆膜 "W" 栽培技术对主茎高和侧枝长的影响（宋传雪等，2013）

二、花生覆膜 "W" 栽培技术对分枝和有效分枝的影响

不同处理的分枝数在出苗 55d 后不再增加，但处理间分枝数量显著不同。处理 W 分枝发生明显快于其他处理，且分枝显著增多，分枝数达最大值时（出苗后 55d）为 10.7 条，较处理 A 和处理 C 的 9.7 条和 9.1 条分别增加 10.3% 和 17.6%。

有效分枝是指花生植株分枝中对荚果产量有实际贡献的分枝，是衡量花生结实能力的重要指标。出苗 55d 后，随着植株大量结果，有效分枝迅速增加。出苗后 85d 处理 W 有效分枝数即达最大值，以后保持稳定，而其他处理此后仍在缓慢增加。最终有效分枝处理 W 为 9.8 条，较处理 A 和处理 C 分别增加 4.3% 和 10.9%（图 8-19）。

三、花生覆膜 "W" 栽培技术对叶面积系数的影响

叶面积系数一方面可反映作物生长状况，另一方面可反映叶片对光能的利用情况。图 8-20 表明，不同处理的叶面积系数变化趋势基本相似，均呈现先增加后降低的趋势，于出苗后 65d 达到最大值，而后下降。处理 W 叶面积系数增长较快，虽峰值较其

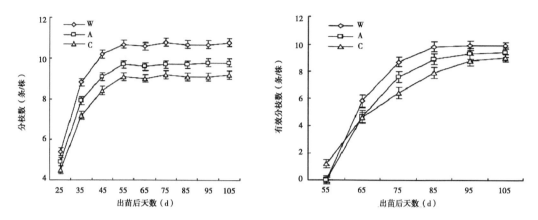

图8-19 花生覆膜"W"栽培技术对分枝数和有效分枝数的影响（宋传雪等，2013）

他处理相当，但较高叶面积系数（4以上）持续时间较长，达40d以上，明显长于其他处理；出苗后85d以后，处理W和处理A叶面积系数下降较慢，直至生育后期仍维持较高的叶面积系数。由于处理C植株较高，导致部分倒伏，叶面积系数下降较快。如出苗后95d测定，处理W叶面积系数为3.9，较处理A和处理C分别增加0.6和2.1，增加18.2%和116.7%。

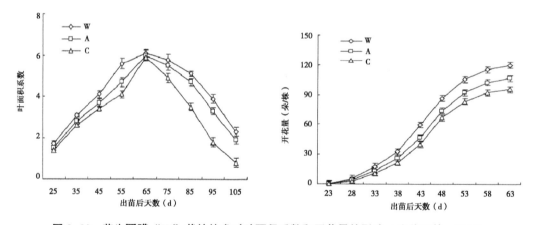

图8-20 花生覆膜"W"栽培技术对叶面积系数和开花量的影响（宋传雪等，2013）

四、花生覆膜"W"栽培技术对开花量的影响

花生单株开花总量在始花后（出苗后23d）10d内缓慢增加，以后迅速增加，出苗53d以后增加较少。处理W单株开花总量为120.2朵，较处理A和处理C的106.9朵和95.5朵分别增加12.4%和25.9%。有效花期内的单株开花量处理W为86.4朵，较处理A和处理C的73.8朵和66.9朵分别增加17.1%和29.1%。可见处理W总开花量的增加是前期有效花数量增加所致，中后期无效花数量处理间无明显差异（图8-20）。处理W可促进前期有效花的形成，有利于集中结果和增加结果数量。

五、花生覆膜"W"栽培技术对果针形成的影响

不同处理单株果针数量明显不同。处理 W 前期果针形成早，较处理 A 和处理 C 分别提早 5d 和 7d；出苗后 55d 以前形成的果针多为有效果针，此时处理 W 的果针数为 43.3 个，较处理 A 和处理 C 的 31.7 个 和 24.4 个分别增加 36.6%和 77.5%；处理 W 总果针数较处理 A 和处理 C 分别增加 6.7%和 16.0%。处理 W 和处理 A 由于控制了前期花的下针，故果针入土时间较处理 C 晚 10d 左右。由于处理 W 和处理 A 积累了较多待入土果针，导致果针入土集中，入土数量多，而使处理 W 入土果针数较处理 A 和处理 C 分别增加 15.8%和 32.9%（图 8-21）。处理 W 有效果针和入土果针较多，为集中结果、多结果奠定了基础。

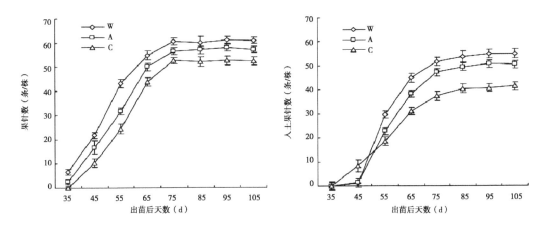

图 8-21　花生覆膜"W"栽培技术对果针形成的影响（宋传雪等，2013）

花生覆膜"W"栽培技术可延缓植株中后期地上部营养生长，使株高降低，有利于植株健壮生长，防止徒长和倒伏；由于花生覆膜"W"栽培技术可使子叶节升至土（膜）面，植株基部一生出便充分见光，花芽分化受到促进，因此开花早、前期有效花多，进而果针形成早、有效果针多，致使有效分枝增加，为集中结果和多结果提供了保障，同时为提高产量奠定了基础。

六、花生覆膜"W"栽培技术对荚果干重和植株总干重的影响

图 8-22 表明，不同处理荚果干物质积累趋势一致，但积累量显著不同。不同处理在荚果形成前期干物质积累差异不明显，但在荚果形成中后期，处理 W 荚果干物质积累速率明显高于其他处理，积累量显著增加。近收获时（出苗后 105d）处理 W 荚果干物质积累量为 21.8g/株，较处理 A 和处理 C 的 20.4g/株和 19.0g/株分别增加 6.9%和 15.1%。处理 W 植株干重明显高于其他处理，出苗后 95d 干重最大值时测定，处理 W 为 52.3g/株，较处理 A 和处理 C 的 50.1g/株和 48.2g/株，分别提高 6.8%和 10.9%；虽然出苗后 105d 植株干重有所降低，但处理 W 仍较处理 A 和处理 C 分别提高 5.6% 和 10.2%。

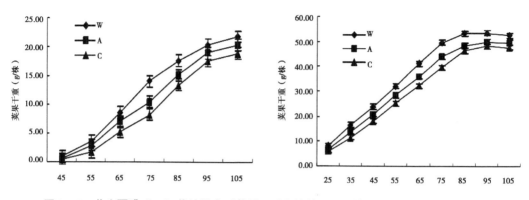

图8-22　花生覆膜"W"栽培技术对荚果干重和植株总干重的影响（宋传雪等，2014）

七、花生覆膜"W"栽培技术对产量及产量构成的影响

不同栽培方式处理对花生产量有明显影响。处理W生物产量和荚果产量明显高于处理A和处理C，由于处理W经济系数显著高于其他处理，故荚果产量提高更为明显。处理W生物产量较处理A和处理C分别提高2.3%和4.3%，而荚果产量达到5 545.4 kg/hm²，较处理A和处理C的5 187.8 kg/hm²和4 821.5 kg/hm²分别提高6.9%和15.0%。处理W荚果产量的提高是由于增加了单株结果数和提高了果重，单株结果数较处理A和处理C分别增加3.2%和7.2%，果重分别提高5.0%和9.6%，果重的提高是饱果率和双仁果率提高所致，处理W饱果率和双仁果率分别较处理A和处理C提高2.6%、8.9%和2.8%、6.4%。处理W的出仁率也较其他处理明显提高，致使籽仁产量提高7.8%和16.3%（表8-19）。

表8-19　花生覆膜"W"栽培技术对产量及产量构成的影响（宋传雪等，2014）

处理	生物产量（kg/hm²）	经济系数	荚果产量（kg/hm²）	出仁率（%）	籽仁产量（kg/hm²）	结果数（个/株）	千克果数（个）	饱果率（%）	双仁果率（%）
W	10 119.3a	0.55a	5 545.4a	70.9a	3 931.7a	13.56a	621a	67.2a	79.5a
A	9 887.7b	0.52b	5 187.8b	70.3ab	3 647.0b	13.14ab	654ab	65.5ab	77.3ab
C	9 699.2c	0.50b	4 821.5c	70.1b	3 379.9c	12.65b	687b	61.7b	74.7b

注：数据为两年平均数，表中小写字母不同表示差异达到5%显著水平

较高的生物产量是作物高产的基础，生物产量的提高是以消耗自然资源和投入为代价的，然而生物产量适宜经济系数较高，既可获得高产又可高效利用资源、提高自然资源和投入的利用效率，当为先进栽培技术首要考虑之问题。花生覆膜"W"栽培技术（处理W）生物产量和覆膜控制下针"AnM"栽培技术（处理A）均较高（只相差2.3%），但处理W经济系数显著高于处理A，故使荚果产量提高6.9%；由于处理W籽仁饱满、出仁率高，籽仁产量较荚果产量再提高0.9个百分点，籽仁产量提高7.8%。可见花生覆膜"W"栽培技术既可增加花生植株干物质积累，也可改善干物质分配，

使干物质较多地向产量器官运转，利于荚果充实饱满，有效促进多结果、结大果，从而提高荚果和籽仁产量。

第四节　建立花生高质量群体的技术措施

一、播期确定

花生单粒精播可以分为春播覆膜、夏播覆膜和麦田套种三种花生单粒精播高产栽培技术。春播覆膜花生单粒精播的播期，按照地温，应在 5 日 5cm 稳定在 12.5℃以上时，即为花生适宜播期。例如，处在黄淮海区域的山东省花生产区和处在西北区域的新疆花生产区，按照日期，适宜播期应在 4 月 25 日至 5 月 10 日。在此期间，气温和地温合适，一般能迎来春雨，避开寒流的侵袭，是精播花生的最好时期。夏播花生单粒精播应争取在大蒜、马铃薯等蔬菜和小麦收获后的 5 月中下旬和 6 月上旬之间为宜。花生精播套种期应定在小麦收获前的半月左右为宜。

二、密度确定

单粒播花生要想夺取高产，应充分利用地上生长空间和地下结实土壤，适当增加密度，充分发挥花生单株的增产潜力，最大限度的获取单位面积产量。经过几年的研究认为，采取起一垄播 2 行种植法比较合适。密度规格应该是：垄距 80cm，垄沟宽 30cm，垄面宽 50cm，垄高 12cm，垄上种 2 行花生，垄上小行距 25cm，播种行距离垄边 12.5cm，大行距 55cm，穴距 10~12cm，播深 4cm，每亩播种 13 890~16 667 穴，每穴播 1 粒种子。若亩实收株数达到 12 000~15 000 株，单株结果数达到 20 个以上，亩产荚果可以达到 600~750kg。

采用花生多功能单粒地膜覆盖播种机，种植规格应设计为垄距 85cm，垄沟宽 30cm，垄面宽 50cm，垄高 12cm，垄上种 2 行花生，垄上小行距 30cm，播种行距离垄边 12.5cm，大行距 55cm，穴距 10~12cm，播深 4cm，每亩播种 14 261 穴，每穴播 1 粒种子，但要注意种子的大粒和小粒之分，确定播种轮种孔的大小。

三、品种选择与种子处理

（一）选种

单粒精播花生对种子质量要求特别高，与多粒穴播不同的是，单粒穴播一旦缺苗，容易造成断穴，使穴距变长，造成严重减产。所以单粒精播花生种要选用品质优良、增产潜力大和综合性状好的普通型大果花生品种。如山东省花生产区推广的花育 22 号、花育 25 号、花育 31 号和海花 1 号等中晚熟品种，在长江以北花生产区生长势强，产量高。2014 年，山东省莒南县板泉镇单粒精播花育 22 号经专家验收，1 亩实收荚果 752.58kg。2015 年山东省平度市古岘镇单粒精播海花 1 号，经农业部组织专家验收，1 亩实收荚果 782.65kg。

播种前，对放置不当容易受潮的花生种子，最好在剥壳前，在晴天阳光下晒果 2 次。要求人工剥壳，剥壳后，要细心检出不宜做种的虫食、长出胚芽、黄褐色花生米和 3 级米。选用颜色鲜艳、饱满成实的 1 级米或 2 级米作为花生单粒精播的高产种子。

（二）发芽试验

为了确保花生种子质量，达到苗全、苗匀、苗壮的目的，还要对花生种子进行发芽率试验。方法是：在花生种中随机取 3 份花生种，每份 10 粒，分别放在 3 个磁盘中，用 1 份开水和 2 份凉水对成的温水浸泡催芽，发芽率达到 100% 可以做种。

（三）种子处理

由于花生种子容易受潮感染根腐病、青枯病和白绢病等花生病害，容易遭地上老鼠等兽害和地下害虫等危害，严重影响出苗率。所以，花生单粒精播必须进行拌种，才能达到一播全苗，使出苗率达到 98% 以上的目的。

（1）为了防止病害对花生种子感染危害，提高出苗率，种子可用种子量 0.3%~0.5% 的 50% 多菌灵可湿性粉剂等种衣剂拌种。

（2）为了减少地下蛴螬、金针虫和根结线虫病等蚕食花生种子和根系，可用毒死蜱等药剂进行拌种。

（3）花生生长中所需的氮素 60% 左右来自根瘤，为了增强花生根瘤菌固氮能力，可用种子重量 0.2%~0.4% 的钼酸铵，制成 0.4%~0.6% 的溶液拌种。

花生拌种要在播种前进行，严格按各种药剂的浓度，用喷雾器直接均匀的喷到种子上，带上塑料手套边喷边拌匀，晾干种皮后即可播种。

四、选地、耕作与施肥

（一）高产地块选择

选择花生单粒精播高产田应符合三个条件。

（1）花生单粒精播高产栽培技术就是一穴只播 1 粒花生种子的栽培技术。为了保证其充分生长发育，花生春播单粒精播田应选择未种过花生和其他豆科作物的生茬地，或者是高产玉米茬、棉花茬和地瓜茬。花生夏播单粒精播田应选择覆膜大蒜、马铃薯等蔬菜茬或者早熟高产小麦茬。花生套种单粒精播田应选择预留套中行的高产小麦等作物田。并且要求花生 50cm 根系层和 20cm 结实层，土壤类型为肥沃的轻沙壤土。

（2）花生地块土壤的理化指标应符合下列条件。土壤容重 1.2~1.3g／cm³，总孔隙度 50% 左右，有机质 0.85% 以上，全氮 0.06%~0.08%，全磷 0.05%~0.09%。每千克土样中水解氮 50~90mg／kg，速效磷 22~66mg／kg，速效钾 55~90mg／kg，代换性钙 1.4~2.5g／kg。

（3）要求土层深厚 50cm 以上，地势平坦，沟灌、喷灌和滴管设施齐全，排涝方便。

（二）耕地与施肥

春播单粒精播花生地，一定要冬耕或春耕 30cm 以上。夏播花生精播地也要及时旋耕灭茬、耙平。单粒精播花生要夺取高产，施肥时必须按照纯氮、纯磷、纯钾肥料科学配比的施肥原则进行。即每亩生产 500kg 以上荚果的花生单粒精播田，应施有机肥 6 000kg，纯氮 20kg，纯磷 15kg，纯钾 20kg。折合复合肥（$N_{15}P_{15}K_{15}$）约 100kg。并可根据土壤养分丰缺情况，适当增加施用过磷酸钙 100kg 和适量锌肥、钼肥、硼肥等微量元素肥料。75kg 复合肥料和 100kg 过磷酸钙要在冬耕或早春耕时一次性施入，剩余 25kg 的复合肥留作种肥，结合起垄或播种时施在垄面中间 10cm 的结实土层以下，做到深施和匀施，培创一个深、肥、松的花生高产土体。夏播精播花生地可以施用春播肥料量的 2/3，结合旋耕一次性施入。花生单粒精播套种田，应在前茬作物耕地播种时适当多施肥，然后结合追肥，对花生创高产是非常有力的。

五、播种与覆膜

花生精播时，要求耕作层土壤手握能成团，手搓较松散，此时的土壤含水量为 60%~70%。若遇春旱，达不到此值时，应小水润灌或喷灌造墒，或采取播种时开沟、打孔浇水再播种的方法。千万不要大水漫灌，以免地温回升慢，造成已播花生烂种和窝苗现象。年降水量少的干旱花生产区，如新疆等干旱地区应大力推广花生地膜膜下滴灌技术。采用花生多功能地膜覆盖播种机，一次性将起垄、播种、施肥、喷除草剂、铺滴管、覆膜和膜上覆土等多道工序完成。北方花生产区，宜采用覆膜"W"栽培技术，应用覆膜"W"栽培播种机一次完成机械作业。

人工播种要起垄、播种、覆土、耙平，然后在垄面每亩喷施 50% 的乙草胺除草剂 100ml 加水 50kg 药液，无论是人工播种或是机械播种，都应覆盖厚度为 0.004~0.007mm、宽为 900mm 的地膜，都应该在垄上两行播种行上铺压厚 2~3cm 厚的土带，能起到压膜防风和有利于花生幼苗自己破膜出苗的作用。

花生播种时除了足墒外，还要掌握好起垄的高度和播种深度。垄沟深，起垄过高超过 12cm 以上，导致垄面狭窄，垄上部干旱，果针下滑，减少果针入土数量。播种深度过深超过 4cm 以上时，能使花生根茎拉长，消耗营养，结果 60% 的第一对侧枝埋在土中，影响花芽分化，下针结果数量减少。尤其是春播花生由于地温回升慢，播深容易造成烂根和根茎弯曲向地面长的现象。

六、田间管理

（一）前期管理

精播花生的前期管理，主要是指花生苗期的科学管理。花生苗期管理应该抓好三点。

（1）在花生播种行上压土带的，花生幼苗能顶土破膜出苗。没有压土带的覆膜花生，当幼苗鼓膜刚见绿叶时，就要及时在苗穴上方将地膜撕开一个小孔，把花生幼苗从地膜中释放出来。开孔放苗过晚，地膜内湿热空气能将花生幼苗烧伤。因为精播花生穴距小，开膜孔时一定要小心，而且要在膜孔上方压土，能够起到保护地膜不大面积破裂、不被大风吹翻和引升花生子叶节出膜的作用。

（2）花生苗期若遇干旱，容易造成蚜虫和蓟马等危害，感染和传播病毒病，严重危害花生花芽分化，应该及时用毒死蜱等药剂喷洒。

（3）要对花生垄沟进行中耕，消除杂草危害，提高花生垄沟土壤的透通性。

（二）中期管理

精播花生的中期管理，主要是指花生开花下针期和结荚充实期的科学管理。此期应该抓好五点。

（1）要提早预防花生叶斑病的发生和危害。从花生始花开始，要用50%的多菌灵可湿性粉剂800倍液，每隔12d喷洒叶面1次，连续喷3次左右。在偏盐碱地种植的花生（如新疆等地）叶片容易发黄，应多次喷施硫酸亚铁溶液进行防治。

（2）若发现幼龄棉铃虫危害花生心叶时，应及时喷施毒死蜱等药液进行喷杀，若发现防治过晚，50%保护花生叶片将被钻孔和吃光。

（3）特别在容易造成蛴螬危害的地块，应该从苗期开始利用捕捉、杨树把引诱和荧光灯诱杀等方式消灭蛴螬的成虫金龟甲，减少产卵数量。并且，还要在花生封垄前，把喷雾器卸去喷头，用毒死蜱等药液进行灌墩，消灭当年在花生结果层产卵孵化的幼小蛴螬。

（4）精播花生因为密度大，容易造成徒长倒伏现象，所以当花生主茎高度达到28cm以上，而且有徒长趋势时，每亩可用50~100mg/kg多效唑、壮饱胺等，根据情况分次在植株顶部喷洒。最好是控制在花生收获时，株高达到40cm左右为宜。要防止喷的过多，容易造成植株矮小，叶片变小变黑，还能诱发花生锈病，导致花生落叶枯死，降低产量。

（5）如果天气持续干旱，花生叶片中午前后出现萎蔫，严重影响花生开花、下针和结果时，应提前进行沟灌、喷灌或滴灌。如果浇水过晚，结实层土壤偏干，花生种脐一旦萎缩，水分和养分就不能恢复输送，形成秕果增多、饱果减少的现象。无论是沟灌、喷灌或滴灌，都应该将水浇足。沟灌时，应在沟内用土或者用塑料袋装上土堵沟，使地势高的地方也能浇足水。在新疆等干旱地区的花生，可以从中期开始结合滴灌，根据花生缺肥状况，施入一定数量的氮、磷、钾可溶性复合肥或其他微量元素肥料。

（三）后期管理

由于花生单粒精播密度大，植株群体生长旺盛，开花下针和荚果膨大期消耗了大量的养分，后期容易出现脱肥、叶黄和落叶等早衰现象，影响荚果膨大，也可能出现干旱和内涝造成减产。所以，精播花生的后期管理应抓好2点。

（1）若发现植株有黄叶早衰现象时，每亩可喷施0.3%的磷酸二氢钾水溶液和2%的尿素溶液，也可喷0.02%的钼酸铵或其他叶面肥溶液，每隔7d连续喷施3次左右，来保护和维持花生功能叶片的光合作用。

（2）后期花生遇到持续干旱，严重影响荚果成实饱满。同时，若收获前两周遭遇干旱，花生籽粒容易感染黄曲霉毒素，降低花生品质。否则若遇秋涝，又不能及时排水，荚果在土壤里容易烂掉果柄，掉果生芽甚至烂掉，造成减产。所以，要根据实际情况，做好花生后期的抗旱和排涝工作。

七、收　获

（一）适时收获

按生育期计算，一般普通型大果花生品种 120d 左右，珍珠豆型小果花生 110d 左右即可收获。如花生单粒春播花生从 4 月下旬至 5 月上旬播种，在 9 月下旬收获比较合适。确定花生收获最佳时期，最好应以 70% 的荚果果壳硬化，网纹清晰，果壳内壁呈青褐色斑块时，及时收获。收获过早花生籽粒不饱满，收获过晚芽果、烂果和过熟果增加，导致种仁变成黄褐色，含油率降低，丰产不丰收。

（二）收获方法

花生收获可分人工收获、半机械收获和机械收获三种。人工收获和半机械收获就是先把花生掘刨和耕翻后，铺放在地面晾晒或者荚果朝外垒成垛，然后进行人工或机械脱果。全部用机械收获可以用山东临沭机械厂生产的花生联合收获机，该机能一次性的将花生从地里掘拔起来进入输送带，然后将荚果脱落，省工省时，效果很好。脱下的荚果一定要及时翻晒，直至荚果含水量小于 10% 的生理含水量时，才能装袋入库。为了防止花生回潮，入库几天后，还要再进行晾晒，才能保证花生质量。

（三）防止残膜污染

覆膜花生收获后，30% 的残膜挂在花生植株上，污染了饲料。30% 的残膜随风飘扬挂在树上和河沟里，污染了环境。40% 的残膜埋在地里，污染了土壤。所以，最好是在花生收获前将地面上的残膜揭掉。收获花生后，随手把地面上的残膜收起来。脱果时把植株上的残膜清除掉。再结合耕地和耙地尽量把地里的残膜逐渐除掉。

第九章 花生抗逆鉴定评价体系

花生属于喜温喜光的暖季作物，世界花生分布于北纬 40°至南纬 40°的多种温度（热带、亚热带及温带气候）、多种水分（干旱、半干旱、半湿润、湿润、多雨）的生态环境，栽培的土壤类型多样，加之人类活动更加频繁，全球气候变化等加剧，因此花生作物所处的非生物环境多样化且趋于复杂化。

自然生态环境的多变性，导致不同区域、不同季节栽培的花生很难终身处于顺境之中，而会遭受不同种类、不同程度的非生物逆境危害，如干旱、淹水（厌氧）、低温、高温（热）、弱光胁迫、盐碱、缺素、铝毒及污染等，对花生产量、品质、安全、效益、市场、加工等均会产生不利影响。

客观、科学、高效、全面地开展花生抗逆性鉴定评价，对于指导有关生理生态与分子机理研究、研制稳产高产绿色优质高效的抗逆减灾栽培技术体系、培育强抗广适的品种、制定自然灾害判定等级、农业保险（李哲东，2016）、指导实际生产等，均具有重要意义。人们对无公害、绿色、有机等花生农产品的不断追求和环境保护、资源节约的迫切需要，使得花生抗逆鉴定评价工作更有意义。

第一节 花生抗逆鉴定评价指标概述

一、指标分类

分类是抗逆评价研究的科学基础。花生抗逆鉴定评价是一个比较全面、系统的科学过程，所用指标可能涉及多个层次、多个方面，因此对花生抗逆鉴定评价指标进行系统性分类十分必要。

（一）一级指标分类

花生抗逆鉴定评价指标按照涉及的大学科领域，可以分为 2 个一级层次指标：生物学指标、农学指标。

（二）二至四级指标分类

1. 生物学指标分类

按照由表及里、不断深入地技术思路，可以将花生抗逆鉴定评价指标按照生物学结构层次进行分类为 4 个二级层次指标：表现型指标、基因型指标、环境指标、资源指标。

（1）表现型指标。主要包括生长发育指标、生理指标、系统生物学指标。生长发育指标涉及形态学的外观形态、程度、构成、分布，解剖学的组织、细胞、分子结构等。生理指标包含生理学的光合作用、呼吸作用等主要生物机能过程的度量。细胞生物学指标从超微结构水平研究细胞的生长、代谢和遗传等生物学过程。系统生物学指标主要关注代谢组学的生理生化代谢指标的变化趋势（表9-1）。

（2）基因型指标。主要包括分子生物学的基因组学、蛋白组学指标，例如基因的表达等。

（3）环境指标。主要运用生态学如生态因子的"三基点"临界指标：最低指标、最适指标、最高指标，环境因子的生物毒理指标。

（4）资源指标。主要聚焦于气候、土壤、水分等自然资源的生物学利用效率。

表9-1 花生抗逆鉴定评价的生物学指标分类

二级指标	三级指标	四级指标	生物学具体指标
表现型指标	生长发育	形态学	形态、程度、构成、分布
		解剖学	组织、细胞、分子结构
	生理指标	生理学	光合、呼吸、根系活力、渗透物质、保护酶体系等生物机能
	细胞生物学	超微结构水平	细胞的生长、代谢和遗传等生物学过程
	系统生物学	代谢组学	生理生化代谢指标
基因型指标	分子生物学	蛋白组学	细胞内全部表达蛋白的数目、水平及其更新、序列、修饰，以及蛋白与分子之间的相互作用等
		基因组学	整个基因组的结构、结构与功能的关系以及基因之间相互作用、基因表达等
环境指标	生态学	生态因子	"三基点"临界指标：最低、最适、最高
	毒理学	环境因子	生物毒理指标
资源指标		资源利用效率	气候、土壤、水分等自然资源

2. 农学指标分类

按照农学指标的经济需求属性，可以将花生抗逆鉴定评价指标分类为2个二级层次指标：农艺性状指标、品质性状指标（表9-2）。

（1）农艺性状指标。主要从营养生长、生殖生长两个方面进行观测。营养生长又涉及地上生长的生育期、株型（株高、分枝）、叶面积等项目，地下生长的根系数量、结构、分布、根冠比等指标。

生殖生长一方面针对花生独特的地上开花、地下结果的形态生理发育过程，如开花、下针、结果的发育时间、数量、比率等进行观测；另一方面从产量性状有关的生物产量、经济产量、经济系数、产量构成因子等性状进行衡量。

孙庆芳（2016）以分属5大植物学类型的220份花生种质资源为材料，在大田自然生长条件下结荚期设置干旱处理和正常水分对照，以成熟期荚果产量的抗旱系数（干旱处理产量/对照产量）鉴定评价种质资源的抗旱性，以抗旱系数评价花生种质资源的抗旱性，种质间抗旱系数从 0.64~1.33。以对照品种为依据，种质抗旱性可分为强、中、弱 3 个等级，种质的抗旱性与其植物学类型有关，中间型抗旱系数平均值最高，达到 0.95，其次为龙生型，再次为普通型、珍珠豆型，多粒型最低，为 0.78。

（2）品质性状指标。花生品质性状指标包括外在品质、内在品质和卫生安全品质三个方面。外在品质主要是指商品品质，涉及花生荚果与籽仁的大小、美观度、饱满度等。内在品质包括食味与营养品质，如质地、风味、蛋白质及脂肪含量、油酸与亚油酸比值等。卫生安全品质重点关注黄曲霉毒素、重金属污染等。

表 9-2　花生抗逆鉴定评价的农学指标分类

二级指标	三级指标	四级指标	具体指标
农艺性状	营养生长	地上生长	生育期、株型（株高、分枝）、叶面积等
		地下生长	根系数量、结构、分布、根冠比
	生殖生长	开花、下针、结果	时间、数量、分布
		产量性状	生物产量、经济产量、经济系数、产量构成因子
品质性状	外在品质	商品品质	大小、美观度、饱满度
	内在品质	食味与营养品质	质地、风味、蛋白及脂肪含量、油酸与亚油酸比值
	卫生安全品质		黄曲霉毒素、重金属污染等

二、花生抗逆鉴定评价指标的处理

花生抗逆鉴定评价体系的建立，需要筛选与甄别适当的关联指标，制定合理的衡量标准（分级），如临界指标（最低、最高适应值）、最佳指标，并对不同层次、不同性质、不同类型的指标围绕经济产量等最终目标进行关联度（相关性等）分析，从而建立主要关键指标为核心、次要或复合指标为辅助的花生抗逆鉴定评价体系。

作物抗逆性强弱的鉴定和评价，不仅与筛选出的抗逆指标有关，选用的评价方法和标准也非常重要。作物抗逆性缺乏适当的标准评价体系已成为抗逆性改良的关键问题。目前花生抗逆鉴定评价方法大体可分为单一指标分析法、综合指标分析法两大类，单一指标分析法包括绝对值、相对值（抗逆系数）、指数法（抗逆指数、敏感指数、逆境伤害指数）；综合指标分析法有总极值法、隶属函数法、灰色关联分析法、聚类分析法、综合因子法（主成分）、敏感度等（张智猛，2011）。

（一）单一指标分析法

1. 绝对值

花生抗逆鉴定评价指标过去主要采用绝对值即实测值（Abstract Value，Actual Value，AV）衡量。越来越多的研究表明，在绝对值基础上，参照有关文献计算如下其他相对性指标，更能准确、真实体现逆境影响效应的内涵（李林，2004b）。

2. 相对值

相对值（Relative Value, RV）是指在逆境胁迫条件下，某个品种或处理的绝对值与所有品种或处理的平均绝对值之比（丁成伟等，1996）。

张智猛（2012a）认为，仅使用某些指标的绝对值比较其抗旱性，不能消除品种（系）间固有差异的影响，必然影响判断的准确性。所以，选择不同胁迫环境下各指标的相对值进行分析，更能体现抗旱性的内涵，消除了品种（系）间的固有差异，可以真正比较出品种（系）抗旱性大小。同时，用相对值进行分析时，不仅同一指标间可以直接比较，不同指标间也可进行比较，指标间的变化趋势十分明显，可比性更强（王贺正等，2005；胡标林等，2007；王贺正，2007）。

3. 耐性系数

耐性系数（Tolerance Coefficient，缩写为 TC）亦即处理指标值÷对照指标值，通俗地讲就是性状值的变化幅度、稳定性、敏感性，多数抗逆研究采用此指标。表 9-3 为 0（对照）、0.1%、0.3%、0.5%、0.7%NaCl 浓度胁迫下，按照绝对荚果产量和耐性系数评价得出的 5 个品种的耐盐性次序。从中可以看出次序变化非常大：无盐环境中，A018 荚果产量最低，花育 22 号产量显著高于 A018；但在盐胁迫下，A018 荚果产量下降幅度小，其相对荚果产量显著高于花育 22 号。因此，只有用各个指标的耐性系数来评价花生品种的耐盐性，才能真正反映出其耐盐能力的大小（表 9-3）（胡晓辉等，2011）。

表 9-3　盐胁迫下花生荚果产量绝对值与耐性系数的顺序比较（胡晓辉等，2011）

花生品种	绝对荚果产量		相对荚果产量
	对照	盐胁迫下平均	盐胁迫下平均
A018	5	5	2
花育 22 号	2	3	4
花育 28 号	1	2	3
B137	4	4	5
花 37	3	1	1

4. 耐性指数

耐性指数（Tolerance Index，TI），为耐性系数（TC）与相对产量（RV）的乘积，作为丰产稳产性综合指标（周广生等，2001）。

5. 敏感性测定

将所有品种分别种植在逆境和适宜条件下，测定各品种的产量或其他性状指标，计算所有品种在逆境、适宜条件下的平均产量 $X_{逆境}$、$X_{适宜}$，由此计算胁迫程度 D：

$$D = （1-X_{逆境}/X_{适宜}）$$

在同一个试验中，D 是一个固定值（常数）。由于某个品种在逆境和适宜条件下的产量 $Y_{逆境}$ 和 $Y_{适宜}$ 具有以下关系：

$$Y_{逆境} = Y_{适宜}（1-S×D）$$

换算得到 $S=（1-Y_{逆境}/Y_{适宜}）/D=（Y_{适宜}-Y_{逆境}）/（Y_{适宜}×D）=（1-Y_{逆境}/Y_{适宜}）/（1-X_{逆境}/X_{适宜}）$

所以，S 反映的是逆境条件下减产的程度，或者其他性状指标对逆境的敏感性。理论上 S 越小越好。但某些产量低的品种，产量受逆境胁迫影响很小（$Y_{逆境}-Y_{适宜}$ 差值小），从而 S 与 $Y_{适宜}$ 正相关，因此具有低 S 值（抗逆性强）的品种，也不一定受欢迎，培育高产、抗逆的品种难度较大。

敏感性测定实际上是绝对值与相对值、耐性系数等相结合的单一指标评价方法。

（二）综合指标分析法

在实际逆境问题研究中，为了全面、系统地分析问题，我们必须考虑众多影响因素。这些涉及的因素一般称为指标，在多元统计分析中也称为变量。因为每个变量都在不同程度上反映了所研究问题的某些信息，并且指标之间彼此有一定的相关性，因而所得的统计数据反映的信息在一定程度上有重叠，或者权重不一，难以综合归纳分级、分类时，应该运用综合指标分析法，主要包括隶属函数法、聚类分析法、主成分分析法等。

例如，张智猛（2012a）认为，植物抗旱性是一个复杂的生理过程，是多基因控制的、复杂的数量性状。水分胁迫对花生的影响不仅表现在不同的生长发育阶段，同时也表现在具体的生理生化过程中。花生抗旱性不仅与种类、品种、形态性状及生理生化反应有关，而且受干旱程度发生时期、长度及持续时间等的影响，是花生与环境相互作用的结果，对任何单项指标和机理的研究都有一定的局限性，应将室内发芽期鉴定、旱棚幼苗期鉴定与大田全生育期鉴定相结合，从形态、生理、生化等众多指标中筛选若干富有抗旱或耐旱内涵的指标，运用适当的数学模型进行数理综合分析，形成完善的花生抗旱鉴定评价指标体系能科学、合理、全面、有效、准确地评判花生品种的抗旱、耐旱性准确地评价植物抗旱性（王贺正等，2005；王贺正，2007；张智猛等，2010）。

1. 隶属函数法

这种方法是根据模糊数学的原理，利用隶属函数进行抗逆指标的综合评估。隶属函数法的一般分析步骤。

（1）计算单项指标的隶属函数值。利用隶属函数计算各项指标的数值，称为"单因素隶属度"或隶属函数值，对各指标作出单项评估。各隶属函数值在（0，1）之间。用式①求出各品种（处理）各指标的隶属函数值：

$$X（u）=（X_{ij}-X_{min}）/（X_{max}-X_{min}）①$$

若某一指标与耐性呈负相关，可用式②计算隶属函数值。

$$X（u）=1-（X_{ij}-X_{min}）/（X_{max}-X_{min}）②$$

式中，X_{ij} 为第 i 个品种或处理第 j 个指标的耐性系数；X_{max} 为最大值；X_{min} 为最小值；$X（u）$ 是第 j 个性状指标的隶属函数值。

（2）计算各项指标的综合隶属函数值。对各单因素隶属函数值进行加权算术平均，计算综合隶属度即平均隶属函数值，得出综合评估的指标值 D。其结果越接近 0，耐性越差，敏感度越大；越接近 1，耐性越好，敏感度越小。张智猛（2011）进行的花生品种抗旱性综合评价法如下。

品种抗旱性综合评价值：

$$D = \sum_{j=1}^{n} \left[u(x_j) \left(r_j \sum_{j=1}^{n} r_j \right) \right] \quad (j = 1, 2, 3, \cdots, n)$$

式中，$u(x_j)$ 为第 j 个指标的隶属函数值，r_j 为第 j 个指标与抗旱系数间的相关系数；D 值大者抗旱性强。参考王贺正（2007）和胡林标等（2007）对水稻抗旱性评价标准，结合本试验结果，将各品种抗旱指标函数隶属值及综合抗旱能力值 D 值分为 4 级进行评价：1 级 D 值大于 0.7，为强抗旱型；2 级在 0.6~0.7，为较抗旱型；3 级在 0.5~0.6，为弱抗旱型；4 级在 0.5 以下，为不抗旱型。

隶属函数法和综合 D 值法的实质还是属于利用相对值，但它们提供了一条在多指标测定基础上对品种特性进行综合评价的途径，比抗拟系数更科学合理，可大大提高抗逆性筛选的可靠性（张智猛，2011）。

2. 聚类分析法

聚类分析法是理想的研究分类的多变量（指标）统计技术，主要有分层聚类法和迭代聚类法。聚类分析也称群分析、点群分析。例如，我们可以根据各个花生品种在逆境条件下的株型、生理、生化、产量等性状情况，将品种按照抗逆性分为几个等级，再比较各性状之间不同等级品种数量对比状况。聚类分析能将包含抗逆性较全面信息的几个关键指标统筹起来，可避免运用单一指标进行分类、分级时出现的偏差，从而导致评价的片面性。例如，李林（2004b）运用聚类分析法将 18 个花生品种的耐湿涝性按照相对产量、耐湿涝系数两个关键指标划分为 6 个类别。

3. 主成分分析法

主成分分析也称主分量分析，旨在利用降维的思想，把多指标转化为少数几个综合、关键指标即主成分，其中每个主成分都能够反映原始变量的大部分信息，且所含信息互不重复。这种方法在引进多方面变量的同时将复杂因素归结为几个主成分，使问题简单化，同时得到更加科学有效的数据信息。

第二节 花生各类抗逆鉴定评价体系的建立

花生抗逆鉴定评价的总原则是建立适当的评价方法、评价指标和分级标准，在鉴定评价过程中，密切注意使鉴定条件与花生经常遭遇胁迫的生育时期、环境条件、持续时间、作用强度等尽可能保持一致（刘忠松，2010）。本章将论述花生各类非生物抗逆性鉴定评价体系的建立，并主要按照鉴定时期、场所等分述。

一、花生抗旱鉴定评价体系

（一）发芽期室内抗旱鉴定评价

1. 发芽期室内抗旱鉴定的意义

在室外进行土壤栽培条件下的花生发芽期抗旱鉴定不易精确控制水分胁迫条件，且受其他不确定自然因素影响较大，会在很大程度上制约水分胁迫实验的进行（张智猛等，2010）。

众多研究一致表明（杨国枝等，1988；张智猛等，2010；麻鑫聪，2016），室内PEG法（水势法）是一种快速、简便、准确可行的花生种子萌发期抗旱性筛选方法，一是在室内采用PEG6000高渗溶液能人工模拟水分胁迫，能获得类似不同干旱程度的负水势条件，PEG6000是平均分子量6 000的聚乙二醇，水溶性好，无毒、无刺激性；二是在PEG高渗溶液水分胁迫条件下花生种子的萌发特性（相对发芽速度）与田间耐旱性的反应基本一致：花生种子萌发特性与主茎高、侧枝长和生育期呈显著的负相关，与单株结果数和单株荚果生产力呈显著的正相关，与花生萎蔫次数、总分枝数和有效枝数相关不显著（杨国枝等，1988）；三是在室内模拟水分胁迫不仅省实验空间和人力、物力、财力，而且简便易行，容易实现对某一因素的单独控制，具有较强的可操作性和重复性，特别适合对作物芽苗期生长的研究。该法在玉米、水稻、小麦等作物萌芽期抗旱性筛选鉴定方面也起到重要作用。

2. PEG6000模拟发芽期干旱胁迫鉴定法

（1）PEG6000浓度设置。采用PEG6000溶液模拟干旱胁迫，一般设置0、5%、7.5%、10%、12.5%、15%、17.5%、20%、22.5%和25.0%等多个浓度，对应水势分别为0、-0.05、-0.10、-0.15、-0.20、-0.28、-0.37、-0.46、-0.58、-0.70MPa，来模拟不同的干旱胁迫程度。

水势（bar）$= -0.0118C - 1.18 \times 10^4 C^2 + 2.67 \times 10^{-4} CT + 8.39 \times 10^{-7} C^2 T$（1bar = 0.1Mpa）

其中，C表示PEG6000高渗溶液的浓度（G/1000G）；T表示萌发时温度（28℃）。

用PEG法批量鉴定花生品种资源的发芽期耐旱性时，应选择科学合理的适宜浓度（胁迫程度），使该胁迫浓度条件下不同花生品种间萌发情况差异最大。大多数研究者通过筛选得出，20%高渗溶液PEG6000为适宜鉴定小麦、水稻、玉米抗旱性能的模拟水势。张智猛等（2009，2010）、麻鑫聪（2016）认为，采用PEG6000模拟花生干旱胁迫的适宜浓度为17.5%，对应水势为-0.37MPa，该胁迫浓度条件下不同花生品种间萌发期情况差异最大。

（2）PEG6000鉴定方法。

第一种，先采用蒸馏水浸种吸胀再用PEG6000溶液胁迫法（张智猛等，2009；赵跃，2016）。选择饱满、大小一致的花生种子若干粒，消毒后放入干净塑料容器中用蒸馏水浸种10~24h，使种子充分吸水膨胀，取出吸胀种子，吸干表面水分后摆进底部垫有数层滤纸的培养皿中，分别加入适量各浓度的PEG6000溶液，置于28℃暗培养箱中培养发芽，每日观察，及时补充对应浓度溶液，处理后1~8d调查种子发芽情况。

第二种，种子吸胀及干旱胁迫均采用PEG6000溶液胁迫法（麻鑫聪，2016；崔宏亮等，2017）。先将种子放置在各浓度PEG6000溶液中吸涨6~12h，然后转至加有相对应浓度的新培养皿中进行萌发试验。为确保PEG胁迫浓度的相对稳定，发芽期间每天更换1次胁迫液，并及时清理发霉腐烂的种子，以防止感染其他种子。对照同期更换蒸馏水。

（3）调查指标与标准。一般发芽期干旱胁迫调查指标主要有发芽数量、质量与速度（张智猛等，2009；赵跃，2016；崔宏亮等，2017）。发芽数量一般测定发芽率。发芽质量测定幼芽长、胚轴长、根长，同时分别根、芽、轴、子叶生物量。发芽速度用发芽势表示，是田间齐苗率的表征。

调查标准：芽突破种皮大于 2mm 且不及种子长度时定为芽，测定长度计为芽长，作为计算发芽率的依据；胚轴伸长超过种子长度定为根长，依据种子萌发出土过程标准测定胚轴长和根长（万书波，2003）。

计算方法：

种子吸水速率（%）＝（种子湿重－种子干重）/种子干重×100；

发芽率＝芽长≥2mm 种子数/种子总粒数；

生根率＝生根种子数/种子总粒数；

发芽势（%）＝第 3 天发芽种子数/供试种子数×100；

发芽指数（GI）＝ $\sum$（Gt/Dt）；

萌发胁迫指数（GSI）＝胁迫下种子发芽指数/对照种子发芽指数；

种子萌发指数＝$1.00Rd2+0.75Rd4+0.50Rd6+0.25Rd8$；

萌发抗旱指数（$GDRI$）＝胁迫下种子萌发指数/对照种子萌发指数；

式中，Gt 为时间 t 日的发芽数，Dt 为相应的发芽天数，$Rd2$、$Rd4$、$Rd6$、$Rd8$ 分别为第 2、第 4、第 6、第 8d 的种子发芽率，1.00、0.75、0.50、0.25 分别为相应萌发天数所赋予的抗旱系数（安永平，2006；赵跃，2016）。

为消除品种种子间本身特性差异造成的干扰，各种指标均采用干旱胁迫处理与对照的比值（相对值）进行耐旱性分析，更能准确反映干旱胁迫的内涵（张智猛等，2009；崔宏亮等，2017）。例如，相对发芽率（%）＝胁迫处理的发芽率/对照的发芽率×100，相对发芽势（%）＝胁迫处理的发芽势/对照的发芽势×100。也认为种子发芽率受的影响较大，相对发芽率可以较客观地反映种子萌发期的相对抗旱性，相对发芽率越大说明抗旱性越强。

（4）有效鉴定指标筛选。麻鑫聪（2016）研究发现，在 PEG 水分胁迫下，花生芽期根系的生长发育受到抑制、生理活性下降，表现在发芽率、根长、生根率、根干重等指标均下降。认为发芽率不易反应花生品种间芽期的抗旱性差异，根长、生根率、根干重等可作为早期鉴定的初级指标。

张智猛等（2009）研究表明，PEG 水分胁迫环境下，花生种子萌发相对芽长、相对芽干重的抗旱系数均呈增加趋势，但并不表示其抗旱能力增强，相反说明胁迫环境下，种子多处于胚芽萌动状态，不能继续生长形成根，致使芽长和芽干重相对值增大，且随胁迫浓度增加其相对值呈渐增的趋势，当浓度过高时，胚轴停止伸长而不萌动。因此认为，发芽率、生根率、根长、根干重、芽干重的抗旱系数可以作为鉴定筛选花生萌芽期抗旱性的可靠指标，但芽长的抗旱系数是否可以作为鉴定筛选花生品种芽期抗旱性的指标有待进一步研究。这与小麦、玉米、水稻等禾谷类作物萌发期抗旱性鉴定评价指标有相似性，禾谷类作物将相对发芽率、发芽势、抗旱指数、胚芽鞘长、主胚根长作为可靠指标，初生根数可作为参考指标，芽长、主胚根长不宜作为鉴定指标。

张智猛等（2010）通过综合分析指出，PEG 渗透胁迫环境下花生种子萌发期各单项指标的抗旱系数间的相关关系或极显著或不显著，说明各单项指标在花生抗旱性评价中所起的作用是不同的，单项指标不能准确地评价品种在萌发期的抗旱能力，运用多个指标综合评价更为准确可靠。根长、生根率和根干重与品种抗旱性综合评价值相关系数最高，能较客观地反映种子萌发期抗旱性强弱。这与小麦、玉米、水稻等种子优选芽长和芽干重表征萌发期抗旱性的结果不尽一致，但与王玮、郝楠等所得出的小麦、玉米早期抗旱性与胚芽鞘、主胚根的长度、发芽能力有关，与胚根数目关系不密切的研究结果一致，认为种子萌发期抗旱性与作物种类、基因型、种子籽粒大小等因素有关。

（二）苗期室内抗旱鉴定评价

1. 苗期整株 PEG6000 模拟干旱胁迫鉴定法

麻鑫聪（2016）采用一种幼苗期整株 PEG6000 模拟干旱胁迫鉴定法。

（1）鉴定步骤。将种子在盛放蒸馏水的培养皿中吸水膨胀 12h 后将水倒掉，并重新加入少量蒸馏水，置于光照培养箱中发芽 2~3d 后，选取芽长 2cm 左右且长势均匀一致的花生移至水培培养盒中，在人工气候室内培养幼苗至两叶一心后进行 PEG 浓度胁迫处理，培养盒中溶液的 PEG 浓度分别为 0、17.5%，每 2d 换一次溶液，处理 5~7d 后进行指标测量。

（2）调查指标与标准。

①生长发育指标测定：成苗率、株高、根长、胚轴长、根长、各部位鲜重与干重、叶绿素含量等。

②生理生化指标测定：SOD、POD、CAT 的活性、MDA 含量等。

（3）有效鉴定指标筛选。麻鑫聪（2016）研究发现，花生苗期的抗旱性机制与其体内所具有的清除系统即相关酶类的活性大小密切相关。PEG 水分胁迫下，花生叶片中 SOD 活性较高，且抗旱品种内 SOD 含量高于不抗旱品种，表明 SOD 活性是反映花生抗旱性强的一项重要指标。而受到胁迫的花生叶片中 MDA 含量明显增加，表明 MDA 是反映花生受到胁迫伤害的一个重要标志。

2. 离体叶片漂浮耐干旱强光鉴定方法

秦立琴等（2011）报道了一种不同水温下离体叶片漂浮耐干旱强光鉴定方法。

（1）鉴定步骤。种子先在 30℃ 湿润的条件下催芽 2d 后，播种于培养室直径为 25cm 的花盆中，培养土为带有充分腐熟有机肥的生长基质，每盆 1 棵。光照强度为 100μmol/（m²·s），白天/黑夜光周期为 13h/11h，白天及夜间温度均为 28℃。试验时采集叶龄一致的功能叶进行离体干旱及强光处理。室温强光胁迫，离体叶片悬浮于 25℃ 水浴之上，进行光照强度为 1 200μmol/（m²·s）强光胁迫处理 6h。干旱强光胁迫，先将叶片悬浮于 30%PEG6000 溶液上，并置于 20~40μmol/（m²·s）光下预处理 3h 后，再进行干旱强光胁迫 6h。

（2）调查指标与标准。叶绿素荧光参数、SOD 活性、MDA 含量、电导率。

（3）有效鉴定指标筛选。秦立琴等（2011）研究表明，与未处理（CK）及强光胁迫处理相比，干旱强光的最大光化学效率（Fv/Fm）和 820nm 光吸收大幅下降，叶绿素荧光动力学曲线上 J 点相对荧光（Vj）上升，单位面积内吸收的光量子（ABS/CSm）、单位面积内反应中心捕获的光量子（TRo/CSm）和单位面积内有活性的反应中心的数目（RC/CSm）均出现大幅下降，而 PSⅡ 的关闭程度（1-qP）明显升高，依赖于叶黄素循环的非辐射能量耗散（NPQ）升高，同时 SOD 活性下降，MDA 和膜透性增加，表明干旱强光胁迫引起了花生叶片严重光抑制，但快速叶绿素荧光诱导动力学曲线中均没有出现 K 点，表明光合系统放氧复合体（OEC）对干旱胁迫不敏感，PSⅡ 反应中心的受体侧更容易受到干旱影响，而对花生光系统造成严重破坏的主要原因则是过剩光能的积累，一方面虽然叶黄素循环可以耗散部分能量，但不是全部；另一方面水-水循环受到干旱的影响不能有效起到能量消耗的作用，造成活性氧的大量积累。干旱强光处理对花生光系统造成的伤害相似，但对花生光系统的伤害程度大一些，强光下高温和干旱对花生叶片的伤害位点及破坏机制却较为相似。

（三）全生育期抗旱鉴定评价

姜慧芳等（2004，2006）采用一种遮雨棚水泥池干旱胁迫鉴定法。

1. 鉴定步骤

在玻璃遮雨棚下的水泥池中进行，齐苗后的第 11d 开始进行人工干旱处理 40d。处理结束后调查成活株数（没有萎蔫的植株），计算成活率。干旱处理结束后正常灌水，于恢复灌水后的第 7d 调查植株的恢复生长情况，在成熟期考察植株生长、农艺性状、产量、品质等指标。

厉广辉（2014）认为，花生苗期抗旱性鉴定的适宜土壤相对含水量为 40%，结荚期抗旱性鉴定的适宜土壤相对含水量为 50%，持续胁迫时间分别为 14d 和 30d 为宜。山花 11 号可作为花生强抗旱性鉴定的标准品种，79266 可作为弱抗旱性鉴定的标准品种。

2. 调查指标与标准

（1）生长发育指标。

　　成活株率（%）：没有萎蔫的植株数/齐苗后的全部植株数×100

恢复灌水后第 7d 植株恢复生长情况：分为正常、不正常。

根据成活株率、恢复灌水后第 7d 植株恢复正常生长情况，将耐旱性分为 9 级。

1 级：高耐，成活株率≥85%，恢复灌水后第 7d 全部植株恢复正常生长。

5 级：中耐，成活株率 70%~85%，灌水后第 7d 95% 以上植株恢复正常生长。

7 级：敏感，成活株率 50%~70%，灌水后第 7d 80% 植株恢复正常生长。

9 级：高感，成活株率<50%，灌水后第 7d 70% 植株恢复正常生长。

测定主根长、根系体积、根冠比等。

（2）生理生化指标。检测叶片 SOD 活性、可溶性蛋白质含量和水势的动态变化。

3. 有效鉴定指标筛选

（1）形态发育指标。

①根系：根系是植物吸收水分和养分的重要组织器官，也是首先感受土壤干旱信号的器官，根系的特性、生长发育结果决定了植物吸收和传导水分、养分的能力，与抗旱性密切相关。根系的生长具有较大的可塑性，土壤水分状况影响植物根系的形态发育、

生理活性和干物质积累及分配。

干旱条件下，植物根系会产生一系列适应机制来抵御干旱胁迫带来的危害，以维持其正常生长，强大的根系是作物抗旱的重要特征之一。当然，过分庞大的根系会影响经济产量。一般认为适度干旱下，作物光合产物优先分配给根系，根长度和密度增加，根冠比提高，有利于作物抗旱，复水后各根系迅速吸水而恢复生长（Smucker and Aiken，1992；刘登望等，2015；姚珍珠等，2016），但长期干旱或严重干旱，将会使细胞结构受到损坏，复水后无法恢复生长（李俊庆，2004；姜慧芳和段乃雄，2006）。Ketring et al.（1982）报道抗旱性不同的花生品种在根系体积、干重、数量和长度上存在显著差异。匍匐型花生品种的抗旱性明显强于直立型品种，原因是匍匐类型花生的根系较直立类型发达并且强壮，更能适应干旱条件。

丁红（2013b）研究表明，花生生育前期早期适度水分胁迫，可促进其根系向深层土壤生长，侧根发达，同时增加根长、根系分布直径及分布面积，有利于花生后期对水分的获取，减轻其对产量的影响。耐旱品种花育22号比敏感品种花育23号具有较高的产量和抗旱系数，具有较大的根系生物量、总根长和根系表面积，且深层土壤内根系表面积和体积大，在干旱胁迫下增幅更大，说明具有较大根系和深层土壤内较多的根系分布是抗旱型花生的主要根系分布特征。杨晓康（2012）研究花生不同生育时期干旱对根系生长发育的影响结果表明，抗旱品种比敏感品种的根干重、根冠比、根表面积大，根系长，根尖数多，根系总吸收面积、根系活跃吸收面积高，根系活力降幅小。张智猛等（2009）发芽出苗期抗旱性研究表明，抗旱性强的花生品种发芽迅速，胚根的生长速度快，发根能力强，能很快形成幼苗根系，主根下扎深度大于敏感品种。在成苗后，花生根系形态与抗旱性关系依然密切。多数研究认为，在干旱条件下抗旱性强的品种根系发达，根系长度增加，根量较多，根毛增多，根瘤数目增加（高国庆等，1995；薛慧勤和孙兰珍，1997；严美玲等，2004），根系含水量的变化幅度较小（赵跃，2016），较大的根系生物量、总根长、根系总表面积和体积可以作为花生抗旱性品种筛选的根系形态指标，干旱胁迫使抗旱型品种根系总表面积和体积增加，而干旱敏感型品种则相反（丁红，2013；厉广辉，2014）。姜慧芳等（1999）研究表明，干旱期间花生的主根长和根冠比增加非常显著，但干旱对根系体积的影响不很明显，说明干旱显著促进主根向深层生长，并迅速增加地下部干重，使根冠比增加。在上层根量较多的基础上，增加根系的深度和深层土壤根系的比重，形成"宽深型"的高产根型，是花生抗旱高产的理想根型结构（丁红，2013c）。姜慧芳等（1999）发现，即使均为耐旱品种，在耐旱机制上存在分化，干旱时马山二洋的主根伸长最为显著，而直丝花生的地下部干物质积累最明显。薛慧勤和孙兰珍（1997）研究表明，轻度干旱胁迫根系活力稍有上升，随着干旱胁迫处理时间越长，根系活力则逐渐下降，抗旱品种根系活力受干旱影响程度明显小于不抗旱品种。

②地上部生长：多数研究表明（张智猛等，2011；赵长星等，2012；杨晓康，2012；刘登望等，2015；张俊，2015b），花生不同生育时期干旱均导致花生地上部生物量降低，表现为主茎高、侧枝长、总分枝数和结果枝数降低，花针期和结荚期降低幅度最大，且品种间差异显著，苗期干旱复水后对植株生长的补偿效应大，花针期和结荚期

干旱复水后补偿效应小。苗期旱后复水，植株的生长恢复能力与品种的抗旱系数呈极显著相关，干旱适应性较强的品种在苗期旱后复水有超补偿生长能力（厉广辉，2014）。但李俊庆（2004）研究发现，干旱对苗期植株生长的抑制作用最大，花针期次之，结荚期较小。学者们之间的结论差异可能与水分胁迫程度、气象因素等有关。刘吉利等（2011）研究表明，苗期干旱胁迫能够抑制花生叶片生长，导致叶面积系数减少，群体光合有效辐射显著增加，群体透光率增大，光能利用率降低。厉广辉（2014）研究表明，干旱胁迫降低了花生功能叶面积及单株叶面积，增加了比叶重值，同时改变了叶片组织结构。曹铁华等（2011）研究发现，开花后不同水分胁迫间花生的节数和分枝数无显著差异，但显著抑制茎的生长，降低成荚率。张智猛（2013a）研究表明，花生苗期适当干旱胁迫可促进植株健壮生长，利于"蹲苗"。

作物的茎叶是其在长期进化中形成的，其形态特征与其适应性有一定的相关性。椭圆形及倒卵形两种小叶类型之间抗旱性呈现出较为一致的分布规律，无明显的差别，说明叶形与抗旱性无多大关系；随着叶色至深，存在着抗旱性逐渐增强的趋势（谭忠，1998）。杨国枝（1990）研究认为，花生茎基部节位茸毛密度易发生变化，中上部节位茸毛密度较稳定，且与抗旱有关，抗旱性差的品种未发现有密度大的茸毛，中上部节位茸毛长度与抗旱性无明显关系；谭忠（1998）研究认为，花生品种茎茸毛的长短与抗旱性之间存在一定的相关性，长茸毛的花生品种抗旱性较强，而茎茸毛的稀和密与花生品种的抗旱性没有相关性。赵跃（2016）认为，耐旱性强的品种具有较长第一侧枝长、较大的叶面积和较高叶片含水量。鲁花11的第一侧枝长最长、叶面积最大、叶干物质积累量和叶片含水量较高；花育22的叶片干物质积累和叶片含水量最大，说明它们在干旱胁迫下仍能保证地上部拥有较高的水分。

张智猛等（2012a）研究得知，中度土壤水分胁迫下花生苗期植株形态、干物质累积和光合色素含量等11项各指标胁迫指数与抗旱系数间相关度均低，而花针期除类胡萝卜素与抗旱系数相关不显著外，其余所有指标与抗旱系数间的相关关系均达显著或极显著水平。可见，花生苗期各项形态指标和生理指标不能表征其抗旱性强弱，而花针期的所有形态指标和除类胡萝卜素外的生理指标均可表征花生品种抗旱性强弱，也说明花针期是花生对干旱胁迫的敏感期。

（2）生理生化。

①光合作用：叶绿素含量是花生光合性能、衰老程度及营养状况的直观表现（姚珍珠等，2016）。虽然叶绿素含量的增加不能直接提高光合作用，但因其可增加光能的吸收和转化，所以促进了光合作用。一般情况下，水分胁迫处理使得花生叶绿素合成受阻。不同抗旱型花生品种和干旱胁迫程度，对水分胁迫下花生叶片的叶绿素含量的影响不同。张艳侠（2006）研究认为，水分胁迫会引起花生叶绿体色素的降解，轻度水分胁迫下叶绿素含量略有升高，在中度和重度水分胁迫下叶绿素含量迅速下降。Arunyanark et al.（2010）研究得出，干旱降低叶片的叶绿素总量，但提高了叶绿素密度，其原因很可能是因为水分胁迫下花生形成较厚的叶片，导致单位面积累积较多的叶绿素。孙爱清等（2010）研究发现，长期水分胁迫，不同抗旱型的花生具有不同的响应，抗旱性强的花生在水分胁迫下叶绿素含量增加，抗旱性差的则显著下降。另外，叶

绿素 a/b 值反映花生对逆境胁迫的灵敏程度，非水分胁迫条件下叶绿素 a/b 值相对稳定，水分胁迫下该值将下降。受水分胁迫后敏感型花生叶绿素的增加量大于抗旱型花生，花生光合强度明显降低，抗旱型花生在土壤水分缺乏时光合强度略高于敏感型花生（李俊庆，1996）。

光合作用的高低直接影响着有机物的积累。植物在干旱胁迫下能否维持正常的光合作用和生产能力，取决于它维持植物的正常水分状态的能力（矫岩林等，2007）。作物遭受干旱胁迫后，光合性能将明显下降，且随胁迫程度的加重下降越显著，但复水后能够产生一定补偿效应（戴俊英等，1995）。不同生育时期（杨晓康，2012）、不同程度（严美玲等，2007b）的水分胁迫均降低了花生叶片净光合速率，光合同化积累物受损，但复水后净光合速率均能较好地恢复到对照水平，表明花生较耐旱。刘吉利等（2011）研究表明，花生叶片蒸腾速率比光合速率对水分胁迫的敏感性小，但对复水的敏感性大于光合速率。秦立琴等（2010）采用 30%PEG6000 溶液模拟干旱胁迫研究表明，花生叶片 Fv/Fm 大幅下降，PSⅡ活性受严重伤害，PSI 活性也有小幅度的下降，PSⅡ反应中心吸收的光能用于电子传递的比率减少，光合电子传递链中的还原态 QA 积累量增加。

孙爱清等（2010）研究表明，花生全生育期长期控水胁迫导致 12 个品种净光合速率和蒸腾速率明显下降，丰花 6 号、白沙 1016 等品种叶绿素含量显著下降，而海花 1 号、丰花 5 号、丰花 4 号、丰花 2 号等品种叶绿素含量增加；各品种叶绿素 a/b 值均显著下降。高国庆等（1995）、孙爱清等（2010）研究得出，光合作用降低的原因归结于气孔关闭和酶活性降低。赵跃（2016）则认为，干旱胁迫下不同耐性花生品种的 Gs 均下降，而 Ci 呈先下降后升高的趋势，说明干旱胁迫初期 Pn 的下降是由于气孔限制因素，随着干旱的持续，气孔调节能力受到影响，Pn 的下降由于非气孔因素的限制。杨晓康（2012）、赵跃（2016）研究得知，耐旱品种的光合参数（Pn，Gs，Ci，Fv/Fm，ΦPSⅡ和 qP 值）下降幅度较小，且在后期仍能维持较高的 Fv/Fm，ΦPSⅡ、qP 和 NPQ 值，防止因过剩光能造成的光抑制和光氧化，进而维持光合结构的正常功能。杨晓康（2012）研究表明，干旱复水后花生有较强的恢复能力，耐旱品种比敏感品种的叶片净光合速率（Pn）、荧光动力学参数（Fv/FM，ΦPSⅡ）、叶绿素含量回升更迅速。厉广辉（2014a）发现，抗旱性强的花生品种叶片光合速率（Pn）、气孔导度（Gs）、胞间 CO_2 浓度（Ci）、最大化学效率（Fv/Fm）、实际光化学效率（ΦPSⅡ）、光化学猝灭系数（qP）随干旱进程逐渐降低及复水后逐渐增加的变幅均较小。相关分析表明，苗期干旱胁迫 14d 和复水 5d 的 Pn、ΦPSⅡ、Fv/Fm、qP 与花生品种抗旱性呈极显著正相关，可鉴定花生品种的干旱伤害程度及修复能力。结荚期以 50%相对含水量胁迫 30d 的叶片 Pn、Ls、Fv/Fm、qP 能代表花生品种光合活性的高低。

②保护酶活性：水分胁迫初期，花生叶片中保护性酶系统（SOD、POD、CAT）活性升高，膜脂过氧化程度（MDA）降低，保证叶片正常地进行细胞生理代谢过程，也有相反的报道，张俊（2015c）研究发现，在水分亏缺最敏感的花针期进行水分胁迫处理，花生叶片的保护酶活性显著降低，复水后酶活性迅速升高但略低于正常水平。

众多研究表明（严美玲，2006，2007a；矫岩林等，2007；杨晓康，2012；张智猛等，2012b，2013a；赵跃，2016），花生耐旱与敏感品种比较，不同生育时期干旱胁迫时叶片的硝酸还原酶活性（NR）和可溶性蛋白含量的降幅较小，而 MDA 含量升幅偏小，保护酶活性、脯氨酸含量、可溶性糖（SS）含量上升更早、升幅更大。姜慧芳和任小平（2004）在花针期干旱胁迫处理 43d 后发现，抗旱品种的 SOD 活性增加程度明显大于敏感品种，但品种之间的蛋白质含量差异不明显。厉广辉（2014b）研究指出，干旱胁迫下强抗旱性花生品种的根系 SOD、POD、CAT 等抗氧化酶活性及 GSH、ASA 等抗氧化剂含量显著高于弱抗旱性品种，膜脂过氧化产物 MDA 含量、相对电导率显著低于弱抗旱性品种。苗期以 40% 土壤相对含水量持续胁迫 14d 的根尖 SOD 活性、MDA 含量与品种抗旱性呈极显著相关。干旱胁迫过程中花生叶片相对电导率呈逐渐增加，与品种抗旱性呈极显著负相关。结荚期以 50% 相对含水量胁迫 30d 的叶片 SOD 活性、MDA 含量和相对电导率与品种抗旱系数的相关性达极显著水平。解除干旱后，严美玲（2006，2007a）研究表明，SOD、POD、CAT 活性和 Pr、MDA 含量显著降低，Pn 很快恢复到或超过对照水平，耐旱品种的 Pn 恢复能力更强、可溶性蛋白含量降幅更小。无论干旱及其解除后 MDA 含量均以耐旱品种小于敏感品种。

③渗透调节：一般作物包括大多数花生品种受旱后，脯氨酸含量上升，维持叶片一定的细胞膨压（水势），保证叶片正常地进行细胞生理代谢过程，防止细胞和组织脱水，进而提高了水分利用效率，且品种间有差异（矫岩林等，2007），因此花生体内脯氨酸水平的提高有利于抗旱，抗旱品种较不抗旱品种的积累量更多（李玲和潘瑞炽，1996）。胡博等（2012）报道，四叶期水分胁迫处理 48h 时，耐旱品种 ABA、脯氨酸分别增加 6.72 倍、8.06 倍，相对电导率和失水率低于对照；敏感品种 ABA、脯氨酸分别只增加 2.45 倍、1.50 倍，相对电导率高达 79.3%，叶片失水率达 68.5%。张智猛（2013b）研究发现，苗期和花针期随生育期推进和土壤水分降低，渗透调节物质升高，耐旱品种花育 27 号的可溶性蛋白质含量（Pr）和游离氨基酸（AA）的升幅大于花育 20 号。厉广辉（2014）研究表明，干旱胁迫增加了花生叶片渗透调节物质脯氨酸、可溶性糖、可溶性蛋白的含量，且与品种抗旱系数密切相关；苗期和结荚期干旱胁迫下，仅叶片脯氨酸含量与品种抗旱性呈极显著正相关；苗期干旱胁迫 14d 的叶片脯氨酸含量与抗旱性呈极显著正相关，耐旱品种的渗透调节能力和脯氨酸含量优于敏感品种。姜慧芳和任小平（2004）研究结果表明，在干旱胁迫初期，花生叶片的可溶性蛋白质含量增加，品种间可溶性蛋白质含量差异显著；在严重干旱胁迫时，可溶性蛋白质含量降低，但品种间可溶性蛋白质含量差异不明显。不同的抗旱花生品种具有不同的抗旱性成分，包括受 SOD 活性的保护、高可溶性蛋白含量的抵抗、叶片水势、单株结果数、单株生产力、种仁重等方面。

④激素调控：植物体内的脱落酸（ABA）含量与植物的抗旱能力相关，因为 ABA 直接参与维持质膜的结构和功能，并能导致植物体内产生一系列适应抵抗干旱的生理和形态反应，以提高抗旱性（Pan，1990）。李玲和潘瑞炽（1996）报道，在干旱条件下花生体内 ABA 含量增加，有利于抵御干旱。*Ah*NCED1 是调控花生脱落酸 ABA 生物合成的关键限速酶。胡博等（2012）研究表明，渗透胁迫引起叶片 *Ah*NCED1 蛋白表达快速（1h）增加，促使花生内源 ABA 水平升高以适应外界环境。

植物生长调节剂可以提高花生的抗旱性，PP_{333}、CCC 能降低质膜透性的下降程度（李玲和潘瑞炽，1991；潘瑞炽，1998），茉莉酸甲酯（MJ）能增加花生叶片气孔阻力，叶片厚度和贮水细胞的体积，也增加 SOD 同工酶活性。植物细胞原生质膜对于干旱甚为敏感，质膜透性的大小可反映细胞受干旱的程度（Wright and Hammer，1994）。同时，外源生长调节剂可以通过提高脯氨酸的含量，维持较高的 SOD 酶的活性，降低丙二醛的含量来增加花生的抗旱性（潘瑞炽和董愚得，1995）。

⑤水分利用效率：干旱胁迫时，植物的水分利用效率提高（刘吉利等，2011），水分利用效率是衡量植物耐旱性的重要指标（姚珍珠等，2016）。灌溉要根据花生需水规律（Kheira，2009），适时适量灌溉才能更有效地利用水分，保证产量。刘吉利等（2011）研究表明，在苗期适度干旱胁迫（5d）时，水分利用效率最大，其次是正常灌水处理，再次是重度胁迫（15d）下。

叶水势能反应作物受干旱胁迫的程度，干旱条件下维持较高水势的品种一般认为是抗旱品种。在干旱条件下，耐旱花生品种能通过渗透调节来忍耐较低的叶部水势和叶片含水量，叶片相对含水量高 4.2%（高国庆等，1995）。

据 Reddy et al.（1996）报道，国际半干旱所（ICRISAT）已证实花生基因型间的蒸腾效率（TE，即消耗单位水分所形成的生物产量）有差异。同时表明，$^{13}C/^{12}C$ 值（△）与 TE 呈负相关，且这种碳辨别技术无破坏性，因而可作为选择高 TE 的一种方法。薛慧勤等（1999）研究干旱条件下不同花生品种叶片碳同位素辨别力（△）和水分利用效率（WUE）的关系也表明，WUE 和△在不同基因型间存在显著差异，但两指标在不同水分胁迫条件下基因型间的排序基本一致，说明两指标主要受遗传控制，基因型×环境互作影响较小。WUE 与△在不同水分状况下均呈显著负相关。△与比叶重（SLW）也存在显著负相关，说明厚叶品种△低，WUE 高。因此，△、SLA、SLA 等生理参数在耐旱基因型的鉴定与选择中，可作为高 WUE、TE 的快速经济有效的选择指标，具有很高利用价值。

（3）产量评价。研究发现，花生不同生育期水分胁迫对结荚性能和荚果产量均有一定影响（姚君平等，1985；杨晓康，2012；姚珍珠等，2016）。关于不同生育时期干旱对荚果产量的影响程度，不同学者的报道基本一致：姚君平等（1985）对早熟花生品种进行研究发现，结荚期干旱对产量影响最大，其次为饱果期，花针期相对较小，同时认为结荚中后期是早熟花生籽仁饱满的关键期，缺水将严重影响产量；杨晓康（2012）认为，结荚期对水分胁迫最敏感，减产率最大，其次为花针期和饱果期，苗期减产率最小；程曦（2010）发现花针期干旱对荚果产量影响最大，结荚期次之，然后是饱果期，苗期影响最小；赵长星等（2012）研究发现，苗期干旱对荚果产量影响最小，且主要降低有效果数，其次为饱果成熟期，主要影响荚果饱满度，花针期和结荚期干旱对荚果产量影响大，是有效果数和荚果饱满度共同作用结果。

一般认为，花生生育前期进行干旱胁迫对产量影响小甚至有增产作用，而生育后期胁迫影响大。刘吉利等（2009）研究发现，花生苗期适当控水（5d）能促进荚果发育，从而提高双仁果率和饱果率，一定程度补偿了因结果数减少对产量的影响；随着水分胁迫加重单株结果数显著减少，进而影响经济产量和生物产量。Jongrungklang et al.

（2013）在花生开花前期对其进行水分胁迫处理，使花生饱果期荚果的生长速率得到提高，改变了花生经济部分的营养吸收比例，最终增加了花生的产量。严美玲（2007a）认为或研究表明，随着苗期干旱加剧，花生荚果和籽仁产量降低，耐旱品种农大818的降幅小于敏感品种鲁花11。顾学花等（2015）研究得到，花针期和饱果期水分胁迫显著降低花生产量，主要是降低了单株结果数、结果饱满度。赵跃（2016）认为，花针期干旱胁迫降低不同花生品种的单株饱果数、百粒重和出仁率。综上所述，前期（苗期和花针期）水分胁迫主要影响单株结果数；后期（结荚期和饱果期）水分胁迫主要影响饱果率、百仁重、出仁率，从而影响产量（张俊，2015c）。

（4）品质评价：脂肪含量、蛋白质含量和可溶性糖含量是评估花生籽仁营养和食味品质的主要指标，油酸/亚油酸比值直接反映花生耐储藏能力（万书波，2003；姚珍珠等，2016）。严美玲等（2007a）研究表明，苗期中、轻度水分胁迫可增加籽仁蛋白质含量，对脂肪含量影响不大，重度水分胁迫会明显降低籽仁脂肪含量、油酸含量和油酸/亚油酸比值，提高亚油酸含量，但对蛋白质含量影响较小。敏感品种鲁花11以60~80mm水分处理、耐旱品种农大818以40~60mm水分处理时，籽仁品质最佳。刘吉利等（2011）研究发现，苗期控水可提高花生籽仁蛋白质含量、亚油酸和棕榈酸含量，降低脂肪含量、油酸含量及油酸/亚油酸比值。顾学花等（2015）研究表明，水分胁迫增加了籽仁蛋白质和可溶性糖含量，降低了脂肪含量，原因是水分胁迫可能抑制糖向脂肪转化，从而改善花生品质；另外水分胁迫降低了花生制品的油酸/亚油酸比值。赵跃（2016）提出，开花下针期干旱会明显降低不同花生品种的脂肪和油酸的含量，提高亚油酸的含量，进而降低了油亚比。杨晓康（2012）研究表明，不论耐旱或敏感花生品种，不同生育时期干旱均增加收获期籽仁可溶性糖含量、蛋白质含量，降低脂肪酸、硬脂酸、油酸含量，提高亚油酸含量，显著降低O/L值。其中，耐旱品种农大818各生育时期干旱均增加了籽仁花生酸含量，降低了棕榈酸含量；而干旱敏感品种鲁花11与农大818表现相反，鲁花11各生育期干旱均增加了籽仁棕榈酸含量，降低了花生酸含量。综上所述，干旱普遍降低脂肪酸含量、油酸含量，提高亚油酸、蛋白质、可溶性糖含量，进而降低O/L值。

（四）花生抗旱性的综合评价

花生抗旱性是一个复杂的生理过程，是由多基因控制的、复杂的数量性状。水分胁迫对花生的影响不仅表现在不同的生长发育阶段，同时也表现在具体的生理生化过程中。花生抗旱性不仅与种类、品种、形态性状及生理生化反应有关，而且受干旱程度发生时期、长度及持续时间等的影响，是花生与环境相互作用的结果，对任何单项指标和机理的研究都有一定的局限性，不能有效、准确地评价植物抗旱性，应从形态、生理、生化等众多指标中筛选若干抗旱指标进行综合评价（王贺正等，2005，2007；张智猛，2012a）。

据厉广辉（2014）报道，不同花生品种的抗旱机制差异较大。其中，山花11号、如皋西洋生的各抗旱性状值均较高，多种抗旱机制相互协调性最好；A596的主要抗旱机制为较强的渗透调节能力和抗氧化能力；山花9号和花育20的主要抗旱机制为较强的根系吸水能力和较大的光合面积；农大818的主要抗旱机制为较高的叶片保水能力和渗透调节能力；海花1号的主要抗旱机制为较强的根系吸水能力和抗氧化能力；山花9号等品种较大的比叶重是它们抗旱的关键性状；徐州68-4等品种的Fv/Fm和Pn较高是它们抗旱的光合机制。

众多研究认为（薛慧勤等，1999；张智猛，2011，2012，2013；慈敦伟，2013；于天一等，2017a；孙东雷等，2017），基于隶属函数法的综合指标D值消除了个别指标带来的片面性，综合D值与抗旱系数之间相关性达显著水平，隶属函数法可间接地对花生品种抗旱特征进行定量描述和评价分级，使评价结果更科学合理，因此能作为品种抗旱性的综合评价标准，并认为花生抗旱性鉴定，不仅需要将形态指标、生理生化指标及产量指标相结合，还需要综合评定各生育时期的抗旱性，从而提高抗旱性鉴定的可靠性和科学性。结荚期是花生需水的关键期，此期除分枝数和类胡萝卜素外，其余指标和各类指标综合D值均可作为鉴定品种抗旱性的依据；饱果期仅比叶面积与抗旱系数间的相关关系呈极显著水平，叶片鲜重、叶片和地上部含水量、叶绿素（a+b）与抗旱系数间均无相关关系。因此，结荚期各类指标都能较好地反应品种抗旱性，可作为评价品种抗旱性的指标；但选择饱果期花生植株形态指标和生理指标作为鉴定品种抗旱性指标时应慎重。

二、花生耐渍涝鉴定评价体系

（一）发芽期室内耐渍涝鉴定评价

1. 鉴定方法

李林等（2008a）建立了花生发芽期耐渍涝室内快速鉴定法。各品种选用健壮、饱满、一致的种子若干粒，称百仁重。将种子、细沙、塑料培养钵用过氧化氢消毒、蒸馏水漂洗。浅水处理，每培养钵加水适量，使种子处于1.5cm深度水体中（模拟大田种子播深），每24h换水1次。深水处理，每培养钵加水适量，使种子处于5cm深度水体中（模拟田间极端渍涝情形）。对照组（CK，正常供水）钵内垫滤纸，摆匀种子，加入8ml蒸馏水，每24h加水1次。无盖培养。培养室温度为昼25℃，夜20℃，每天光照14h，照度240μmol/（m²·s）。淹水培养35h、60h、90h、120h、180h后定时测定各项指标。

2. 调查指标与标准

（1）生长发育指标。

芽长：种子的胚根长度。

发芽或胚根露尖率（%）=发芽（或露尖）的种子数量/种子总数×100。不同品种、不同水分处理的发芽进程不一，但180h后所有品种的发芽率不再升高，故以此时的发芽率作为最高发芽率。

发芽涝害率（%）=（对照发芽或露尖率-淹涝发芽或露尖率）/对照发芽或露尖率×100。根据最高发芽或露尖率计算涝害率。

浅水耐渍性分级：以发芽涝害率差异，将发芽期耐渍性划分为5级。

1级：高耐，发芽涝害率 0.0%～20.0%。

2级：耐涝，发芽涝害率 20.1%～40.0%。

3级：中耐，发芽涝害率 40.1%～60.0%。

4级：敏感，发芽涝害率 60.1%～80.0%。

5级：高感，发芽涝害率 80.1%～100.0%。

深水耐渍性分级：以露尖涝害率差异，将发芽期耐渍性划分为5级。

1级：高耐，露尖涝害率 0.0%～50.0%。

2级：耐涝，露尖涝害率 50.1%～65.0%。

3级：中耐，露尖涝害率 65.1%～80.0%。

4级：敏感，露尖涝害率 80.1%～95.0%。

5级：高感，露尖涝害率 95.1%～100.0%。

（2）生物物理指标。根据渍涝引起细胞酸化、细胞膜透性增大的理论，测定水体的 pH 值、电导率（C）、溶解氧含量（DO）、透明度（TP，分为清澈、中等清澈、浑浊3个等级）等指标。

3. 有效鉴定指标筛选

（1）发芽涝害率。李林（2008a）研究表明，由于相同种质在浅水发芽涝害率与深水发芽涝害率表现规律不一致，认为浅水与深水鉴定不能互相取代，以分别模拟生产上不同的胁迫程度，鉴定时间分别以 180h 和 120h 为宜。耐涝性因淹涝时期、程度（水深）和品种而异。花生种子对淹涝较敏感，在淹涝水体中虽然温度适宜，但水分过多造成氧气含量极低，花生种子在浅水中 35～60h 内只露尖，此后才发芽；深水时只露尖而不能形成幼芽。不同品种发芽期耐涝性差异较大，在淹水条件下耐渍性不同的种子发芽率差异极大，耐渍性强的种子淹水 180h 后仍能保持较强生活力，长出幼芽（胚根），而耐渍性弱的种子则不能再发芽。相关分析表明，发芽涝害率与大田淹涝产量呈极显著负相关，与产量耐渍系数及产量结构指标大多呈负相关，与幼苗期 ADH 活性呈现出一定的正相关，说明早期室内鉴定有重要意义。

邱柳（2012）分析了不同变种类型花生的耐涝性差异，5 大类型花生的涝害率范围均为 0%～100%，以多粒型>普通型>中间型>龙生型>珍珠豆型，说明发芽期耐渍性以多粒型最强，珍珠豆型最弱。从种子萌发过程看，不同种质发芽露尖时间差异较大，极少部分种质在 35h 就已全部露出胚根，如 ICG10026、ICG912、ICG618、开选 01-12、ICG12625 等 20 份种质，大部分种质在 60～90h 露白较多；不同种质的发芽露尖能力也存在明显差异，淹水 180h 后耐渍种质仍能保持较强活力，露出胚根，且培养水体较清澈；而敏感种质则丧失生活力，不能露尖，幼芽胚根变色、坏死，且在后期出现水体浑浊、恶臭，甚至腐烂的征兆，并伴有较多的絮状物产生，原因在于：厌氧呼吸引起能量供应不足，CO_2 积累，而且产生了大量的有毒有机物质等，造成种子及幼芽生理代谢紊乱失调，以致腐烂死亡。渍涝对其他作物种子的萌发也同样具有抑制作用。

Asha and Rao（2001）研究了不同间隔时期的涝害花生种子中氨基酸水平的变化情况。结果表明，涝害使花生中各种氨基酸的含量发生变化，通过调整各种氨基酸比例、含量来达到适应不良环境的目的。与对照相比，在 48h、72h、96h 渍涝处理的种子比对照多合成 9 种氨基酸。24~96h 的涝害使花生种子中天冬酰胺、β-丙氨酸、半胱氨酸、胱氨酸、异亮氨酸、赖氨酸、γ-亚甲基谷氨酰胺、苯基丙氨酸、脯氨酸、酪氨酸、色氨酸的含量增多，沥出液中的天冬酰胺、半胱氨酸、苯基丙氨酸、色氨酸、缬氨酸的含量也增加。相反，由于涝害的作用，种子中谷氨酰胺及沥出液中谷氨酸、亮氨酸的含量下降。而与对照相比，96h 的涝害使种子及沥出液中氨基酸的总量都增加。种子中氨基酸的总含量要比沥出液中氨基酸的总含量高，认为涝害时间的增长会增加新物质的合成及引起氨基酸的积累，它们都是种子繁殖代谢过程中的主要成分，是克服不利或有害环境的一种代谢（Asha and Rao，2001），但沥出液中的氨基酸总含量也增加，很可能是细胞质膜受到伤害，致使胞内可溶物渗出的结果。

（2）生物物理性状。邱柳（2012）模拟发芽期遭受常见的土面渍水情形，在室内对 860 份种质的种子进行水深 5cm、时间 0~180h 的淹水处理。相关分析表明，35h、60h、90h、120h、180h 的发芽涝害率与各次测定的水体电导率均呈极显著正相关，说明种子在淹水胁迫下，进行厌氧呼吸，产生了有毒物质，导致细胞质膜半透性破坏，内溶物质外渗，水体无机离子增多，电导率变大；60~180h 的发芽涝害率与 pH 值呈极显著负相关，说明厌氧呼吸产生了有机酸类物质，致使水体 pH 值降低，细胞受到毒害，失去活力，这符合前人的细胞毒害酸化论（赵立群等，2003）；60~180h 的发芽涝害率与百仁重极显著正相关，说明花生籽仁越大，越容易受到渍涝危害，60~180h 的电导率与百仁重极显著正相关也印证了这一结论。35h、180h 的发芽涝害率与水体透明度极显著正相关，说明发芽率越低，水体越浑浊。发芽涝害率与电导率、pH 值、百仁重、透明度四者的相关度均随着淹水期延长而升高，且以透明度 > 电导率 > pH 值 > 百仁重，因此可采用淹涝 180h 的透明度、电导率、pH 值测定值作为发芽期耐渍性鉴定的有效指标。发芽期耐渍即涝害率低的品种的主要特征特性为水体不易浑浊、电导率低、pH 值高，且籽仁较小。不同类型花生的发芽期耐渍性以多粒型最强，其次是普通型、中间型、龙生型，而珍珠豆型最弱。根据上述形态、理化鉴定指标，筛选出高耐种质 327 份，占总数的 38.02%，说明花生基因库中发芽期耐渍资源丰富，对开展耐渍育种有利。

（二）苗期室内耐渍涝鉴定评价

1. 鉴定方法

姜慧芳和段乃雄（2006）曾提出了花生苗期耐渍性鉴定参考方法。凭借花生根部淹水 5d 后植株的生长发育恢复能力及死亡、叶片颜色和枯死状况确定出 5 个恢复级别，并计算恢复指数，再以恢复指数划分出 7 级耐渍涝标准，有一定应用价值。但是短期的花生根部淹水，难以导致植株死亡，且存活的植株因基因型不同受害程度也有差异（尹冬梅等，2009），因而该鉴定方法值得商榷。

李林等（2008a）建立了花生幼苗期耐渍涝室内快速鉴定法。种子和器具用 H_2O_2 消毒，蒸馏水漂洗。将种子在潮沙中正常发芽 3d，挑选 10 粒发芽较好的种子移植到装有 9cm 深度潮沙的培养钵中，再覆盖 1.5cm 细沙。正常发芽立苗 7d 后，每钵定苗 6 株。至幼苗 4 叶 1 心期处理组淹水，使沙土表面持水 1cm。每天换水 1 次，以防水体过度缺氧而影响各品种幼苗生长，难以体现耐渍性差异。对照组正常水分条件培养，每天浇水1次，以细沙潮湿为宜。淹水时间设置3个处理：1d（短期）、3d（中期）、10d（长期）。该方法能在室内鉴定花生生育早期的耐渍性，对大量种质资源进行广泛的耐渍性鉴定有重要利用价值。

2. 调查指标与标准

（1）生长发育指标。

主茎高、侧枝长、分枝数：按常规考种标准测定。

单株地上部重、单株地下部重、根冠比：按照称重法，分别称取鲜重、干重。

根容重：单位鲜重根系占据的空间体积大小，采用排水法测定。

根系颜色：目测。根系是遭受渍涝危害最早、最直接的部位，故依据室内幼苗期沙土水培（土面淹水深度2cm，时间3~10d）条件下的根系颜色变化，建立如下耐涝性分级标准。

1级：高耐，亮白色根系。

2级：耐涝，黄白色根系。

3级：中耐，淡黑色根系少。

4级：敏感，黑色根系中等。

5级：高感，黑色根系多。

根系气味：结合根系颜色观察，根据嗅觉可以将根系气味分为6级：臭味无、极轻、轻、中等、较重、重。

（2）生理生化指标。

叶绿素含量：SPAD-502叶绿素仪显示值。

根系活力：TTC法。

根系乙醇脱氢酶（ADH）活性：以每分钟OD_{340}增加0.001为1个酶活性单位（U），酶活性用U/（g·FW）表示。

3. 有效鉴定指标筛选

（1）根系。根系是植物吸收水分和各种养分、合成内源激素等代谢物质的重要部位，良好的根系发育是作物具有抗逆性和稳定高产的前提。根系也是植株受涝渍胁迫的最直接器官，其发育状况与耐性关系极为密切。

多年来的研究表明（李林等，2004，2008；刘登望，2009，2015），幼苗期耐涝性鉴定时间以3~10d为宜。花生幼苗根系受渍涝胁迫的影响很重，表观形态特征为根系颜色变深，根系变小，根冠比大幅降低，而单株地上部重、单株总重有降有升，说明花生幼苗对淹涝较敏感，根部受害程度远甚于地上部。乙醇脱氢酶ADH是厌氧呼吸的主导酶，而厌氧呼吸对底物的利用效率较低。一般而言，ADH活性在渍涝后短期升高有利于满足植物对能量的需求，长期升高则会导致植株体内积累大量乙醇，造成酒精毒害，进而破坏细胞原生质膜半透性。不同花生耐性品种苗期根系的ADH活性变化模式差异很大，极易受淹涝即厌氧诱导而上升，根系ADH活性的增长量、增长倍数（速率）因淹涝时间长短和品种而异。随着淹涝时间的延长，ADH活性与耐涝性关系由不明显，逐步趋向负相关，尤其是淹涝10d后ADH活性高的品种表现耐性较差。因此，花生 ADH 活性变化模式与耐涝性的关系亦须从动态考察。与大田所有产量耐涝性指标的相关性（表9-4），淹涝 3~10d 的 ADH 活性、根色均为负相关，根冠比、单株根重、单株地上部重、单株总重则为正相关，尤其是根重与短涝产量 2 年均呈显著正相关，淹涝 10d 后 ADH 活性高的品种，植株发育不良，说明淹涝时幼苗根系颜色变深、长期厌氧呼吸代谢旺盛的种质一般大田淹涝产量及其耐涝系数均低；反之幼苗根系发达的种质一般大田淹涝产量高，耐涝系数也较高。综合而言，根色、根重和 ADH 活性是不同品种耐涝性差异的主要表征指标，耐涝材料表现出根系发达、根色亮白，厌氧呼吸标志性酶 ADH 活性在短（1d）、中（3d）、长期（10d）淹涝时呈现高—低—低的变化趋势，而敏感材料为高—更高—特高的变化趋势，相应地大田淹涝产量及耐涝系数均高（Pardee and Dennis，2000）。因此，不同种质的田间耐涝性差异能根据室内淹涝幼苗根系的强弱、色泽、ADH 活性为主要指标进行有效判断。

表9-4　幼苗根系 ADH 活性与产量耐涝指标的相关系数（李林等，2004b）

产量耐涝指标	年份	根尖颜色	根系中上部颜色	单株根重	单株地上部重	单株总重	根冠比	淹涝1dADH活性	淹涝3dADH活性	淹涝10dADH活性
WY_{10}	2004	-0.2273	-0.6538	0.7609*	0.7269*	0.7432*	0.5057			-0.4192
	2005	-0.2273	-0.6538	0.7000*	0.6528	0.6663	-0.2265	0.1797	-0.3625	-0.4003
WY_{88}	2004	-0.3661	-0.4161	0.5444	0.4750	0.4983	0.4554			-0.4415
	2005	-0.3661	-0.4161	0.6945	0.5044	0.5403	0.2381	-0.2608	-0.1634	-0.3628
WTC_{10}	2004	-0.2252	-0.3263	0.5593	0.4101	0.4517	0.6411			-0.7379*
	2005	-0.2252	-0.3263	0.2328	0.3212	0.3093	-0.3804	-0.0483	-0.0952	-0.2288
WTC_{88}	2004	-0.4405	-0.0971	0.3502	0.1432	0.1973	0.6461			-0.8069*
	2005	-0.4405	-0.0971	0.2145	0.1846	0.1912	0.0264	-0.4769	0.0495	-0.3084

　　赵伟（2010）研究认为，根冠比可作为鉴定花生种质耐渍性差异的一个重要指标指出，花生苗期遭受渍涝胁迫时，根冠比随着胁迫时间的增加而降低，且耐渍性越强的品种，降低程度越小。在其他植物的研究亦表明（Choi et al.，1986；）湿涝使植物根冠比下降，说明根系受影响程度大于地上部，直至主根死亡。土壤水分状况可影响花生根系的分布深度、数量（Ketring et al.，1982）。

　　根系活力是反映植物根系抗涝适应性的一个重要生理指标，其强弱与根系的吸收养分能力、合成激素能力、氧化还原能力等有关，是根系生命力的综合指标之一。据李林（2004b）报道，在不同程度的渍涝条件下，耐渍性强的花生品种根系活力始终高于耐渍性弱的品种，特别是在生育中、后期优势极其明显。赵伟（2010）研究发现，渍涝后花生的根系活力大幅下降，且随渍涝时间延长、程度加大，根系活力下降幅度越大。

　　根容重是根重与根容量之比，其大小反映根系组织的致密程度。李林（2004b）研究表明，渍涝导致花生的根容重即根系组织的致密程度降低，其实质是渍涝促进逆境乙烯释放，导致根系组织纤维化过程加快，通气组织形成，组织疏松化，便于氧气的输送。敏感品种的根容重增幅大，而根容重变化率与根系活力、根冠比均呈负相关。也曾观察到，耐渍品种豫花 15 号遭受淹涝危害后，根颈部会萌发大量的不定根，并向土表分散，很可能与逆境胁迫下部分取代主根、侧根的吸收氧气、养分功能有关。花生根系组织孔隙度随着灌溉水加深和灌溉/蒸发比值上升而增加（Khan，1983），显示花生对缺氧胁迫的结构适应性。

邱柳（2012）研究结果也表明，幼苗期耐渍品种的主要特征特性为 ADH 活性低，根系发达，根冠比高，根色浅，叶绿素含量高。不同变种类型花生的苗期耐渍性，从根冠比和根色综合来看，以龙生型最强，多粒型最弱，而珍珠豆型、普通型、中间型居中；从 ADH 活性看，普通型>珍珠豆型>多粒型>中间型 ≈ 龙生型，说明淹涝条件下普通型花生的根系厌氧呼吸作用偏强。同一类型花生的耐渍性因生育时期而异，如多粒型花生耐渍性芽期最强而苗期最弱；龙生型花生芽期耐渍性较弱，而苗期最强。

（2）保护酶活性。众所周知，POD、SOD 及 CAT 是植物体内活性氧清除酶系统中的重要保护酶，与质膜透性及膜脂过氧化程度紧密相关（Fridovich，1998；曹仪植和宋占午，1998）。据李林（2004a）研究，花生保护酶活性对渍涝的反应因生育阶段、品种而异。在苗期 3 个保护酶的活性均因渍涝而降低，在花针期 SOD、POD 升高，而 CAT 降低；在壮果期 SOD 下降不明显，POD 大幅下降，CAT 略微升高；在保护细胞膜、清除自由基伤害方面，耐渍品种主要依靠 SOD、POD，敏感品种以 CAT 为主，而 SOD、POD 之间协调性较强。此外，赵伟（2010）研究发现，在淹涝情况下，各花生品种叶片的 SOD 活性显著升高，耐渍性强的品种升高幅度远远大于耐渍性弱的品种，且延长淹涝时间，叶片的 SOD 活性逐渐升高。

MDA 是植物受到逆境胁迫时膜脂过氧化作用的标志性产物，具有很强的细胞毒性，其含量的高低反映植物细胞膜受伤害程度。涝渍胁迫会导致植物叶片质膜通透性增大，MDA 含量增加，从而破坏细胞的质膜结构（宫长荣和汪耀富，1995；牛明功等，2003）。据赵伟（2010）研究，在渍涝胁迫下，花生叶片中 MDA 含量大幅上升，且随淹水时间的延长、程度的加大而升高，耐渍性越强的品种，MDA 含量的上升幅度越低，故 MDA 对鉴定花生的耐渍性有一定的指导意义。

（3）分子生物学。周西（2012）首次报道，花生体内存在能在渍涝条件下携带氧气的非共生血红蛋白基因 *AhGLB*。*AhGLB* 基因在渍涝缺氧条件下的根系中大量表达，茎、叶中也有一定表达。耐涝性强的品种湘花 2008 根系中表达量最高，我们初步推测 *AhGLB* 的表达与耐渍涝缺氧胁迫相关。

（三）大田期耐渍涝鉴定评价

1. 全生育期自然耐湿涝性鉴定方法

李林（2008b）报道了一种利用自然生成的湿涝条件进行耐湿涝鉴定的方法。

（1）鉴定步骤。2002 年是一个自春至秋降雨不断的典型湿涝年份，进行了花生自然湿涝效应研究。该年花生生育期间的总体气候生态特征为多雨寡照。其中，生育前、中前期（4—5 月）雨量大而雨日频率低，生育中后期、后期（6—8 月）长期多雨（雨日频率为三日两雨，历年约为三日一雨）、低温寡照。一般花生土壤湿度以 50%～70% 田间持水量为宜，而本年度长期超过田间饱和持水量（26.7%）的 77%～100%，地表多次淹水。由于雨日多、雨量大、日照少，造成花生徒长、封行早、土壤遮蔽度高、湿度大，继而土壤的嫌气性真菌生长旺盛，土体菌丝密布，地面增生大量蕈类。可见，从天空到地面、土体的多维空间，形成了理想的研究花生自然湿涝胁迫生态环境。

每份种质种植 3 个小区（13.3m²），随机区组排列。播种株行距按大田生产统一规格 16.7cm×33.3cm，每穴播种 3 粒，定苗 2 株，每小区 480 株。花生生育期间加强病害防治，以避免植株发育受病害的影响与其对湿涝的生理反应相混淆，其他管理同大田生产水平。

（2）调查指标与标准。

①外观形态性状调查方法与指标：

叶色反应：目测幼苗期和开花末期叶色变化，分为 3 级。

1 级：褪绿较少。

2 级：褪绿中等。

3 级：褪绿较多。

生理落叶程度：在成熟前调查，分为 5 级。

1 级：极轻，全株叶片极少脱落。

2 级：较轻，上部叶片极少脱落，中部叶片较少脱落，下部叶片落尽。

3 级：中等，上部叶片较少脱落，中部叶片多数脱落，下部叶片落尽。

4 级：较重，上部叶片脱落较多，中下部叶片落尽。

5 级：严重，全株叶片几乎落尽。

根系受害状况：主要依据根系腐烂度判断，在成熟前分为 5 级调查。

1 级：极轻，整根亮白、硬直，主根表皮完整，臭味极轻。

2 级：较轻，根尖黄白、较硬，主根表皮较少脱落，臭味轻。

3 级：中等，根系中上部较黄、较软，主根表皮较易脱落，臭味中等。

4 级：较重，根系中上部黄黑、较软，根尖乌黑，主根表皮易脱落，臭味较重。

5 级：严重，整根乌黑、软腐，主根表皮极易脱落，形成"鼠尾根"，臭味重。

果针与荚果腐烂状况：简称针果腐烂度，在成熟前调查，分为 5 级。

1 级：极轻，果针白硬，荚果亮白，针、果连接良好，腐味极轻或无。

2 级：较轻，果针黄白，较难断落，荚果较白，腐味很轻。

3 级：中等，部分果针发黄，部分荚果有腐色，腐味轻。

4 级：较重，部分果针腐烂、断落，先期成熟的荚果有腐味。

5 级：严重，果针腐烂，极易断落，荚果腐烂。

②株型、生物量和产量构成因素观测：花生成熟时在每个小区小心挖取完整植株，在 2.5mm 网目筛上用清水冲洗根部土壤，捡拾脱落的根系，保证全部的根系生物量。考察主茎高度、侧枝长度、单株分枝数等主要植株性状后，将地上部与根系分开，先 105℃杀青，再 80℃恒温烘干至恒重，称取根系重、地上部重和总生物量，计算根冠比、收获指数等生物量分配指标。荚果晒干后考种分析产量构成因素和果仁发育指标

等。各小区的其余植株收获荚果计产。

（3）有效鉴定指标筛选。李林等（2008b）研究 21 份珍珠豆型花生种质在全生育期自然渍涝下 20 个主要性状与产量的相关性，建立了自然渍涝条件下的大田鉴定方法及育种筛选指标。结果表明，种质材料之间存在丰富的性状变异。明确了耐渍高产花生的总体植物学特征和产量构成，即矮秆多枝，根系强而冠部弱，根冠比高，生理落叶少，果多果饱、果重仁重，而饱果、饱仁率低，收获指数高。进一步的逐步回归、偏相关、通径分析显示，可作为渍涝时高产种质筛选的最主要性状指标是百仁重、单株饱果数、单株秕果数。至于根冠比、饱果率，由通径分析可知根冠比对产量的直接效应虽小，但通过百仁重、饱果数、秕果数对产量的间接效应相当可观，应作为辅选指标；而饱果率对产量的直接效应较小且通过百仁重、饱果数、秕果数产生了较大的负向间接效应，因此饱果率不宜作为辅选指标。水分正常时高产花生的主要育种筛选指标性状为单株饱果数、百果重、出仁率。

2. 遮雨棚控制的耐渍涝鉴定方法

李林（2004b）建立了一种遮雨棚控制的耐渍涝鉴定方法。

（1）鉴定步骤。试验地应地势稍高，土壤渗水性较强，便于人工控制水分。四周环境一致，地力均匀。在试验地上空搭建透明塑料膜遮雨棚，棚四周开放，以防天然降雨对土壤水分状况的影响，同时保持光照和空气通透。为便于水分管理，建议采用裂区设计，主区为水分处理，副区为品种等。各主区间筑土埂，在土埂上下再覆盖 3 层农膜相隔，田沟深度 70cm，宽度 40cm，以防串水影响。水分处理包括短期湿涝、长期湿涝和正常灌溉。正常灌溉时，依据花生的需水特性，土壤水分管理采取生育前、后期干爽，中期湿润的方式。2 个湿涝处理均在花生营养生长末期（播种后 30d 左右）开始进行，通过管道输水灌溉，保持土面持水 1~2cm，其中短期湿涝持续 10d，此后正常灌溉；长期湿涝一直持续到花生成熟期之前第 5 天。

（2）调查指标与标准。花生成熟时每个小区细心挖取 10 个完整的植株用于考种，其余用于测产。

①农艺性状：主要包括主茎高、侧枝长、分枝数等。

②产量性状：考察单株结实性能、荚果及籽仁饱满度、荚果与籽仁产量。产量指标包括：实际产量，湿涝时称作湿涝产量；相对产量，某品种的湿涝产量与所有品种的平均产量之比，作为相对丰产指标；耐湿涝系数，某品种湿涝产量与正常产量之比，用以表征稳产性；耐湿涝指数为耐湿涝系数与相对产量的乘积，作为丰产稳产性综合指标（丁成伟等，1996；周广生等，2001）。

（3）有效鉴定指标筛选。作物受湿涝伤害的程度与水分生态型、品种、胁迫的生育期及其维持的时间长短、土壤类型与质地及其他环境条件有关（Choi et al.，1986）。一般认为，花生比较耐旱而怕涝。因此，种植花生的理想条件之一便是疏松通气的沙壤性土壤。花生对湿涝反应的敏感期尚有不同看法：生育前期和后期（万书波，2003；Bishnoi，1995），或荚果充实期，或花针期。其他作物湿害的敏感期芝麻在立苗期、开花至结荚始期（Hassan et al.，2001），麦类在生育中后期即拔节至灌浆期（曹旸等，1996；李金才等，2001；），苗期影响最小。

①生长发育：研究表明，在花生播种后淹涝时间超过 1d，则所有种子不发芽（Choi et al.，1986）。苗期渍涝会导致植株发育迟缓，成苗率降低（Herrera and Zandstra，1979）；开花以后发生渍涝则植株徒长、倒伏。荚果充实期渍涝导致种子变小（Choi et al.，1986）。过度灌溉或地下水位过高也使根系生长受抑，根瘤数减少且发育不良，叶片发黄，开花数与结果数减少，干物质生产受阻，产量下降（Bishnoi and Krishnamoorthy，1990）。刘登望和李林等（2007，2009）研究表明，根系是受涝渍伤害最早、最直接、最严重的部位，幼苗期渍涝造成根系变黑、侧根数减少，水淹 10d 后根鲜重降低 20.2%~67.7%；营养生长末期至开花期根部淹没使得多数品种株高降低，单株分枝数、总果数与饱果数均减少。

邱柳（2012）研究了大田渍涝对 128 份花生种质植株生长发育的影响。结果表明，淹水 7d 后所有花生种质的平均株高、侧枝长、分枝数比正常灌溉分别降低 11.07%、6.87%、2.15%。但品种间分化很大，各植株性状与对照比较均有增有减，主茎高为 −50.00%~14.29%，侧枝长为 −50.00%~36.67%，分枝数为 −53.76%~144.62%。渍涝对不同类型花生的植株性状影响程度不同。从耐渍系数看，主茎高以多粒型>珍珠豆型>中间型≈普通型，侧枝长以多粒型>珍珠豆型>中间型≈普通型，分枝数以普通型>珍珠豆型>中间型>多粒型。刘飞（2005）研究表明，湿涝导致花生主茎降低，茎增粗，分枝数减少，总叶片减少，叶绿素含量降低，同时干物质积累大幅度降低。

②生化适应性：良好的根系发育是作物综合抗逆和稳定高产的基础，根系发黑是耐涝性弱的外观标志（Vasellati et al.，2001；Smirnoff and Rmm，1983）。李林等（2004b）研究发现，淹涝 10d 后的花生种质如果根系 ADH 活性高，则植株多发育不良，特别是地上部和根系均较弱，根系发黑，而且淹涝 10d 后的 ADH 活性与大田所有产量耐涝性指标负相关，据此推测 ADH 活性低与花生耐涝性有关，因为 ADH 活性低说明厌氧呼吸弱、供能少、酒精毒害轻。

据李林等（2004b）研究，湿涝导致花生根系质膜透性增大，膜脂过氧化作用加重，不同品种差异很大。豫花 15 质膜透性受湿涝影响的程度略轻于花 269，膜脂过氧化程度则以豫花 15 稍重。保护酶（SOD、POD、CAT）活性对湿涝的反应与生育阶段密切关联。3 个保护酶的活性（2 个品种平均而言）均在苗期因湿涝而降低，在花针期 SOD、POD 上升，而 CAT 下降，在壮果期 SOD 略降，POD 剧降，CAT 上升。在保护细胞膜、清除自由基伤害方面，豫花 15 主要依靠 POD、SOD，而花 269 主要依靠 CAT。在花生湿涝胁迫后，2 个品种的 POD 活性变化趋势差异较大。保护酶之间的协调性以 SOD 与 POD 之间较强，尤其是豫花 15。

③营养生理鉴定：渍涝胁迫降低氧化还原电势，减少土壤氧气含量，改变养分的有效性，进而影响植物对养分的吸收、转化及再分布，如硝态氮（NO_3^-）因雨水冲洗或反硝化作用而大量损失，硫、锌、铜的有效性下降，可溶性钾和钙的总量减少，但磷、硅、铁、锰的有效性提高（张福锁，1993a）。豆科植物营养状况对渍涝的反应与其他类植物差异较大，原因在于前者可依靠根瘤菌固氮，提高营养效率。据报道，土壤水分为田间最大持水量的 60%~80% 时，花生根瘤菌固氮效率较高（万书波，2003），超过最佳湿度，根瘤数量减少、根瘤鲜重与干重降低、非共生血红蛋白含量和固氮酶活性下

降（Bishnoi and Krishnamoorthy，1990），以致根系固氮能力降低，植株地上部营养状况不佳，最终导致减产（Bishnoi and Krishnamoorthy，1990）。涝害对根瘤细菌的影响被认为是植物根部氧分压下降、根瘤的数量及氮的吸收量减少所致（Hongpaisan et al.，2004）。

刘飞（2005）研究指出，渍涝严重抑制花生对 N、P、K、Ca 和 Mg 的吸收与积累，N、P、K、Ca 总体下降程度以叶片>根系>茎秆；Mg 含量下降程度以茎秆>叶片>根系，渍涝敏感品种尤甚。相关分析表明，植株中 K 的含量、根系 N 的含量、地上部 Mg 的含量与产量存在显著的正相关，花生叶片中 N 的积累量和幼果中 Ca 的积累量与产量之间显著正相关。

④光合生理鉴定：叶绿素是光合作用的基础。湿涝处理导致花生叶绿素含量（郑毅，2000）、叶面积指数、叶片同化率降低（Krishnamoorthy，1981；Bishnoi and Krishnamoorthy，1992；Reddy et al.，1993），或者净光合速率、叶片水势和气孔导度降低（Bishnoi and Krishnamoorthy，1992；）。Reddy et al.（1993）以叶片叶绿素含量（SPAD）、失绿状况、叶片中活性 Fe^{2+} 含量和总干物质为指标，从 21 个印度品种中鉴定出 TCGS273、TCGS2、TCGS37 和 Kadiri3 4 个对渍害及其导致的缺铁症耐性强的花生品系。李林（2004）通过对 18 个花生品种进行大田短、中、长期的渍涝处理，探究光合生理与耐渍性的关系，发现渍涝后多数品种的叶绿素含量长期低于正常灌溉的水平，即使在短期湿涝解除后的第 25~80d，多数品种依然低于对照，但部分品种降幅极小或出现反弹。相关分析表明，短、长期湿涝后叶绿素含量高、增幅大或降幅小的品种，在湿涝后可增产，湿涝产量亦较高，说明保持青枝绿叶对维持光合功能和增产至关重要。由于叶色深浅与叶绿素含量密切相关，因此凭借湿涝前后叶色的变化能初步判断花生品种耐湿涝能力的强弱，长期湿涝达 90d 时的叶绿素含量与长期湿涝产量呈显著正相关，更说明这一点。

李林等（2004b）研究发现，短期湿涝导致所有花生品种的 Pn 降低，而中期湿涝导致多数品种的 Pn 降低。相关分析显示，短涝时 Pn 与耐湿涝系数和湿涝产量分别呈中度负相关和正相关；中涝时与湿涝产量的相关度达显著水平，因此以 Pn 大小仅能初步预测产量。然而，部分品种的 Pn 在较长湿涝条件下反而提高，其中彩珠、豫花 15、桂红花和花 59 分别提高 44.1%、20.0%、16.0%和 9.4%，这为部分品种在中涝比短涝增产提供了光合生理依据。通过分析光合作用的 3 个主要因数，即单叶净光合速率、单叶叶绿素含量和叶片总生物量（光合平台）在干物质积累和产量形成中的作用，发现迅速扩大光合面积，建立强大的光合平台，是花生对付湿涝危害的关键所在，尤其在长期湿涝条件下维持高叶绿素含量对保证高的净光合速率、保证高产至为重要。叶片生物总量大的品种一般单叶净光合速率很低，但叶绿素含量较高；长涝时叶片生物量的变化与净光合速率、叶绿素含量的变化均呈一定的正相关，说明此时光合参数指标间的协调显得重要。

⑤植物激素及生长调控：大量研究表明，湿涝引起植株体内乙烯、IAA 含量增加，抑制根部赤霉素和 CKT 的合成（张福锁，1993a），内源激素 ABA 含量也增加（张福锁，1993ab；Asha and Rao，2001），以增强抗逆性。也曾发现种子浸泡期间 ABA 含量

的降低（张福锁，1993）。花生种子也发现种子渍涝处理48~96h，ABA、IAA显著降低（Asha and Rao，2001），等吲哚化合物的合成受到抑制，沥出液中吲哚化合物的释放有可能保护种子免受缺氧条件的危害（Asha and Rao，2001）。

李林等（2004b）研究表明，花生根系内源激素对湿涝胁迫的反应，依激素种类、生育阶段和品种而异。在正常供水时，豫花15的激素含量与花269差异较小；而湿涝后豫花15的IAA有所下降，GA_3、ABA特别是Z（玉米素）大幅度上升，相应地花269的ABA上升，而IAA、GA_3特别是Z剧降。此时，豫花15对花269形成了超强优势，IAA、ABA、GA_3分别高出32.79%、69.75%、113.18%，而Z高4.9倍。此外，2个品种的ABA含量在湿涝时均升高，但升幅不大。

豫花15各激素间变率均呈正相关，特别是IAA与GA_3、IAA与ABA的相关度分别达到极显著或显著，逆境信号激素ABA与其他激素组分的相关度均达到较高水平，根系活力激素Z与其他组分均呈正相关；花269各激素间变率呈负相关或正相关，以负相关程度较高，特别是Z与ABA南辕北辙，难以协调，ABA与GA_3、Z与IAA亦呈一定负相关。由此说明，前者激素间变化和谐，易于达到高水平的动态平衡，而后者激素间关系紊乱，不易相互协调。

⑥产量：产量的高低可作为花生耐渍性强弱的鉴定指标。国际半干旱热带作物研究所、朝鲜等在20世纪80年代就开展了花生渍涝的产量效应和化学调控研究（Asha and Rao，2001；Bishnoi，1995）。Hongpaisan et al.（2004）研究表明，涝害对花生产量、产量构成及花生其他性状有不利影响。湿害对花生很多性状的影响在2d内就很明显，包括对不同花生品种间产量差异的影响。印度学者Bishnoi（1995）研究表明，花生在营养、开花、结果充实期分别湿涝7~14d，造成减产32.3%~68.6%。

我国广东、山东等省在20世纪60—80年代曾调查研究涝害或土壤过湿对花生产量的影响，一般减产二三成，严重的减产五成以上，花生荚果期需要充足的氧气，如果此时期缺氧，会出现烂果烂柄现象（山东省福山县农业局，1977；万书波，2003）。李林等（2004b）采用大田试验方法研究短、长期渍涝对18份花生种质产量的影响，发现渍涝导致多数花生减产，也有些增产，说明花生对渍涝的反应存在丰富的遗传变异。根据产量耐湿涝系数可将花生基因型的稳产性划分为4种类型，依据耐湿涝指数、聚类分析法可将花生基因型的丰产稳产性分别划分为6种类型，据此获得多个优良耐渍花生基因型，其中，湘花2008属于显著增产高产型，豫花15号属于显著增产较高产型，W2-15、桂红花属于显著增产中低产型，湘花269属于显著减产低产型。

邱柳（2012）在花生营养生长后期在大田对128份在正常水分时较高产的种质进行根部淹水处理7d，以产量及其耐渍系数为主要指标，鉴定评价不同种质的农学耐渍性差异。结果表明，渍涝对花生产量及其所有构成因素均有负面影响，而产量降低、籽仁变小是耐渍性弱种质的主要特征表现。不同类型花生产量受渍涝的影响顺序为多粒型>中间型>珍珠豆型>普通型。相关分析显示，渍涝产量与饱果数、秕果数、总果数、百仁重均呈极显著正相关；产量耐渍系数与秕果数、总果数呈极显著正相关，与饱果数呈显著正相关，说明渍涝减产的主因在于结果数的减少。

⑦品质：花生品质受湿涝的影响研究较少。美国研究表明，临近收获时若过量灌

溉，则荚果成熟度、饱满度下降，加工的花生酱品质变劣（圣安吉洛等，1981）。湿涝还导致花生种仁含油量下降（万书波，2003）。邱柳（2012）研究表明，渍涝对各品质指标的影响因类型而异，与正常灌溉相比，渍涝后脂肪含量、油酸含量和油亚比值升高，而亚油酸、蛋白质的含量降低。含量升高幅度，脂肪以多粒型最大，普通型最小；油酸以中间型最大，珍珠豆型最小；油亚比以普通型最大，珍珠豆型最小。含量降低幅度，亚油酸以中间型最大，珍珠豆型最小；蛋白质以多粒型最大，普通型最小。

（四）花生耐渍涝综合评价

对作物耐湿涝性的评价，一般采用的直观形态指标有种子发芽状况、叶片绿色稳定性、不定根的发育程度、存活率、恢复力、生长量、产量等，间接的指标主要有解剖结构（单位面积茎的气隙百分率、横切面发育特征）、生理生化代谢（根系泌氧力、K^+和NO_3^-含量、保护酶系和厌氧呼吸酶系的活性、硝酸还原酶活性 NR、质膜透性、胁迫期间光合与呼吸强度、碳氮水平等）。由于植物耐湿涝机制的复杂性，单个形态、生理指标有明显局限性，因此必须综合分析植物形态、生长或生理代谢等方面的变化，并最终从基因水平上加以确认，才能科学评价植物的耐湿涝性（龚明，1989）。

Hongpaisan et al.（1992）直接以荚果产量和种仁大小为指标，比较 4 个泰国品种的耐涝性，结果以 KhonKaen60-1 耐性较强。Reddy et al.（1993）以失绿状况、叶绿素含量、叶片中活性 Fe^{2+} 含量和总干物质为指标，从 21 个印度品种中鉴定出 TCGS273、TCGS2、TCGS37 和 Kadiri3 4 个对涝害及由此导致的缺铁症耐性强的品系。

李林（2004）研究表明，花生对湿涝的反应存在遗传多样性。多数种质的生育早期耐涝性与其在大田全生育期的表现一致，这为遗传改良提供了可能；但同一种质在不同水深和不同发育时期的耐性差异，则显示了耐性机制的复杂性和改良难度。有些种质如 ZH5 在各种淹涝程度、时期均表现高耐，HP311 在度过发芽期淹涝胁迫、YH15 在度过深水胁迫难关后，在幼苗期根系特发达，又表现高耐，而 HP269、HP55 只具备浅水发芽耐性。在生产上，对于发芽期耐性弱而幼苗期耐性强、经济产量高的种质，须注意排涝除渍，保证一播全苗。

邱柳（2012）阐明了花生不同变种类型的耐渍性差异，发芽期耐渍性以多粒型最强，其次是普通型、中间型、龙生型，珍珠豆型最弱；幼苗期以龙生型最强，多粒型最弱，而珍珠豆型、普通型、中间型居中；田间耐渍性以普通型最强，然后是珍珠豆型、中间型，多粒型最弱。

李林和刘登望（2004b，2008）、刘飞等（2007）、邱柳（2012）创建高效的花生耐渍育种技术体系（表9-5、表9-6）。探明了渍涝对花生农学性状的影响，初步摸清发芽期、幼苗期和大田期耐渍涝品种的主要特征特性，结合前人研究成果，创建出花生育种技术指标。

表9-5　花生耐渍涝鉴定技术体系（李林，刘登望等，2004b，2008a）

鉴定时期	生长发育	生理生化	物理	产量
发芽期（室内）	发芽量发芽涝害率	水体pH值、溶解氧含量	电导率、透明度	—
幼苗期（室内）	生长发育、根系颜色	叶绿素含量、根冠比、ADH活性	—	—
大田期	生长发育、农艺性状	叶绿素含量、根冠比	—	耐渍系数

表9-6　花生耐渍育种技术指标（李林，刘登望等，2004b，2008a）

鉴定时期与场所	耐渍品种的特征特性
发芽期	①发芽涝害率低；②培养水体电导率低；③水体pH值高；④培养水体溶解氧含量高；⑤水体不易浑浊；⑥籽仁小
幼苗期	①短涝时厌氧呼吸的乙醇脱氢酶ADH、乳酸脱氢酶LDH活性迅速升高，以便供应能量，长涝时厌氧呼吸活性低，而有氧呼吸的琥珀酸脱氢酶SDH活性较高；②根冠比大，根系颜色浅；③叶绿素含量高
大田期	①渍涝产量高；②耐渍系数大；③分枝数多；④短期渍涝结果数多、籽仁大
大田自然渍涝	①渍涝条件下高产种质的形态特征为矮秆多枝，根强而冠弱，生理落叶少，结果数多、荚果饱满、果重仁大，产量高；②筛选耐渍涝高产种质的主要指标：单株饱果数、单株秕果数、单株总果数、百仁重，其次是根冠比
盆栽营养鉴定指标	①主要营养元素积累总量大；②叶片N、幼果Ca的积累量较高

三、花生耐低钙鉴定评价体系

（一）花生耐低钙胁迫的水培鉴定方法

张君诚等（2006）介绍了一套花生全生育期耐低钙胁迫的水培方法。

1. 鉴定步骤

水培采用套盆分层组合方式：上层为塑料盆，盆底周围打好4个小圆孔，制成筛眼盆，内装干净的酸洗石英砂，保证结荚区钙离子浓度的稳定性。筛眼盆套在米氏盆上方（筛眼盆套米氏盆以保证果针膨大所需的机械刺激），其内盛装培养液，液面离筛眼盆底部4~5cm。供试花生种子事先统一育苗，当子叶展开，下胚轴约4cm、主茎高度7~8cm时移植到筛眼盆，每盆3棵，其余1孔接入充气皮管，每天定期充气1h，以保证培养液的正常气体交换。幼苗用脱脂棉在根颈绕两圈后安放在上层盆底小圆孔中，使幼根伸入培养液内2~3cm，以利吸收水分和养分。至开花期，筛眼盆上添加约10cm厚的石英砂。下针期及以后在石英砂表面套上黑色塑料袋（夜晚拆除），以模拟果针发育的黑暗刺激。

培养液配方采用霍格兰和阿农微量元素法，铁盐用乙二胺四乙酸钠和硫酸亚铁反应而得，钙源为硝酸钙，不同处理间的氮素由硝酸钠平衡。营养液更换的时间间隔依气温高低而定，夏季每3d换1次，秋冬则每周换1次。花生生育期间浇营养液于石英砂面，以促进果针发育。根据张君诚（2004）确定的水培条件下花生胚胎败育与正常发育的钙离子（Ca^{2+}）浓度临界值15～20mg/L，设多个钙离子浓度水平：0mg/L、10mg/L、20mg/L、300mg/L，分别代表无钙、低钙、临界钙、高钙。

2. 调查指标与标准

观察花生生长、开花、下针、结果动态，并在收获期进行考种，分析产量性状。包括：主茎高、分枝长、分枝数、返青现象、果针数、果针高度、烂针数、结果数、成果率（结果数/果针数）、饱果数、饱果率（饱果数/结果数）、烂果数、饱果重、仁重、出仁率（仁重/饱果重）、根重、地上部重、根冠比（根重/地上部重）、生物产量及经济系数等指标。

3. 有效鉴定指标筛选

（1）形态发育。张海平（2003）、周卫和林葆（1996）等分别通过水培试验发现，花生缺钙时整株表现出明显症状：植株矮小，主茎细弱，分枝数、结果数、饱果数少，果小且不饱满，烂果和空荚增多，根系影响尤甚，表现为根系短小，新生根系少，呈黑褐色；严重缺钙时，花生生长缓慢，地上部生长点焦枯，顶叶黄化并有焦斑，根系短、小、粗而呈黑褐色，侧根少，根生长点坏死（周卫和林葆，1996）；而且不同的花生品种间主茎高、干物重、单株果数、主根长等的降低幅度具有明显差异（李忠等，2007）。张海平等（2004）发现，高钙处理的植株高大，茎枝粗壮，叶片厚且大，果量多，果大饱满。高丽丽（2013）利用两个花生品种在0和0.01μmol/L Ca^{2+}水培处理下28d，发现缺钙敏感品种鲁花11缺钙症状明显：植株短矮、叶片变小、茎尖坏死、侧枝数增多，品种远杂9102植株上尚未出现缺钙症状。

李东霞（2014）研究表明，缺钙与加钙相比，单株鲜重、单株根鲜重、单株叶片鲜重都显著降低。

（2）解剖结构。周卫和林葆（2001）解剖学研究发现，缺钙时花生侧根横切面畸形，根细胞壁受到严重伤害，松弛扭曲，从而影响其吸收养料的能力；而施钙时侧根皮层细胞排列紧密，无细胞壁松弛现象。此外，低钙还导致花生的花粉变形，花粉壁松弛，淀粉粒小而稀少，从而影响花粉活力。高丽丽（2013）对水培花生进行超显微观察发现，缺钙胁迫时细胞间距增大，质膜破裂，细胞器解体。当钙供应不足时，鲁花11的茎尖细胞叶绿体膨胀，Ca^{2+}沉淀颗粒少于远杂9102。缺钙胁迫下，远杂9102保持良好的根系形态和细胞结构。

（3）营养生理。周卫和林葆（2001）利用电子探针研究发现，缺钙时花生壁K峰升高，Ca、P、S和Si峰降低，从而影响花粉活力。高丽丽（2013）缺钙胁迫时水培花生鲁花11的茎尖细胞叶绿体Ca^{2+}沉淀颗粒少于远杂9102，后者有较强的Ca^{2+}吸收能力，Ca^{2+}由根部向地上部运输较多，这些可能是花生远杂9102较鲁花11更耐缺Ca的一些重要原因。高丽丽（2013）也发现水培花生品种鲁花11的钙浓度与钙积累量低于远杂9102。在0和0.01μmol/L Ca^{2+}供应下，鲁花11根系钙积累量在整株中所占比例较高，而远杂9102叶中钙积累比例较高。

（4）活性氧伤害。张海平等（2004）水培试验表明，低钙对花生生长发育的影响与植株体内活性氧防御系统受到破坏密切相关。在 $0 \sim 100mg/L Ca^{2+}$ 浓度范围内，POD、CAT 的活性随着培养液钙浓度增加而升高，而 MDA 含量、活性氧 O_2^- 产生速率以及电导率随着培养液钙浓度升高而降低。

（二）花生营养液湿润沙石基质培养耐低钙鉴定方法

李忠等（2007）、贺梁琼（2009）、王芳等（2015）、赵秀芬和房增国（2017）采用营养液湿润沙石基质培养耐低钙鉴定方法。

1. 鉴定步骤

花生种子消毒、浸种、催芽后，播种于装有洗净石英砂培养基质的容器中，采取营养液和水分湿润式培养，促使种子正常出苗、生长。营养液采用 Hoagland 和阿农微量元素配方，设置低、中、高钙等不同钙浓度水平，钙源为 $Ca(NO_3)_2$，不同钙处理的氮素由 NH_4NO_3 或 $NaNO_3$ 平衡。每隔数日换 1 次营养液，以保持钙浓度等稳定性。在网室或培养室内进行培养若干天或直至成熟期，保证温光水气等条件一致。选取生长一致的植株进行观测。

2. 有效鉴定指标筛选

贺梁琼（2009）沙培试验结果与大田试验一致，随着施钙量增加，4 个花生品种的主茎高、侧枝长和根重皆呈下降趋势，但单株饱果数、饱果率、产量大幅增加。李忠等（2007）、王芳等（2015）等沙培研究结果则与其他研究者在大田试验的结果相反，即高钙条件下大部分花生品种的主茎高、干物重、单株果数、主根长、根干重、单株产量等均明显升高，并增加根冠比，且不同花生品种间升高幅度具有明显差异，这可能与沙培对照绝对缺钙而土壤对照含有背景钙有关。李忠等（2007）初步筛选出两个耐低钙能力较强的花生品种汕油 21 和汕油 27，认为荚果产量、植株地上部干物重和根干重可作为鉴别花生品种耐低钙能力的有效指标，而主茎高、主根长、总分枝数与耐低钙能力关系较小。

赵秀芬和房增国（2017）通过砂培盆栽试验研究了低钙胁迫对不同品种花生产量、生物量、农艺性状及钙素吸收分配、利用特性的影响。结果表明，低钙胁迫对绝大部分品种的花生分枝数无明显影响，但明显提高单仁果数和植株生物量，显著降低荚果及籽粒产量。施钙显著提高不同花生品种的茎叶、根系和果壳的钙含量，但籽粒的钙含量无显著差异。

王芳等（2015）研究表明，Ca^{2+} 显著提高根系活力，提高 ROS 清除酶活性、渗透调节物质含量，降低叶片和根系的 ROS（H_2O_2、超氧阴离子 O_2^-）积累，MDA 含量明显降低，施钙提高光系统 II（PS II）的最大光化学效率（Fv/Fm），表明胁迫条件下 Ca^{2+} 通过大幅提高保护酶（SOD、APX 和 CAT）活性和渗透调节物质（可溶性糖、脯氨酸）含量来降低 ROS 的积累和危害，保护花生类囊体膜从而保证花生正常生长。

（三）花生种质钙敏感性的大田鉴定方法

1. 鉴定步骤与指标

（1）在降水量较大、相对地势较高、不易渍水的生态区域，选择种植花生易于空壳的土壤。

（2）对选择的土壤中花生所需的主要养分进行化验，化验指标包括：全氮、碱解氮、有效磷、速效钾、阳离子交换量、交换性钙、水溶性钙、交换性镁、有效锌、有效钼、有效硼、有效硫。

（3）根据化验数据，判断土壤的交换性钙含量是否低于1 200mg/kg，如果低于则确定所选择的土壤为缺钙土壤，判断土壤的镁、锌、硫、硼、钼含量是否大于或等于临界值标准，即交换性镁≥120mg/kg，有效锌≥0.50mg/kg，有效钼≥0.15mg/kg，有效硼≥0.50mg/kg，有效硫≥10.0mg/kg，如果某元素含量小于临界值标准，则确定缺乏此元素。

（4）氮磷钾三个养分要素按照花生作物的吸收比例，并综合考虑花生的生物固氮作用，按照中等产量水平，每亩施用氮磷钾含量一致的45%复合肥40kg，复合肥中不得含有钙素；镁、锌、硫、硼、钼养分按照临界值平衡法添施，达到或超过临界值标准的养分不再添施；每亩施用钙肥，以标准的氧化钙计，15~50kg，并设置不施钙肥但各养分为临界值标准的对照。

（5）选择对缺钙土壤敏、耐的花生品种各若干个，种植于选择的土壤中。

（6）栽培的花生按照中等产量水平进行灌溉、病虫草害综合农艺管理。

2. 调查指标与标准

花生结果收获后，判别不施钙肥、施钙肥处理的空果率差异达到显著水平的为敏感种质，差异不显著的为耐性种质。具体如表9-7所示。

表9-7　花生种质耐低钙性大田鉴定判别法

土壤处理	钙肥处理	种质空果率差异	种质耐低钙性判别
临界平衡土壤	不施 施	显著	敏感
临界平衡土壤	不施 施	不显著	耐性

3. 有效鉴定指标筛选

（1）形态发育。钙显著影响花生的生长发育。吴文新等（2001）、周录英等（2008）、霍元元（2017）、修俊杰（2018）等大田试验均表明，在正常水分条件下施钙肥对控制花生营养生长、促进生殖生长效果均显著，表现为主茎变矮，侧枝变短，分枝数影响小，但叶面积、总根长、根体积有所增加，干物质积累显著增加，而根表面积和平均直径并无明显变化；缺钙造成中、后期旺长，茎部呈现暗紫色，甚至出现"老来青"高节位开花的现象。Caires and Rosolem（1998）研究认为，大田花生的根密度与土壤钙浓度具显著的相关性。顾学花等（2013，2015）研究表明，干旱胁迫下施钙，则促进花生的营养生长。

王建国（2017）在南方红壤旱地进行花生施钙效应的盆栽试验表明，施钙提高地上部生物量，根系生物量无显著影响（露地栽培）或略减（覆膜栽培），因而降低根冠比，侧根与毛细根数量显著增加，因而显著增加总根长、表面积、体积，降低根系平均直径，而缺钙时根系较粗，侧根与毛细根较少，总根长与总表面积较低，不利于水分与养分的吸收。相关分析表明，根系生物量、体积与荚果产量无显著正相关；根粗与产量极显著负相关；总根长与产量呈极显著正相关，总根系表面积与产量间呈显著正相关；0~20cm 土层内根系长度、表面积与产量存在极显著正相关；20~40cm 土层内根系平均直径根系性状与产量间呈极显著负相关；40cm 土层以下根系长度与产量呈显著正相关，其余各根系性状与产量间相关不显著。总的来说，高产花生的特征是植株矮壮但叶片多，侧根与毛细根发达。

（2）生理生化。

①生化适应性：碳、氮代谢是花生产量、品质形成的关键过程。张佳蕾（2015a）发现，增施钙肥显著提高了酸性土花生叶片的谷氨酰胺合成酶（GS）、谷氨酸合成酶（GOGAT）、谷草转氨酶（GOT）和谷丙转氨酶（GPT）活性。钙肥处理显著提高了花生生育前期的叶片磷酸烯醇式丙酮酸羧化酶（PEPCase）、蔗糖合成酶（SS）和蔗糖磷酸合成酶（SPS）活性，而生育后期的活性低于不施钙肥处理。张佳蕾（2016b）还发现，不同钙肥处理均显著提高旱地花生在饱果期和成熟期的叶片硝酸还原酶（NR）活性。

②光合作用：张海平等（2003，2004）研究表明，缺钙花生的根系活力低，叶绿素含量和光合速率下降，淀粉酶活力低，影响碳水化合物的运转，改变花生光合产物的分配，叶片可溶性糖、淀粉、可溶性蛋白质含量明显低于高钙处理，败育胚增多，荚果不饱满，产量降低。周录英等（2008）、张佳蕾（2016b）研究均表明，施用钙肥显著提高叶片叶绿素含量和光合速率。张佳蕾（2016b）进一步研究指出，增施钙肥使旱地花生饱果期实际光照下的量子产量 ［Y（Ⅱ）］、光合电子传递速率（ETR）、光化学淬灭（qP 和 qL）显著增高，使 qN 和 NPQ 显著降低，说明增施钙肥能显著提高旱地花生的光化学效能，增加 PSⅡ 天线色素吸收的光能用于光化学电子传递的份额而减少热耗散损失。钙肥能延缓旱地花生的植株衰老，有利于花生在干旱条件下保持较高的根系活力、光合速率和延长光合时间，提高干旱后复水过程中花生的恢复能力，缓解干旱对花生的不利影响（顾学花等，2015；张佳蕾，2016b）。

③活性氧伤害与渗透调节：众多研究表明，缺钙条件下花生的抗氧化保护体系遭到破坏，过氧化物酶（POD）、过氧化氢酶（CAT）的活性降低，过氧化作用和丙二醛（MDA）含量提高，$O_2 \cdot^-$ 产生速率、电导率值较高，细胞膜透性增加，植株衰老加快（张海平等，2003，2004）；而增施钙肥显著增加叶片超氧化物歧化酶（SOD）、过氧化物酶（POD）、过氧化氢酶（CAT）活性和可溶性蛋白含量，大幅降低丙二醛（MDA）积累量，显著降低活性氧的产生速率和膜脂过氧化，显著提高根系活力（周录英等，2008；顾学花等，2013；张佳蕾，2016b）。施钙处理的渗透调节物质含量的增加幅度显著高于不施钙处理（顾学花等，2013）。Ca^{2+} 能提高花生幼苗内甜菜碱的含量，降低脯氨酸的含量，从而提高花生适应盐胁迫的能力。

（3）产量。缺钙往往造成花生产量大幅降低。王秀贞等（2010）认为，土壤水溶性 Ca 含量和 pH 值均与花生空荚发生程度呈显著负相关，缺钙及 pH 值偏低会导致花生空荚病发生。Chamlong et al.（1999）研究发现，花生荚果空壳率与土壤的钙含量高度相关。大田低钙环境对荚果发育的影响重于对地上部的影响，轻度缺钙时花生的总花数、可育花数会减少，荚果发育减退，造成烂果、空果、秕果、单仁果增多，种仁不饱满，严重缺钙时种子的胚芽变黑，荚果不能形成（周卫和林葆，2001；张君诚，2004；万书波，2003）。低钙植株烂果或空荚后，会出现株体返绿与再次开花的现象（张君诚，2004）。

国内外在缺钙土壤中因地制宜地施用不同种类的钙肥如石膏、石灰、碳酸钙、氰氨化钙、牡蛎壳粉、硫酸钙等，对花生均有显著或极显著的增产效果，一般均表现为明显增加花生的总花数、可育花数、饱果数、单果重，减少空、秕果数，降低烂果率，提高饱果率、双仁果率、出仁率，果荚较饱满，百荚重和百仁重明显提高，进而显著增加花生荚果、籽仁产量和收获指数（汪仁等，1999；周卫和林葆，2001；周录英，2008；顾学花等，2013，2015；张佳蕾等，2015a，2016b；王建国，2017）。增产效果大小与土壤钙素水平密切相关（周录英等，2008）。修俊杰（2018）发现，在一定供钙范围内，饱果数、单株干重、出仁率、荚果产量等均随着施钙量增加而增加，但当施钙量超过150kg/hm² 时，继续增加施钙量产量反而下降。

李东霞（2018）采用土壤盆栽培养研究施钙和不施钙的效应表明，不施钙时供试花生的单株饱果数、出仁率和每盆干果重都降低，而无效果针数和侧枝长都增加。单株饱果数、每盆干果重、无效果针数和侧枝长可作为评价花生耐土壤低钙胁迫的相关指标。缺钙与施钙条件下出仁率均与根部钙含量呈显著正相关。

（4）品质。钙对花生品质也有不同程度的影响。施用多种化学形态的钙肥不仅同时提高了花生籽仁中脂肪和蛋白质的含量（El-Saadny，2003；林爱惜，2007a；周录英等，2008；于俊红，2009；张佳蕾，2015a；顾学花等，2015），提高脂肪酸中的油酸/亚油酸比值（货架寿命指标）（周录英等，2006，2008；张佳蕾，2015a），而且改善花生蛋白质品质即增加限制性氨基酸赖氨酸和蛋氨酸的含量（周录英等，2006；张佳蕾，2015a），从而延长花生制品货架寿命，改善花生蛋白质品质。个别报道反映（汪仁等，1999）施钙提高蛋白质含量，但降低脂肪含量。

四、花生耐盐鉴定抗逆评价体系

花生耐盐性鉴定主要包括芽期鉴定、苗期鉴定和田间鉴定。吴兰荣等（2005）研究认为，NaCl 致死浓度芽期最低（15g/L），幼苗期次之（20g/L），开花下针期、饱果成熟期最高（40g/L），表明对盐胁迫最敏感时期是发芽期，也是进行耐盐鉴定的重要时期，其次是幼苗期。符方平（2013）发现，在花生成苗后不论是盐耐或敏感花生品种，耐盐能力均表现为结荚期>花针期>幼苗期，盐敏感时期在幼苗期。上述研究结果充分说明在盐胁迫地进行花生丰产性鉴定的必要性。

（一）发芽期室内耐盐性鉴定评价

花生芽期鉴定耐盐性具有容量大、时间短、环境影响小、重复性强等优点，芽期鉴定主要采用纸间萌发鉴定法。培养期间需要对 NaCl 溶液浓度进行调控，魏光成和闫苗苗（2010）采用称重法补充蒸馏水，保持处理浓度的相对稳定。

1. 盐水吸胀后湿润发芽法

姜慧芳和段乃雄（2006）介绍了一种盐水吸胀后湿润发芽法。

（1）鉴定步骤。用 1%NaCl 溶液浸泡种子 6h 后，放在 27~28℃ 恒温、湿润条件下进行发芽，用自来水浸种作为对照。

（2）调查指标与标准。处理和对照于第 2d、第 4d 调查发芽率。胚根长等于种子长度时调查发芽率，计算发芽率和盐害百分率，以盐害率为指标进行耐盐性的分级评价。计算公式为：SI=（CK-T）/CK×100%。式子中，SI 盐害率，CK 对照发芽率，T 处理发芽率。

耐盐性分为 5 级：1 级（盐害率≤20%）；2 级（20%<盐害率≤40%）；3 级（40%<盐害率≤60%）；4 级（60%<盐害率≤80%）；5 级（盐害率>80%）

耐盐标准：1（高耐，1 级）、5（中耐，2 级）、7（敏感，3~4 级）、9（高感，5 级）

2. 盐水吸胀持续发芽法

刘永惠（2012）、李瀚（2015）、孙东雷（2017）采用盐水吸胀持续发芽法进行耐盐胁迫鉴定。该方法将花生种子一直浸泡在 NaCl 胁迫溶液中，鉴定过程更符合盐碱地种植花生的实际。

（1）鉴定步骤。将花生种子分别浸泡在 0%~1.2% 的各级浓度的 NaCl 溶液中，置于黑暗 24h、25~28℃ 的培养箱内萌发。为确保 NaCl 胁迫浓度的相对稳定，发芽期间每 2d 更换 1 次胁迫液，对照同期更换清水，或采取称重法补充水分，保持盐溶液浓度稳定。

（2）调查指标与标准。从第 2d 开始每天统计发芽数，连续统计 5d。以胚根长大（等）于种子长为发芽标准。调查种子的发芽势（第 3d）、发芽率（第 7d）、发芽指数（∑ 每天正常发芽的种子数/相对应的天数），计算其相对值。参照姜慧芳和段乃雄（1999）编写的《花生种质资源描述规范和数据标准》进行盐害率的计算和耐盐性分级。

（3）有效鉴定指标筛选。刘永惠（2012）以 0.5%NaCl 为发芽期胁迫浓度，以相对发芽势、相对发芽率和相对发芽指数为指标，通过聚类分析将 41 个花生品种（系）萌发期的耐盐性分为 A、B、C、D、E 共 5 个类群，其中 A 类群耐盐性较强，E 类群表现为盐敏感。孙东雷等（2017）以发芽势、发芽指数、活力指数、发芽率、鲜重、相对含水量、干重的相对值为鉴定指标，采用主成分分析、隶属函数法及聚类分析方法综合评价萌发期耐盐性。结果表明，相对含水量和鲜重可作为萌发期耐盐性的最佳鉴定指标，0.5%NaCl 溶液可作为萌发期耐盐性鉴定的合适浓度，47 份花生材料划为 5 个耐盐级别。隶属函数法结合耐盐分级可作为一种简便快速鉴定花生萌发期耐盐性的方法。李瀚（2015）结果表明，不同盐溶液浓度、不同花生品种种子萌发特性不同，随盐溶液浓度的升高，花生种子盐害率增加，发芽势、相对发芽指数降低；同时依据不同盐浓度下花生品种耐盐性及其相关萌发指标差异，确定 0.7%盐浓度可作为花生品种萌发期耐盐性筛选鉴定的适宜浓度。通过聚类分析方法可将花生品种耐盐性分为 4 类。

（二）幼苗期室内耐盐性鉴定评价

朱统国（2014）认为，只在芽期进行花生种质耐盐鉴定，不足以真实反映种质的耐盐能力，需要进一步进行幼苗期或全生育期鉴定。针对幼苗期的耐盐性研究，主要采用了沙土盆栽法和无土营养液栽培法。

1. 室内沙土盆栽法

（1）鉴定方法。于播种前将配置好的处理液施入各盆栽土壤中，使土壤浓度达到预定浓度，达到适宜墒情后进行播种，定时补浇相应浓度处理液，每天记录出苗和幼苗生长情况（胡晓辉等，2011；慈敦伟，2013）。

（2）有效鉴定指标筛选。慈敦伟（2013b，2015）、张智猛（2013a）报道，将花生种子播在 0、0.15%、0.30%和 0.45% 4 个盐胁迫浓度的土壤中，在 6 叶期采集相对出苗时间、相对株高、相对主茎高、相对主根长、相对地上部与地下部鲜重、干重、相对植株鲜重、干重等 10 个指标，运用主成分分析、聚类分析方法将花生品种的耐盐性分为高度耐盐型、耐盐型、盐敏感型和高度盐敏感型 4 组，部分品种（系）在各强度盐胁迫下均表现为耐盐或盐敏感，部分品种（系）在低强度胁迫下表现为耐盐，而在高强度胁迫下表现为盐敏感。慈敦伟（2013b）采用隶属函数值法将 10 个指标归结为平均隶属函数值，根据不同胁迫浓度下各指标与平均隶属函数值之间的相关性大小，认为植株鲜质量、地上部鲜质量、地下部鲜质量、地下部干质量、株高和主茎高可作为耐盐能力判断的首选指标，植株干质量、地上部干质量、主根长和出苗速率可作为辅助指标。

2. 无土营养液栽培法

首先将催芽 7d 的花生种子移入温室生长至三叶期，然后选择生长一致的幼苗，用不同浓度的 NaCl 溶液进行处理，每 2d 更换 1 次 NaCl 胁迫液，以确保 NaCl 溶液浓度的相对稳定（沈一，2012）。

3. 全生育期耐盐鉴定法

首先在盐胁迫下进行纸间发芽，以鉴定芽期耐盐性，进入幼苗期后进行盆栽实验，浇灌不同浓度的盐水，对各个时期的耐盐性进行研究，最后收获，测定各处理的产量。

（三）大田期耐盐性鉴定评价

芽期和苗期筛选出的耐盐材料还必须进行田间耐盐性鉴定才能选育出可用于实际生产的耐盐花生品种，因为田间耐盐性鉴定更接近于大田生产条件，具有更大的应用价值。如能将田间鉴定和室内鉴定结合起来，先进行室内芽期鉴定，剔除大部分不耐盐材料，而后再在盐地鉴定，能更好的反映种质资源的耐盐水平（王传堂，2013）。

（四）花生耐盐性胁迫浓度的选择

盐浓度影响作物种子的萌发主要有三方面效应，即增效效应、负效效应和完全阻抑效应。低浓度盐对种子萌发没有影响甚至有促进作用，随盐分浓度的升高，种子发芽率、发芽指数和活力指数减小，盐浓度过高就会抑制种子萌发。

花生各生长时期耐盐性鉴定的适宜盐胁迫浓度没有统一的标准，因试验目的、试验方法和鉴定时期不同。关于种子萌发期耐盐性筛选鉴定的适宜浓度，2006 年出版的《花生种质资源描述规范和数据标准》中确定花生发芽期室内恒温耐盐性鉴定以 1.0%NaCl 为选择浓度。刘永惠等（2012）、陈志德（2015）认为 0.5%NaCl 胁迫能较好反映品种萌发期的耐盐性差异，可用于花生耐盐种质资源的鉴定。李瀚（2015）认为，0.5%~0.7%盐浓度可作为花生品种萌发期耐盐性筛选鉴定的适宜浓度。刘永惠（2012）曾观察到，0.25%NaCl 处理抑制大多数花生品种的种子萌发，但仍有部分品种的发芽率高于对照；在 0.5% 和 0.75%NaCl 胁迫条件下，所有品种的发芽势、发芽率、发芽指数均低于对照。

关于幼苗期耐盐性筛选鉴定的适宜浓度，沈一等（2012）在温室中对三叶期幼苗进行盐胁迫试验表明，0.25%盐胁迫下幼苗植株地上部和地下部农艺性状与对照无显著差异，0.5% 和 0.75%盐胁迫下，幼苗各农艺性状都显著或极显著低于对照，据此认为用 0.5%NaCl 胁迫进行花生幼苗期耐盐鉴定比较适宜。符方平（2013）、张智猛（2013a）在人工光照培养室内考察盆栽花生萌发至幼苗期的盐胁迫耐受性，认为花生出苗的盐耐受阈值为 0.45%，鉴定耐盐性强弱的适宜盐胁迫浓度为 0.30%~0.45%。杨圆圆（2017）认为，在水培育条件下，利用幼苗生长指标鉴定适宜的培养液盐浓度为 1%，生物量耐盐指数、生物量耐盐系数、主茎高相对值、侧枝长相对值能够作为主要鉴定指标；使用死亡率鉴定时，适宜的培养液盐浓度为 2%~3%，选用 3%盐胁迫时，使用盐胁迫下第 9d、10d、11d 植株死亡率数据作为苗期耐盐性鉴定依据较为合适。

全生育期耐盐性筛选鉴定的适宜浓度因栽培方式等稍有不同。吴兰荣等（2005）通过盆栽方式耐盐鉴定表明，花生芽期和幼苗期对盐胁迫较敏感，以减产 50%盐浓度作为花生的耐盐系数，确定花生的耐盐鉴定适宜盐浓度为 0.2%~0.3%，盐胁迫浓度达到 0.5%时花生生长受到严重抑制。胡晓辉等（2011）认为，采用盐化土壤全生育期盆栽培鉴定的适宜盐浓度是 0.7%左右，1.0%盐胁迫下几乎均不发芽。慈敦伟（2013a）指出，在盐胁迫大田鉴选花生品种耐盐性强弱的适宜盐胁迫浓度为 0.30%~0.45%，超过此浓度不能出苗。

综合来看，多数研究者认为不论室内或大田、种子萌发期还是全生育期，0.5%NaCl 浓度能较好反映品种的耐盐性差异，可用于花生品种资源的耐盐性鉴定。

（五）花生耐盐性评价指标的选择

在植物耐盐性评价中，多数研究者常采用植株存活率、绝对生长量或相对生长量等指标。世界范围内花生耐盐育种进展迟缓，大部分研究在印度、孟加拉国和中国进行。

从耐盐鉴定手段看，发芽试验、盆栽试验被广泛运用，多以相对发芽率、胚根长度、主茎高、侧枝长、生物量等指标作为选择依据，很多试验未进行到收获，缺乏最为关键的产量指标，因此选出来的"耐盐"品种缺乏足够的说服力。研究发现，芽期耐盐性与其他时期耐盐性无明显关联（吴兰荣等，2005），依据生物量与根据产量确定的耐盐基因型并不相同。因此，应该在多个生育时期，采取室内、田间鉴定相结合，运用多个关键指标或综合评价方法，对花生耐盐性进行全面客观的鉴定评价。

花生芽期耐盐筛选主要采用露白率、发芽势、发芽率、根部生长性状等作为鉴定指标（郭峰，2010；王秀贞等，2011）。幼苗期主要采用出苗率、出苗速度、植株农艺性状、植株地上部和地下部鲜物质重和干物质重为鉴定指标（沈一，2012；符方平，2013）。成熟期主要采用植株农艺性状、饱果数、生物产量和经济产量作为耐盐鉴定指标（吴兰荣，2005）。

目前，越来越多研究者认为，选择这些鉴定指标的相对值来评价花生品种耐盐性，能够消除品种间固有差异，较之绝对值更能真实体现花生耐盐性的内涵（胡晓辉等，2011；沈一，2012；刘永惠，2012；陈志德，2015）。

对大批量品种进行基于相关分析、隶属函数分析、主成分分析、聚类分析的耐盐性鉴定越来越重要。例如，慈敦伟等（2013a）研究 107 个花生品种（系）在不同浓度盐胁迫下的相对出苗速度、相对植株形态和相对生物量，并用主成分分析和隶属函数值分析 2 种方法对这些相对指标与花生耐盐的相关性进行了分析。结果表明，地上部形态和生物量等在两种评价方法中与花生耐盐的相关性均较大，可作为首选指标；主根长和出苗速率相关性较小，可作为辅助指标。另外，魏光成和闫苗苗（2010）、曹军等（2004）以叶片和根芽中游离脯氨酸含量、可溶性蛋白含量、SOD 活性、POD 活性及丙二醛含量等在盐胁迫下的变化研究花生的耐盐性，证明这些生理指标在一定程度上也可反映出花生的耐盐能力。石运庆（2015）在收获期分别采集 47 份花生品种在盐碱地、正常地的 9 个指标（主茎高、侧枝长、分枝数、饱果数、秕果数、总果数、饱果率、百果重、百仁重），利用主成分分析法将除分枝数外的 8 个指标分为 4 个主成因子。根据各主成因子权重进行聚类分析，将 47 份花生品种分为 5 类。

1. 形态与生长发育

郭峰等（2010）报道，以不同 NaCl 浓度（0、100、200、300、400、500 $\mu mol/L$）处理鲁花 14 号和丰花 1 号花生种子研究表明，低浓度（100 $\mu mol/L$）盐处理对萌发影响较小；随着盐浓度增加，发芽势和发芽率迅速降低，根长、根表面积、根体积、根鲜重和胚根粗快速减小；高浓度 NaCl 处理情况下，花生根尖 DNA 凝胶电泳出现明显的连续拖带现象，根尖细胞凋亡相对严重。鲁花 14 号耐盐胁迫的能力显著高于丰花 1 号。符方平（2013）报道，盐胁迫明显影响花生的生长发育。随盐胁迫程度的增大，花育 25 号各指标均呈下降趋势且都低于对照值，对地下部鲜重和地上部干重鲜重影响最大，分别下降74.7%和68.3%；花育 20 号 0.15%浓度下地上部干重和地下部干重先升高后降低，其余指标随浓度加大依次降低，地上部鲜重降幅最大达67.4%。郑柱荣（2016）发现，在 NaCl 浓度 0~100 $\mu mol/L$ 范围内，随着盐浓度增加花生幼苗根干重、根长、根平均直径、根总表面积、根鲜重逐渐减小。

2. 生理生化

（1）生化适应性。植物细胞质膜在细胞对外界环境因子的感受、转导、生理反应和在维持稳态生长的过程中占极其重要的作用。质膜质子泵（H^+-ATPase）在高等植物生命活动中素有"主宰酶"之称。李美如（1996）研究表明，$150\mu mol/L NaCl$ 处理花生幼苗 24h 影响 ATPase 活性。下胚轴质膜上 Mg^{2+}-ATPase 活性提高 37.6%；Ca^{2+}-ATPase 活性提高 45.8%；液泡膜上 Mg^{2+}-ATPase 活性比对照提高 141.2%；Ca^{2+}-ATPase 活性也随之有所增加；质膜 NADH 的氧化速率下降 45.9%；同时质膜中 PIP2（质膜中磷脂酰肌醇-4，5-二磷酸）含量明显下降，仅为对照的 42%，由此推测肌醇磷脂信息传递系统很可能参与了细胞对盐胁迫的感受，影响 ATPase 的活性及某些生理反应。郑柱荣（2016）指出，在 NaCl 浓度 $0~100\mu mol/L$ 范围内，随着盐浓度增加花生幼苗根系的可溶性蛋白含量显著降低，根系活力和抗氧化酶活性均呈现下降趋势。

（2）光合作用与活性氧伤害。符方平（2013）研究表明，盐胁迫明显影响花生的生理特性。随盐胁迫浓度的增加花生 chla/chlb 均呈上升趋势，而叶绿素 a 含量、叶绿素 b 含量和类胡萝卜素含量都呈降低的趋势，两个品种的根系活力均大幅降低。

秦立琴等（2010）研究发现，$200mmol/L$ 的 NaCl 盐胁迫严重抑制了花生叶片 PSⅡ 的活性及电子传递，PSⅡ 受体侧受到伤害，供体侧没有受到影响；1-qP 较 CK 及 SH 相比明显增加，表明 PSⅡ 的关闭程度增大，光化学反应利用光能的能力明显下降；NPQ 也较 CK 及强光处理明显增大，表明花生在遭受逆境胁迫后光合系统能有效地启动叶黄素循环耗散过剩的激发能，并具有较高的过剩能量耗散能力，以有效防御光破坏。随着盐浓度增加，花生幼根、叶片 MDA 和脯氨酸含量显著增加（郭峰等，2010；秦立琴等，2010）。

3. 产量与品质

符方平（2013）研究指出，不同时期盐胁迫明显影响花生的产量和品质。花针期 0.45% 盐浓度处理下 2 个品种均无荚果，而荚果期影响较小。2 个品种果针数均随盐浓度增大数量减少，果针重和荚果重均随盐浓度增大而下降。随盐胁迫浓度增大花生籽仁中的可溶性糖含量呈上升趋势，而 O/L 比值呈减低趋势。

五、花生耐酸土鉴定评价体系

我国 30% 以上的花生种植面积分布在南方酸性或微酸性土地区。与禾本科的旱地作物比较，花生是相对较为耐酸的作物。但是，由于我国南方红黄壤大部分呈酸性或强酸性，使得花生生长发育在很大程度上受到毒害，这也是长期以来南方花生产区花生单产一直低于北方的重要原因。

（一）幼苗期耐酸土盆栽鉴定评价

1. 鉴定步骤

于天一等（2017a）报道，向 pH 值 6.0 的棕壤土耕作层，加入 5ml/L 硫酸溶液调节土壤 pH 值至 3.5。将浸种催芽后的种子分别播种在原始土和酸化土中，在防雨棚保护盆栽，白天天气晴朗时将大棚打开，夜晚及降雨时关闭。

2. 调查指标与标准

待 50% 的植株第一朵花开放时收获花生植株，测定光合特性、根系形态发育、农艺性状及生物量等相关指标，运用耐酸系数、隶属函数 D 值进行花生品种耐酸性综合评价。

3. 有效鉴定指标筛选

于天一等（2017a）研究指出，酸胁迫对花生幼苗各形态指标及生理指标的影响不同，其中叶、茎形态指标比根对酸胁迫更为敏感。酸胁迫降低出苗速度，导致地上部生长发育受阻，抑制了株高，叶面积降低，影响幼苗干物质累积，地上部尤其叶片干鲜重受影响更大，而根系鲜重和根冠比增加。总根长及根表面积降低，主要是因为酸胁迫降低了直径 0~1mm 根长及根表面积，而增加了直径≥2mm 根体积及根表面积。酸胁迫对叶片净光合速率及 SPAD 值的影响较小。上述结果表明，各单项指标在酸胁迫下表现不同，所起作用也不相同，直接利用各单项指标不能准确、直观地进行花生耐酸性评价。在此基础上，进一步利用其他多元统计方法进行分析的结果表明：①用主成分分析将 26 个单项指标转化成 6 个相对独立的综合指标，代表了全部数据 85.57% 的信息量，其中前三个指标即中、细根系形态与生物量因子、冠层形态与生物量因子、粗根系形态因子贡献率较高，累积贡献率达 73.08%；后三个指标贡献率较小，可统一概括为光合因子；②用隶属函数法，计算 42 个品种的综合耐酸评价值（D），并对其进行聚类分析，以欧式距离 5 为标准将供试品种分为四大类：高度耐酸型、一般耐酸型、酸敏感型、高度酸敏感型；③根、茎、叶及整株干重和鲜重、叶面积、根系不同直径（0~1mm 和 1~2mm）及整株根长、体积及表面积等指标与耐酸性呈极显著正相关；出苗速度，≥2mm 根长、体积及表面积与耐酸性呈显著相关。各器官及整株干、鲜重和叶面积等 9 个便于测定的指标可作为花生幼苗耐酸鉴定指标，而各级直径根系形态相关指标可作为辅助鉴定指标。

（二）全生育期耐酸土大田鉴定法

1. pH 值差异鉴定法

（1）鉴定步骤。于天一等（2018）报道，将多个花生品种种植在气候与土质等自然条件相的两丘大田中，包括酸化土（pH 值 4.2，交换性钙 0.2g/kg）、正常土（pH 值 6.0，交换性钙 2.1g/kg），进行全生育期鉴定。

（2）调查指标与标准。利用产量及产量结构因子、主要农艺性状、钙吸收特征等指标以及耐酸系数，鉴定不同花生品种的耐酸性。

（3）有效鉴定指标筛选。于天一等（2018）结果表明，酸胁迫条件下多数花生品种（系）植株钙含量显著下降，较对照平均降低 0.18 个百分点；酸胁迫降低了生殖体（果针、果壳、籽仁）中钙累积，而整株及营养体（根、茎、叶）钙累积量平均值与对照相差不大，表明酸胁迫主要抑制了果针和荚果对钙的吸收，对根系钙吸收影响较小。此外，酸胁迫显著降低了荚果、籽仁钙利用效率。酸胁迫导致花生徒长，植株干物重平均比对照增加 31.2%，其中营养体及针、壳增幅明显，籽仁干重下降显著。酸胁迫导致花生荚果性状变劣，酸胁迫下出仁率和空秕率平均值较对照分别降低 45.5 和 55.5 个百分点，百果重和荚果产量分别降低 70.2% 和 60.4%。不同品种（系）耐酸系数变幅为 0.002~0.548。按照耐酸系数，将供试品种（系）分成耐酸型、中间型及酸敏感型三类。酸胁迫下荚果产量、出仁率、籽仁钙累积量、荚果钙利用率及籽仁钙利用率等指标与耐酸系数呈极显著正相关，空秕率与耐酸系数呈极显著负相关。

2. 产量差异鉴定法

（1）鉴定步骤。刘登望等（2018）报道，利用在酸性土壤（pH 值 4.80~5.44）开展的国家长江流域片长沙点 12 年（2005—2016）品种区域试验，对来自全国各地 82 个品种的植株性状、农艺性状、产量指标等数据资料进行相关统计和分析，以筛选出耐酸性土壤丰产的花生品种，并明确其基本特征。

（2）调查指标与标准。在花生成熟期每小区取样 10 个标准兜（每兜双苗，四周未缺苗缺穴），按照中国农科院油料作物研究所制定的《花生区域试验记载项目标准》、《花生种质资源描述规范和数据标准》进行考种，考察指标包括植株性状、农艺性状、产量结构。其余植株全部收获用于测产。

（3）有效鉴定指标筛选。结果表明，①酸性红壤上所有品种的平均荚果产量接近 3 750kg/hm²，其植株偏高而分枝数偏少，单株结果数、果仁大小及出仁率均为中等；②筛选出荚果产量比耐酸性土壤对照品种中花 4 号、中花 15 号（长江流域主栽品种）极显著增产，且平均产量在 3 000kg/hm² 以上的高产品种 17 个，约占参试品种的 1/5，主要来自偏酸性土壤的育种单位，因此针对南方酸性红壤进行的生态育种应有适当的选择压力（刘忠松，2010），以便对现有品种进行引种驯化或进一步遗传改良，其中 5 个品种增产率超过 30%，充分说明耐酸性土壤高产育种大有可为；③耐酸土高产品种的主要筛选指标是单株生产力高，单株饱果数、单株总果数均多，其次是荚果大，饱仁及饱果重率高，以及株高适度，若太矮会导致基本生物量及储存光合产物场所不足，太高则干物质运转不畅，且易倒伏；单株分枝数应较多，与单株结果数密切相关，从而间接影响单株产量，其他指标与荚果产量相关度低、不稳定。

第十章 花生抗逆高产栽培技术体系创建与应用

第一节 花生抗逆高产栽培技术体系的创建

我国花生分布除西藏、青海两省（区）外，其余省市自治区均有种植（孙海燕等，2014）其中，有60%以上种植在旱、涝、盐碱等中低产田，受干旱、涝害和盐碱等诸多环境因子制约，造成花生产量低而不稳，平均减产20%以上（张智猛等，2013；程曦等，2010；李林等，2008a；祝令晓等，2015）。同时，传统种植方式和技术情况下，花生产量长期徘徊不前，已经成为产量再提高的技术瓶颈，影响花生产量整体水平提高和花生产业的发展。为此，花生生产上急需解决中低产田产量低而不稳、高产田高产再高产的问题：一是花生品种繁杂，缺乏统一完善的逆境评价和品种筛选体系，限制了优良抗逆品种的种植与推广；二是相关花生非生物逆境胁迫机理不清，研究滞后且缺乏系统性，影响了相关逆境栽培关键技术的研发；三是我国传统一穴双粒播种，单株间竞争严重，发育不均衡，群体与个体矛盾突出，无法建立优良的群体，限制了单株生产潜力的发挥；四是生产上普遍存在施氮过量、施钙不足，造成抗逆性差，导致植株徒长倒伏、空壳秕果多。针对上述问题，课题组经过十几年的公关研究，创建了旱地水肥高效利用、盐碱地成苗壮苗高产、渍涝地垄作化控和春花生超高产等关键栽培技术，集成了花生抗逆高产栽培技术体系，创新了抗逆栽培理论、突破了高产技术瓶颈，实现了单产水平持续提高，创造了世界高产纪录，取得了显著的经济、社会和生态效益。

一、旱地花生高产栽培技术创建

干旱是影响花生生长和产量的主要非生物胁迫因素之一，大约4/5的减产因干旱胁迫引起的（戴良香等，2014；程曦等，2010；张智猛等，2012，2013；丁红等，2012）。黄淮海地区（包括山东、河南、河北、安徽、江苏等地）、东北农牧交错带和新疆等区域花生种植面积占全国的68.4%，产量占76.4%。干旱造成减产分两种类型：一是降雨偏低型：全年降水量偏低，不能满足花生正常生长需求，产量水平较低。主要指东北农牧交错带和新疆两个地区，以及其他省份个别地市（如丘陵旱薄地）（于伯成等，2014；戴良香等，2011）；二是阶段性干旱型：全年降水量丰度，能够满足花生正常生长需求。但由于年际间降雨波动较大，在花生生长过程中的某个阶段，尤其是在花生开花和荚果形成的关键时期出现干旱，显著影响果针数量和下扎，以及荚果数量和重量，造成减产（康涛等，2015；付晓等，2015；丁红等，2013；张智猛等，2009，2013）。因此，提高该区域花生抗旱节水以及水分高效利用能力，减少旱灾损失，普遍提高单产水平，具有重大现实意义。

目前，生物性节水是一个需要大力开拓的抗旱节水方向，着重从两个角度建立抗旱节水技术途径：一是提高花生抗旱的能力，二是花生高效水分利用。因此，应以种植抗旱型强的品种为核心（张智猛等，2010，2011，2012），在花生生长关键时期出现旱情时，及时补充灌溉，最大限度地提高水分利用效率（WUE）为主要技术途径（丁红等，2013，2015；刘孟娟等，2015；张佳蕾等，2015b；顾学花等，2015）。

近十年来，山东省农业科学院花生栽培与生理生态创新团队开始了旱地水肥高效利用栽培技术的研究，本着研究—创建—示范集成—推广的思路，以筛选抗旱品种和建立高效水分利用关键技术为核心，重点开展了抗旱品种筛选、抗旱机理、肥水调控等方面工作。

（一）花生抗旱品种筛选与综合评价

鉴定花生品种（系）抗旱性，一般采用抗旱系数法、隶属函数值法和聚类分析法，分析测定的性状指标与荚果产量或干物质产量相关程度，确定相关性大的指标作为评价指标（张智猛等，2010，2011）。建立指标和综合评价体系，综合评价花生品种（系）的抗旱性（张智猛等，2010，2011，2012a）。山东省花生研究所测定了29个花生品种（系）苗期和花针期的株高、分枝数、生物累积量、叶片含水量和光合色素含量等与抗旱性有关的13个表观形态性状和生理性状的指标，对各指标性状进行了水分胁迫下的抗性评价和鉴定。研究指出，苗期同一品种（系）的主茎高、分枝数和生物累积量等形态指标和光合色素等生理指标的隶属函数值均有较大差别，苗期各指标隶属函数值与品种（系）抗旱性无显著相关关系，苗期单一形态指标不能作为鉴定品种（系）抗旱性的指标；但苗期抗旱性综合评价值（D）与抗旱系数间存在显著相关关系，D的大小可作为抗旱性的鉴定指标。花针期形态指标和生理指标D值间，以及各类指标D值与抗旱系数间均存在显著或极显著的相关关系，此期植株形态指标、生理指标隶属函数值以及综合D值均可作为鉴定品种（系）抗旱性的指标。根据上述结果，进一步做聚类分析，将花生品种（系）可划分为抗旱性较强、中等、较弱和不抗旱4类，其中唐科8号、冀花2号、花育25号、花育17号、鲁花14号、丰花1号6个品种（系）具有较强的抗旱能力（张智猛等，2010，2011，2012b）。

（二）花生抗旱节水肥水关键调控技术

1. 花生膜下滴灌水肥一体化技术

开花期和结荚期是花生需水的关键时期和最大时期，也是需肥的关键时期（张智猛等，2013；丁红等，2012；康涛等，2015；付晓等，2015），此期易脱肥早衰，遇到干旱利用膜下滴灌补充水肥，可有效防止早衰，提高水肥利用效率。以始花后20d+40d 2次灌水处理产量最高。生育中后期遇旱每亩滴灌20~30m³，随滴灌施尿素5~8kg或磷酸二氢钾10~14kg。同时，利用膜下滴灌技术，可以实现花生播种时"干播湿出"，延长生育期7d左右，对提高夏花生产量具有显著作用。

2. 以肥调水的旱薄地花生施肥调控技术

丘陵旱薄地一般缺乏灌溉条件，雨养种植，同时基础肥力低，尤其是氮磷钙养分缺乏，不利于花生高产。因此，通过改变施肥方式、合理肥料结构提高花生的抗旱能力和高效利用水分，是目前旱薄地花生抗旱节水的主要途径。山东省花生研究所研究了旱薄地花生养分吸收积累规律和肥料运筹对花生生长发育、生理特性的影响，提出了"增施缓释肥钙肥、有机无机肥配施"的旱薄地花生以肥调水施肥策略。根据目标产量水平，制定了具体施肥技术，在中等产量水平下（300~400kg/亩），施用肥料一次性基施，每公顷圈肥30 000kg、缓释肥675kg、三元复合肥800kg、钙镁磷肥750kg。以"选择抗旱品种、适期抢墒、起垄覆膜、增钙抑旱、水肥调控"为关键技术，建立了旱地花生高产栽培技术规程。

（三）旱地花生高产栽培技术规程

1. 播种前准备

（1）地膜选用。选用常规聚乙烯地膜，宽度90cm，厚度不低于0.008mm，透明度≥80%，展铺性好。

（2）耕地与施肥。冬前耕地，早春顶凌耙耢；或早春化冻后耕地，随耕随耙耢。耕地深度一般年份25cm左右，深耕年份30~33cm，每3~4年进行1次深耕。耕地前每亩施优质圈肥5 000~6 000kg，或使用有机质数量相当的其他种类的有机肥，基施化肥用量减少30%，纯氮N和磷（P_2O_5）各10~12kg，钾（K_2O）12~14kg。除大量元素外，还需每亩增施钙肥（CaO）4~6kg，适当配施0.5~1kg的硼砂，1~1.5kg的硫酸锌等中微量元素。

（3）品种选择。选用中晚熟、产量潜力大、综合抗性好，并已通过农作物品种审定委员会审定或认定的抗旱高产品种，如花育25号、唐科8号、白沙1016、花育17号等抗旱型高产品种（张智猛等，2012b）。

（4）剥壳与选种。剥壳前带壳晒种2~3d，播种前7~10d剥壳。剥壳时随时剔除虫、芽、烂果。剥壳后将种子分成1、2、3级，籽仁大而饱满的为1级，不足1级重量2/3的为3级，重量介于1级和3级之间的为2级。分级时同时剔除与所用品种不符的杂色种子和异形种子。选用1、2级种子播种，先播1级种，再播2级种。

（5）种子处理。

①药剂拌种：

在茎腐病发生较重的地区，将种子用清水湿润后，用种子重量0.3%~0.5%的50%多菌灵可湿性粉剂拌种，晾干种皮后播种。

在地下害虫发生较重的地区，用种子重量0.2%的50%辛硫磷乳剂，加适量水配成乳液均匀喷洒种子，晾干种皮后播种。

②微量元素拌种：

用种子重量0.2%~0.4%的钼酸铵或钼酸钠，制成0.4%~0.6%的溶液喷雾，晾干种皮后播种。

用浓度为0.02%~0.05%硼酸或硼砂水溶液，浸泡种子3~5h，捞出晾干种皮后播种。

③种衣剂包衣：根据不同种衣剂剂型要求，按产品说明进行种子包衣。

2. 播种与滴灌管铺设

（1）播期。播种时，大花生要求 5cm 土层日平均地温稳定在 15℃ 以上，小花生稳定在 12℃ 以上。为避免花针期干旱，可适当晚播。

（2）种植规格。垄距 85cm 左右，垄面宽 50～55cm，垄高 4～5cm。垄上播 2 行花生，垄上行距 30～35cm，大花生穴距 12～13cm，每穴播 1 粒种子，每亩播 13 000～14 000穴；小花生穴距 10～11cm，每穴播 1 粒种子，每亩播 15 000～16 000穴。

（3）滴灌管铺设. 花生播种后，于花生行间铺设预先准备后的滴灌管，然后进行覆膜。各轮灌区分别铺设供水管道。主管和支管一般采用"非"字形或半"非"字形铺设。支管应均匀分布，供水面积应相等，单根供水支管供水距离一般不超过 25m 为宜。

地面铺设供水主管和支管要考虑热胀冷缩现象，在铺设中预留冷缩量，呈"S"形铺设，接口要牢固，避免因通水降温冷缩使滴灌带和管件脱落。

管道连接完成后应进行管道水压调试和系统试运行。检查管道压力是否符合设计要求，管件连接是否牢固，查找漏水地方。一般地面铺设管道主管道压力维持在 0.04～0.06Mpa，地下预埋主管道压力维持在 0.06～0.10Mpa，此项应符合国家标准 GB/T 50485—2009 中的有关规定。

（4）抗旱播种、墒足苗全。适播期内遇有小雨时，趁雨后土壤水分较多，空气潮湿，蒸发量小，及时抢播，能起到一播全苗的效果。若在长期无雨条件下，可采取干播湿出技术，在播种覆膜后将滴灌控制装置、预铺设的滴灌管道与水源连接进行灌溉，控制灌水量为 5～7m³/亩。

3. 田间管理

（1）开孔引苗。

①覆膜套种的，当花生幼苗顶土时，在 10 时前或 16 时后在播种穴上方开一个直径 4～5cm 的圆孔，并在圆孔上盖高 4～5cm 的土墩。

②当基本齐苗时，及时将膜孔上的土堆撤到垄沟内，起到清棵蹲苗的作用。

③四叶期—开花前及时抠出压埋在地膜下面的侧枝。

（2）苗期控水、花针期和结荚期补水补肥。花生幼苗可适度干旱，土壤含水量保持田间持水量的 50% 左右（即中午叶片出现萎蔫，但到傍晚气温下降又可恢复平展）。花针期和结荚期，如果天气持续干旱，花生叶片中午前后出现萎蔫时，应通过滴灌进行补充灌溉，控制灌水量为 10m³/亩，使 0～20cm 土层土壤含水量达到饱和状态停止灌水。结荚后如果雨水较多，应及时排水防涝。饱果期（收获前 1 个月左右）遇旱应小水润浇，控制灌水量为 6m³/亩。生育中后期植株有早衰现象的，花针期每亩可随滴灌水施入尿素 3～4.5kg，施入磷酸氢二钾 4～6kg。也可喷施适量的含有 N、P、K 和微量元素的其他肥料。

（3）适时化控。在苗期、花针期喷洒抗旱剂 1 号或粉锈宁（既是杀菌剂又是抗旱剂），抗旱剂 1 号每亩用药剂 75g 对水 50kg 喷雾；粉锈宁使用浓度为 0.3%。当主茎高度达到 35cm，每亩用 15% 多效唑可湿性粉剂 30～50g，加水 40～50kg 进行叶面喷施以防止植株徒长或倒伏。施药后 10～15d 如果主茎高度超过 40cm 可再喷 1 次。

（4）防治病虫害。根据主要病害和害虫发生情况，选用的农药应符合 GB/T 8321

（所有部分）的要求，按照规定的用药量、用药次数、用药方法施药。

4. 收获与晾晒

当花生荚果果壳韧硬发青，网纹明显，荚果内海绵组织（内果皮）完全干缩变薄，并有黑褐色，籽粒饱满，果皮和种皮基本呈现本品种固有的颜色时收获。一般在9月中下旬收获。收获后及时晾晒，荚果含水量降到10%以下即可入库。

5. 清除残膜

花生收获时，应将地里的残膜拣净，减少田间污染。

二、盐碱地花生高产栽培技术创建

土壤盐碱化是影响农业生产和生态环境的严重问题，严重制约了粮食生产和农业可持续发展（张智猛等，2013a；郭峰等，2010）。我国盐碱土面积约 $1.0 \times 10^7 hm^2$，占国土总面积的2.1%，占耕地面积的6.2%，主要分布于5个大区的23个省、自治区（直辖市）的平原，包括滨海盐碱土区、黄淮海平原盐碱土区（主要包括山东、河南、河北、安徽）、西北半干旱盐碱土区（主要是新疆）、干旱盐碱土区以及东北盐碱土区（主要包括辽宁和吉林）。环渤海湾滨海盐碱地区（含山东、河北、天津和辽宁4省）是我国重要的农产品生产基地和经济快速发展区域，然而受淡水资源匮乏和土壤瘠薄盐碱等因素制约，有4 000多万亩的中低产田和1 000多万亩的盐碱荒地，粮食增产潜力巨大，有望建成"渤海粮仓"。山东是我国的农业大省，人多地少，其黄河三角洲（东营和滨州两市全部及德州、潍坊、淄博和烟台的部分区域）地处环渤海湾滨海盐碱地区，盐碱化土地面积60.5万 hm^2，全盐含量为0.1%~0.4%的轻度盐碱地34.85万 hm^2，约占盐碱土面积的57.6%；全盐含量为0.4%~0.8%的中度盐碱地13.55万 hm^2，约占盐碱土面积的22.4%。黄河三角洲每年约有5%的农耕地因土壤次生盐碱化而撂荒。在此背景下，在充分挖掘高产田高产潜力的同时，加大中低产田特别是盐碱地的改造与利用，对于解决花生生产、调整种植业结构、增加农民收入、保障食用油脂安全具有重要的意义。

山东省农业科学院花生栽培与生理生态创新团队进行了盐碱地丰产高效栽培技术系统深入研究，以成苗立苗、提高荚果充实度关键技术为核心，重点开展了耐盐品种筛选、耐盐机理、关键技术调控等方面工作。

（一）花生耐盐品种筛选与综合评价

通过出苗速度、植株形态和生物量等指标对200个花生品种（系）萌发至幼苗期的耐盐性进行系统评价，通过两种耐盐性评价方法相关性与品种（系）耐盐性分析，探讨花生品种（系）耐盐性评价指标，确立不同品种（系）的耐盐能力（张智猛等，2013a；郭峰等，2010；慈敦伟等，2013a）。采用盆栽试验，设置不同盐胁迫浓度，通过出苗速度、植株形态和生物量等指标，利用主成分分析和隶属函数值2种方法对200个花生品种（系）萌发至幼苗期的耐盐性进行系统评价。结果表明，随盐胁迫浓度的增加，出苗时间延长，植株形态建成抑制加重，物质积累减少。鉴选花生品种耐盐性强弱的适宜盐胁迫浓度为0.30%~0.45%，超过此浓度不能出苗。采用主成分分析将10

个指标归结为不相关的独立因子，地上部形态和生物量因子载荷均较大，可作为耐盐鉴选的首选指标；主根长和出苗速度较小，可作为辅助指标用以判断花生品种的综合耐盐能力。采用隶属函数值法将 10 个指标归结为平均隶属函数值，根据各胁迫浓度下各指标与平均隶属函数值之间相关性大小顺序，植株鲜重、地上部鲜重、地下部鲜重、地下部干重、株高和主茎高均较大，可作为首选指标，植株干重、地上部干重、主根长和出苗速率均较小，可作为辅助指标综合判断品种的耐盐能力。200 个品种（系）在不同盐胁迫浓度下均可分成高度耐盐型、耐盐型、盐敏感型和高度盐敏感型 4 组。鉴选出 6 个耐 0.3% ~ 0.35% 盐碱浓度品种，其中具较强耐盐性的品种 4 个、耐盐能力中等品种 2 个。耐盐品种数量随盐胁迫强度加大而下降，盐敏感品种数量则上升。同一品种在不同盐胁迫强度下耐盐性可表现出统一性和差异性，在不同胁迫强度下同一品种可表现为耐盐或盐敏感，或低胁迫强度下表现耐盐而在高胁迫强度下表现盐敏感。2 种评价方法中各耐盐类型吻合的品种稳定性高，为耐盐机理的深入研究及生产应用提供了不同类型的耐盐材料。

（二）盐碱地花生高产栽培关键技术

明确了盐碱胁迫以及旱盐双重胁迫对花生生长发育和生理特性的影响，研究了盐碱地种植方式、密度和播种时期等关键技术及其生理特性，以及土壤盐运移的时空分布，揭示了花生对盐碱胁迫的适应机理。在此基础上，以"选用耐盐品种、以水压盐、以肥抑盐、防止早衰"为关键技术，创建了盐碱地花生高产栽培技术规程。

1. 盐碱地成苗壮苗高产栽培技术

盐碱地花生存在的主要问题是出苗慢、易缺苗、不健壮，最重要的技术环节是如何保证早出苗、全苗、齐苗和壮苗。课题组通过对 Na^+ 动力学参数、盐胁迫下种子萌发、养分拮抗作用，以及肥水调控技术的研究，确定了盐碱地成苗壮苗高产栽培技术的技术要点：①选择耐盐品种，如花育 25、花育 33、冀花 5 等品种。②播种前 15 ~ 20d 进行大水压盐，使耕层土壤含盐量降低到 0.1% 以下。③深松整地，耕深 25 ~ 30cm。④适当增加有机肥用量，每亩施酸性腐熟有机肥 3 000 ~ 4 000kg，增施钙肥，CaO 亩用量 10 ~ 12kg，$N : P_2O_5 : K_2O$ 配比为 2.5 : 2 : 1.5。⑤如果土壤含盐量超过 0.3%，需在开花期初期利用膜下滴灌再一次进行压盐。⑥结荚期是花生需水的关键时期和最大时期，也是需肥的关键时期，此期易脱肥早衰，遇到干旱利用膜下滴灌补充水肥，可有效防止早衰，提高水肥利用效率，随滴灌施尿素 5 ~ 8kg 或磷酸二氢钾 10 ~ 14kg。

2. 盐碱地花生丰产高效栽培技术规程

（1）产地环境。选用轻壤或沙壤土，土层深厚、地势平坦、排灌方便的中等肥力以上地块。产地环境符合 NY/T 855 的要求。播种时含盐量 ≤ 0.3%。

（2）耕作与施肥。

①整地、灌水压盐：盐碱地应该进行冬耕，在播种前 15 ~ 20d 结合灌水压盐后再进行春耕。

②施肥：产量水平为 300 ~ 400kg/亩左右的地块，每亩施土杂肥 2 000 ~ 3 000kg，氮（N）10 ~ 12kg，磷（P_2O_5）4 ~ 5kg，钾（K_2O）8 ~ 10kg，钙（CaO）8 ~ 10kg。根据土

壤养分丰缺情况，适当增加锌、铁等微量元素肥料的施用。

产量水平为400~500kg/亩的地块，每亩施土杂肥3 000~4 000kg，氮（N）12~14kg，磷（P₂O₅）5~6kg，钾（K₂O）10~12kg，钙（CaO）10~12kg。根据土壤养分丰缺情况，适当增加锌、铁等微量元素肥料的施用。

（3）品种选择。选择耐盐性强、增产潜力大、综合抗性好的花生品种，如花育22号、花育25号、花育36号、花育33号、冀花5号等品种。

（4）种子处理。

① 晒种与选种：播种前10d左右带壳晒种2~3d后剥壳，剥壳时随时剔除虫、芽、霉烂果。剥壳后，按籽粒的大小和饱满程度分成三级，籽粒大而饱满的为一级，不足一级重量2/3的为三级，介于一级和三级之间的为二级。分级时同时剔除与所用品种不符的杂色种子和异形种子。选籽粒较大的一、二级做种子，分级播种。

② 拌种：根据土传病害和地下害虫发生情况选择符合GB/T 8321要求的药剂拌种或进行种子包衣。按照产品使用说明书进行。

（5）播种。

①播种时期：盐碱地花生应适当晚播，以5月5—15日播种为宜。

②覆膜栽培：采用覆膜栽培，采用起垄和平作两种方式。覆膜起垄一般垄距85cm，垄顶宽55~60cm，垄高10cm。一垄双行，垄上行距35~40cm，双粒播种9 000~10 000穴/亩，单粒播种14 000~16 000株/亩。覆膜平作按此规格种植，不起垄即可。

③ 机械播种：实现起垄、播种、铺设滴灌管道、喷除草剂、覆膜一次作业完成。覆膜时应做到铺平、拉紧、贴实、压严。播深3~5cm，播种时镇压或播后镇压。

（6）田间管理。

①排涝和灌溉：在花生生长中后期，如果雨水较多，应及时排水防涝。在苗期和开花下针期需浇水，结荚期、饱果成熟期如久旱无雨，应及时浇水补墒。花生田浇水采用膜下滴管技术，或采取垄沟小水灌溉。

② 生长调控：结荚初期当主茎高度达到35cm左右时，叶面喷施符合GB 4285和GB/T 8321要求的生长抑制剂如烯效唑等。每亩用5%的烯效唑40~50g（有效成分2.0~2.5g），加水40~50kg进行叶面喷施，防止植株徒长或倒伏。施药后10~15d，如果主茎高度超过40cm可再喷1次。也可使用其他符合安全要求的药剂。

③防止早衰：在花生生育中后期每亩用2%~3%的过磷酸钙水澄清液75~100kg，添加尿素0.15~0.2kg混合后叶面喷施，或喷施0.2%~0.4%磷酸二氢钾液，于8月下旬起连喷两次，间隔7~10d，也可喷施经过肥料登记的叶面肥料。

（7）病虫草害防治。

① 病虫害：根据主要病害和害虫发生情况，选用的农药应符合GB/T 8321（所有部分）的要求，按照规定的用药量、用药次数、用药方法施药。

② 草害：花生机械播种时，每亩用72%的乙草胺100ml，对水50kg施用。生长期间，垄间进行中耕或杂草幼苗期喷施除草剂。施用农药按GB/T 8321的规定执行。

（8）收获。当花生植株中下部叶片逐渐枯黄脱落，大多数荚果果壳韧硬发青，网纹明显，荚果内海绵组织（内果皮）完全干缩变薄、变褐，籽粒饱满，果皮和种皮基本呈现本品种固有的颜色时收获，一般在9月中下旬收获。

采用两段式机械化收获，起刨后就地铺晒，充分干燥后摘果，再充分晾晒，当含水量降至10%以下时方可入库储藏。

三、渍涝地花生高产栽培技术创建

涝害是世界上大多数国家面临的重大自然灾害之一，涝害引起作物一系列的伤害甚至死亡，严重地限制了作物的产量和分布。综述了植物涝害产生的机制及耐涝机理的研究现状，并提出和讨论了有关该领域有待进一步探讨的系列问题。

渍涝对植物造成的主要伤害是缺氧，从而影响营养和水分的吸收。缺氧导致能量代谢由需氧模式向厌氧模式转变。植物通过形成同期组织，增加可溶性糖，抗氧化保护机制等方式来适应渍涝环境。已经有报道指出，酶的诱导基因和通气组织的形成、糖酵解、发酵途径有密切联系。

湿涝是影响全球作物分布和产量的主要生态因子之一（蒋薇等，2010）。据估算，全球湿涝耕地约占总耕地的12%。我国花生分布于北部温带半干旱气候区到南部热带湿润气候区，年降水量介于330~2 000mm，降水年间变率大且季间分配不均是引起花生产量波动的主要气候生态因素。长江流域春涝和春夏连涝、华南地区夏秋涝频率甚高，导致平原区和稻田区花生湿涝常常发生，地势较高的旱地花生也易遭受淫雨引发的湿害；北方产花生产区，梅雨季节来临之时，中后期也经常发生湿涝害。全球气候变暖将加重我国南方花生湿涝问题，研究和调查数据表明，涝害一般减产20%~30%，严重者减产50%以上，严重地限制了花生的产量。因此，课题组在花生耐涝品种筛选、耐涝机理、涝后调控技术等方面开展了系统研究，制定了渍涝地花生高产栽培技术规程。

（一）花生耐涝品种筛选与综合评价

通过对26个花生品种（系）抗涝性评价，明确了短、长期湿涝影响存在较大基因差异，百仁重、单株总果数、单株饱果数可作为湿涝高产种质筛选的首选指标，其次是根冠比（刘登望等，2009；赵伟等，2009；邱柳等，2012）。与大田所有产量耐涝性指标的相关性，ADH活性、根色均为负相关，单株根重、单株地上部重、单株总重则为正相关。发芽期浅水和深水中分别以180h和120h为宜，幼苗期以3~10d为宜。花生生育早期耐涝性鉴定对大田期有重要参考价值。通过聚类分析将包含耐湿涝性完全信息的丰产性（相对产量）和稳产性（耐湿涝系数）两个指标统筹起来，可避免耐湿涝指数分析中因子相关的缺点，全面、准确地把握其实质，结果更加真实可靠，确定了花生基因型的耐湿涝性划分为特弱、弱、中、较强、强、特强6个类别，筛选出耐涝性强的品种11个。

（二）渍涝地花生高产栽培技术规程

1. 优化布局

根据花生的水分生理生态特性，针对当地的地形地势、温光水文条件、降水量及其季节、空间分配等优劣势，并结合市场、技术等条件，进行花生种植区域、种植季节的宏观合理布局，建立优势产区，实现旱涝保收、高产高效。

2. 地块选择

选择排灌方便、土层深厚的沙性或壤性旱地、稀疏经济林地和地下水位低于75cm的稻田种植。

3. 开沟起垄

冬前深耕晒垡，促使土壤疏松通透，播前起垄，开好"三沟"（围沟、腰沟、厢沟）。起垄栽培可以渍涝时散水防渍。易旱地垄高8~10cm，排水良好的地块垄高10~12cm，易涝地垄高15~20cm。

4. 品种选择

在平原、盆地、河谷等易渍涝地区，选择耐渍的大籽或中籽、中迟熟品种。

5. 种子处理

采用抗旱保水剂、杀菌剂、杀虫剂拌种或种衣剂包衣，预防干旱、渍涝、低温伤害及病虫害，保证一播全苗壮苗。

6. 合理播种

（1）春花生。当5cm日平均地温稳定达到种子发芽起点温度（大花生15℃，小花生12℃）以后，应在冷尾暖头、雨过天晴的日子抢墒播种，播种时土壤相对含水量以70%~75%为宜。雨水过多时，清沟排渍，预防烂种缺苗。选用透明的聚乙烯地膜，宽度80~90cm，厚度0.004~0.006mm，透明度≥80%，伸展性好。

（2）夏花生。播种期多雨、温高，应加强清沟沥水，防渍涝。

（3）秋花生。播种期气温高、干旱重，应及时灌水保墒。

7. 生长期水分管理

（1）幼苗期。主要是加强排涝除渍、培育壮苗。轻度干旱时无须浇水，促进根系深扎，增强中后期抗旱能力；若严重干旱应及时浇水。

（2）开花结荚期。花针期和结荚期是需水高峰期，雨水过多时做好清沟排渍，出现渍害时适当喷施含氨基酸、腐殖酸或大量元素水溶肥料，也可喷施赤霉素等调节剂：渍涝敏感品种每亩喷施2%尿素+0.2%磷酸二氢钾水溶液50kg，另加90%赤霉素10g；耐涝品种喷施0.5%硝酸钙水溶液50kg（或根施熟石灰30kg），另加赤霉素15g、硼酸100g。

（3）饱果成熟期。主要是抗旱，防早衰，防芽果、烂果和黄曲霉菌侵染。遇旱时应小水润浇，防果壳裂缝、黄曲霉菌侵染；若久旱不雨，也应按期收获，预防突降大雨导致大量发芽。若遇秋涝，不便收获，为预防芽果、烂果，应根据中长期天气预报适时提早收获。

四、春花生超高产栽培技术创建

长期以来，花生产量徘徊不前，始终没有实质性的突破。究其原因主要是受传统一穴双粒种植方式的制约。由于一穴双株生态位重叠，地下部根系交错竞争肥水资源并易产生自毒作用，地上部叶片遮挡竞争光热资源并易造成通风差，个体之间竞争剧烈，生长发育受到抑制，导致出现大小苗，难以充分发挥单株生产潜力和群体优势。为此，项目组开创性应用竞争排斥原理，创立了花生单粒精播高产理论，变革了种植方式，缓解了株间竞争造成的生物逆境胁迫，揭示了单粒精播对理想株型塑造和群体质量优化作用，阐明了单粒精播增产机理。

（一）单粒精播增产原理

穴播双株生态位重叠，造成地下部根系自毒严重，肥水资源竞争剧烈；地上部叶片遮挡竞争光热资源，生长发育受到抑制，导致出现大小苗，难以充分发挥单株生产潜力（史普想等，2007；张智猛等，2014；张冠初等，2014，2016）。单粒精播种植方式改善了单株性状和生理生化特性。一是利于矮化壮苗，塑造高产株型。花生第一对侧枝基部 10cm 内节数和单株产量呈显著正相关。与穴播 2 粒相比，单粒精播植株基部见光充分，抑制细胞伸长生长，节间缩短，基部 10cm 内的节数增加 2.1 个左右，苗高降低 19.6%，成苗率、主茎粗和分枝数分别提高 24.3%、15.7% 和 23.6%。二是植株生理生化性能明显加强，保证了物质生产基础。氮磷钾钙四大元素吸收积累分别增加 22.5%、22.0%、28.1% 和 48.5%；RuBPCase 和 PEPCase 活性显著增加，光合速率提高 15.5%；SOD、POD 保护酶活性分别提高 17.6% 和 28.7%，延缓了后期衰老进程；ZR、IAA 和 GA3 等激素含量提高 10.0%、8.4% 和 5.7%，调节光合产物更多向荚果分配。三是改善根系形态分布，增强了根系吸收能力。根系表面积提高 24.9%，根系干重提高 25.4%，根系活力提高 41.7%。

健壮个体的形成和高产株型重塑，使单粒精播群体比穴播 2 粒更具有增产优势。一是植株健壮、整齐度提高，倒伏率显著降低，实现了个体与群体有机统一。二是提高了冠层透光率，有效光合面积增大；冠层内温度和 CO_2 浓度显著提高，降低了中后期冠层内相对湿度，冠层微环境明显改善，呼吸消耗降低，光合物质生产显著提高。三是群体光合能力大大增强，最大 LAI 提高 9.8%，峰值持续期延长 13 天左右，群体光合速率提高 17.0%。四是提高了光合产物向荚果分配效率，经济系数提高 8.3%，亩总果数增加 1.66 万个，增产 8.1%。

（二）花生高产栽培调控关键技术

1. 单粒精播核心技术

单粒精播技术的核心内容是"缩垄增穴、减密壮苗、优化群体"。与传统穴播 2 粒播种相比，垄距由 90cm 减小到 80~85cm，穴距由 16~18cm 减小到 10~12cm，每穴由 2 粒减为 1 粒，每亩由 0.8 万~1.0 万穴增加到 1.3 万~1.7 万穴，密度减少 3 000~4 000 株。明确了"精选种子、精细包衣、精耕整地、精准播种"是单粒精播一播全苗壮苗的关键。研制出杀菌、杀虫、壮苗并重的种衣剂 3 种，单粒精播错行增密播种机等机械 2 套。出苗率达到 96% 以上，比对照提高 10 个百分点以上；提前封垄 7~10d，延缓衰老 10~15d，有效增加了光合面积和光合时间。根据不同土壤生产条件，确定单粒精播适宜密度，旱地、盐碱地密度比高产田增加 10%~15%，渍涝地减少 5%~10%。

2. 钙肥调控关键技术

明确了钙肥提高苗期干物质重、叶面积指数和保护酶活性，增强抗逆性；延缓后期衰老，促进物质转运，单株饱果数显著增加（熊路等，2012；王媛媛等，2014；张佳蕾等，2015a；孟静静等，2015）。根据苗期和结荚期需钙量大的特点，研发出双层膜控释肥，实现了钙肥分期释放。明确了不同土壤类型对交换钙保持能力差异显著，pH 值是主要影响因子，增施有机肥和微生物肥使交换性钙含量提高 17.8% 以上。建立了不同土壤类型钙离子活化技术，研发出酸性和盐碱地花生专用肥 2 个，钙肥利用率提高 20% 以上，荚果饱满度提高 16.5%。旱地、渍涝地适用生理碱性钙肥，盐碱地适用生理酸性钙肥，亩用量折合 CaO 旱地 10~14kg，渍涝地、盐碱地和高产田 15~20kg。

3. "三防三促"关键技术

发现了高产田花生第 10~13 节间生长速度最快、长度最大，是易倒伏的关键节点，提出了"调控节间分布"技术策略。将传统的第 13 节间化控（主茎高 35cm）提早到第 11 节间（主茎高 28cm），有效抑制了赤霉素（GA）和生长素（IAA）的合成，促进了玉米素核苷（ZR）的合成，提高了叶绿素含量和 SOD 等保护酶活性，GA/ABA 和 IAA/ABA 的下降有效促进了光合产物积累及向荚果的转运，显著增加单株饱果数。创建了"三防三促"技术，一是精准化控，防徒长倒伏，促进物质分配和转运；二是提早预防，防病保叶，促进光合产物积累；三是叶面喷肥，防后期脱肥，促进荚果充实饱满，实现对群体质量的精准调控。

（三）春花生超高产栽培技术规程

1. 土壤条件

3 年内未种过花生等豆科作物。全土层深厚，耕作层肥沃，结实层疏松的沙壤土，地势平坦，排灌方便，土壤有机质含量 1.2% 以上，全氮 0.09%~0.1%，碱解氮 90mg/kg 以上，速效磷 30mg/kg 以上，速效钾 90mg/kg 以上。

在花生播种前挖好排水沟，或播种时留出排水沟的位置，雨季到来之前挖好。

2. 品种选择

选用中熟、产量潜力大、耐肥水、综合抗性好，并已通过国家或省农作物品种审定委员会审定的品种。如花育 22 号、花育 25 号、丰花 1 号等。

3. 精确施肥

花生每亩施氮、磷和钾肥的用量可根据下面公式计算：

$$w = (a-s-m) / (n×r×k) = \{ (p×y) - (e×0.15×0.55) - (f×n_1×r_1) \} /(n×r)$$

上式中：

w 代表需要计算的 c 元素（氮、磷或钾）的化学肥料用量

a 代表作物 c 元素的吸收量

s 代表土壤 c 元素的供应量

m 代表有机肥中 c 元素的供应量

n 代表肥料中 c 元素养分含量

r 代表 c 元素肥料利用率

p 代表每生产 1kg 荚果吸收 c 元素的数量

y 代表产量/亩

e 代表土壤中 c 元素速效养分测定值

f 代表有机肥用量

n_1 代表有机肥中 c 元素含量

r_1 代表有机肥中 c 元素当季利用率

没有条件使用上述公式确定施肥量的，可每亩施优质圈肥 5 000~6 000kg，或使用有机质数量相当的其他种类的有机肥，化肥纯 N 和 P_2O_5 各 14~16kg，K_2O 17~20kg。

除大量元素外，还应适当配施一些中、微量元素的肥料。

全部有机肥、2/3 磷钾化肥和 1/3 的氮素化肥结合冬耕或早春耕，在耕地前铺施，然后深耕 30~33cm。剩余 1/3 磷钾化肥、2/3 的氮素化肥及微肥在起垄前撒施，然后旋耕 15~20cm，随即起垄。

4. 精选种子

花生种子一要纯度高，二要籽仁饱满，三要发芽率高，总发芽率应在 95% 以上。播种前种子要经过严格的一晒两选。

一晒：花生播种前 1 周左右，选择晴日将荚果摊成厚 5~6cm 的薄层，从 9 时至 16 时，中间翻动 2~3 次，连晒 2~3d。

两选：一是果选，即在剥壳时随时去掉与该品种特征不符的异形果及秕、芽、虫果。二是米选，剥壳后将米分成三级：发育充分饱满粒的为一级，发育中等（种子重为一级米的 1/2~2/3）为二级，重量不足一级米一半的及杂色米、虫、蚜米、破损米为三级。播种时仅用一级、二级米。

5. 精细、精量播种

（1）整地。3 月下旬至播种前，适墒时可结合施肥用旋耕机旋地，根据不同地块平整程度和土块多少或细腻程度旋耕 2~3 遍，切实做到地平、土细、肥匀。随即起垄。垄距 85cm，垄面宽 50~55cm，垄上小行距 30~35cm，垄高 10~12cm。垄要直，垄面要平，垄坡要陡。

（2）播期。5 日 5cm 地温稳定在 15℃ 以上，为大花生适宜播种期。鲁东地区为 5 月 1—10 日，鲁中南、鲁西地区为 4 月 25 日至 5 月 10 日。

（3）土壤墒情。土壤水分为最大持水量的 60%~70%，即耕作层土壤手握能成团，手搓较松散时，最有利于花生种子萌发和出苗。在适期内，要有墒抢墒播种，无墒造墒。

（4）播种。播种时先用小撅在垄上开两条沟，沟心距垄边约 10cm，沟深约 3cm，随即播种，穴距 13~14.5cm，每穴 2 粒种子平放，穴距均匀。墒情略差的，可在播种时先顺播种沟浇少量水，待水下渗后再播。为防地下害虫危害，用 35% 的辛硫磷微胶囊悬浮剂 800~900g/亩，加适量湿土或细沙，均匀撒施在播种沟内。然后覆土，覆土后要搂平垄面，覆膜前，先用小沟撅沿垄两侧搜边立膀，然后均匀喷施金都尔每亩 90~100ml，加 800 倍可湿性多菌灵药液 60kg，随喷药、随覆膜、随压土。

花生播种后出苗前，垄沟垄面全面喷施 1 遍 800 倍多菌灵药液，每亩喷 50~60kg。

6. 精心管理

（1）苗期管理（出苗至始花）。

①破膜放苗：当花生幼苗顶土时，要及时破膜压土引苗。方法是用 3 个手指（拇指、食指、中指）在幼苗上方开一个直径为 3~4cm 的圆孔，随即抓一把松散的湿土盖在膜孔上方（不需按压），厚度 4~5cm，以保温、保湿和避光引苗出土。由于花生出苗速度不一，破膜放苗可分批进行。如果幼苗已露出绿叶，破膜放苗要在 9 时以前或 16 时以后进行，以免高温闪苗伤叶。

②清墩和抠枝：当花生有 2 片复叶展现时，要及时将膜孔上的土堆撤至垄沟，露出子叶节，主茎有 4 片复叶时，要及时检查并抠取压埋在膜下横生的侧枝，使其健壮发育。始花前需进行 2~3 次。

③及时治虫：苗期若发现蚜虫或蓟马危害，应及时喷施相关农药加以防治，防止病毒病的传播和蔓延。

（2）中期管理（始花至结荚末期）。

①防病与叶面追肥有机结合：始花后叶面喷施杀菌剂（多菌灵、代森锰锌等）+微肥（钼酸铵、硼酸钠等）混合液，每亩喷 40~50kg，15~20d 1 次，连喷 3 次。每次喷施注意不同种类杀菌剂和不同种类微量元素肥料要交替使用，避免重复。

混合液中的各种杀菌剂和微肥浓度与各自单独使用浓度相同。

②及时防治虫害：伏季易发生棉铃虫和蛴螬等地下害虫危害，用 40% 毒死蜱乳油，或 50% 辛硫磷乳油，或 40% 甲基异柳磷乳油等药剂，按有效成分 100g/亩拌毒土，于 6 月中旬，趁雨前或雨后土壤湿润时，将药剂集中而均匀地施于植株主茎处的土表上，可以防治取食花生叶片或到花生根围产卵的成虫，并兼治蛴螬及其他地下害虫。如果地上棉铃虫危害较重，可叶面喷施相关农药防治；若地下害虫危害严重，可用 35% 的辛硫磷微胶囊悬浮剂每亩 800~900g，加水 500kg 灌墩。

③浇好关键水：花针期和结荚期遇旱，发现中午叶片萎蔫时，应于 15 时以后或 10 点以前顺沟浇水，禁止大水漫灌。

④适期早控防徒长：当花生主茎高达约 35cm 时，及时叶面喷施杀菌剂烯唑醇 700~800 倍，连喷 2~3 次，间隔 7~10d，可兼顾防徒长和防叶部病害蔓延。徒长严重的地块，第 3 次可加对多效唑（浓度 80~100mg/kg）进行控制。收获时株高控制在 45~50cm。

（3）后期管理（饱果初期至成熟）。

①根外追肥：花生生育中后期叶面喷施 1%~2% 的尿素溶液或磷酸二氢钾溶液，或富含 N、P、K 及多微元素的叶面肥 2~3 次，间隔 1 周左右。

②排灌增饱果：生育后期遇旱应及时小水轻浇，遇涝及时排水。

③适时收获：主茎还剩下 2~3 片复叶时，应及时收获。

第二节　花生抗逆高产栽培技术体系的推广与应用

针对以上问题，项目组按照"品种评价筛选、探明逆境响应机理和优化群体质量、突破高产关键技术、集成中低产田和高产田栽培技术体系、边研究边示范推广"的思路，经多年科技研发与技术应用，创建了以重塑株型、优化群体质量为核心的单粒精播技术、以提高苗期抗逆性、促进后期荚果饱满度为核心的增施钙肥调控技术、以中后期补水肥防早衰为核心的水肥一体化技术和以精准化控为核心的"三防三促"调控技术。建立了旱地高产栽培技术、渍涝地高产栽培技术、盐碱地改产栽培技术和春花生超高产栽培技术，集成了花生抗逆高产栽培技术体系，通过技术示范带动、政府引导推动、媒体传播发动和企业推广拉动，在全国花生主产区大面积推广应用，实现了单产水平持续提高，连续创造了高产纪录，取得了显著的经济、社会和生态效益。

一、建立示范基地

花生抗逆栽培技术体系在山东省花生种植主要区域如威海、烟台、青岛、临沂、泰安和东营等地市，建立核心示范基地10余处，而且在河南省、河北省、湖南省、辽宁省、新疆等花生旱涝盐碱频发主要区域进行示范推广。

二、技术示范带动

在省内及国内花生主产区进行项目技术培训，带动大面积示范推广。项目组对各地农机推广技术人员进行重点培训，同时组织当地花生种植农民进行学习和技术示范，形成防灾减灾技术的快速推广渠道。多年来，共举办各类技术培训、现场观摩会、示范试验等100余次，培训技术骨干20 000余人次。

三、政府引导推动

科技部、农业部、山东省等政府主管部门通过发布主推技术、技术标准、生产指导意见等形式推动项目技术应用。单粒精播技术、旱地花生高产栽培技术、花生渍涝防控技术、盐碱地花生高产栽培技术和春花生超高产栽培技术连续3年被农业部和山东省推荐为主推技术，并成为地方标准。

四、媒体传播发动

通过中央和省级新闻媒体宣传、播放科教片、电视、电台讲座、发放技术资料等宣传项目技术。发放技术资料20 000余份，多媒体宣传10余次，其中花生单粒精播高产栽培技术在中央7台的《农广天地》进行了报道。对花生主产区抗逆高产栽培技术进行传播和普及，大大提高了逆境条件下花生高产技术水平。

五、企业推广拉动

项目组积极与企业合作，推广自主研发的专用产品。与山东史丹利化肥股份有限公司合作生产花生专用肥 2 个、种子包衣剂 3 种，与青岛万农达花生机械有限公司合作生产单粒精播错行增密播种机 2 套，提高了肥料利用效率和机械化水平，促进项目技术的示范推广。

参考文献

白秀峰，罗瑶年．1979．花生荚果发育及糖类脂肪积累变化的研究初报［J］．花生科技（1）：10-19．

曹铁华，梁烜赫，张磊，等．2011．开花后水分胁迫对花生产量形成过程的影响［J］．吉林农业大学学报，33（1）：9-13．

曹仪植，宋占午．1998．植物生理学［M］．兰州：兰州大学出版社．

柴小清，印莉萍，刘祥林，等．1996．不同浓度 NO_3^- 和 NH_4^+ 对小麦谷氨酰胺合成酶及其相关酶活性的影响［J］．植物学报，38（10）：803-806．

陈传永，侯玉虹，孙锐，等．2010．密植对不同玉米品种产量性能的影响及其耐密性分析［J］．作物学报，36（7）：1 153-1 160．

陈殿绪，张礼凤，陶寿祥，等．1999．花生钙素营养机理研究进展［J］．花生科技（3）：5-9．

陈惠哲，朱德峰，林贤青，等．2010．微生物肥对水稻产量及氮肥利用的影响［J］．核农学报，24（5）：1 051-1 055．

陈建爱，陈为京，祝文婷，等．2014a．黄绿木霉 T1010 促进黄河三角洲滨海盐渍土花生生长的研究［J］．中国农学通报，30（3）：107-111．

陈建爱，段友臣，郭峰，等．2016．木霉制剂改良滨海盐渍土台田生态效应［J］．中国生态农业学报，24（1）：90-97．

陈建爱，郭峰，杨武汉，等．2014b．木霉对滨海盐渍土花生生长发育调控效应的研究［J］．花生学报，43（4）：19-25．

陈建爱，郭峰，杨武汉，等．2014c．盐胁迫下黄绿木霉 T1010 对花生耐盐生理的影响［J］．西南农业学报，2（27）：587-590．

陈建国，张杨珠，曾希柏，等．2008．长期不同施肥对水稻土交换性钙、镁和有效硫、硅含量的影响［J］．生态环境，17（5）：2 064-2 067．

陈娜，胡东青，潘丽娟，等．2014．花生中 UDP-葡萄糖基转移酶基因的克隆及在非生物胁迫下的表达研究［J］．中国油料作物学报，36（3）：308-315．

陈仁飞，姬明飞，关佳威，等．2015．植物对称性竞争与非对称性竞争研究进展及展望［J］．植物生态学报，39（5）：530-540．

陈双臣，程伟霞，刘爱荣，等．2009．不同基质栽培对番茄叶片光合作用和根系 ATP 酶的影响［J］．中国蔬菜（14）：23-27．

陈志才，邹晓芬，陈忠平，等．2012．红壤旱地花生空荚原因分析及其防治措施［J］．农业科技通讯，10：160-161．

陈志德，刘永惠，沈一，等．2015．花生资源耐盐性的鉴定与评价［J］．中国农学通报，31（15）：58-62.

迟玉成，王绛辉，樊堂群，等 . 2008. 山东省花生土著根瘤菌耐盐、耐旱性初步研
究 ［J］. 花生学报（1）：21-25.

楚奎锡 . 1988. 高产大豆叶面积消长规律和光合势净、同化率与产量相关模型的研
究 ［J］. 大豆科学，7（3）：215-222.

褚长彬，吴淑杭，张学英，等 . 2012. 有机肥与微生物肥配施对柑橘土壤肥力及叶
片养分的影响 ［J］. 中国农学通报，28（22）：201-205.

慈敦伟，戴良香，宋文武，等 . 2013a. 花生萌发至苗期耐盐胁迫的基因型差异
［J］. 植物生态学报，37（11）：1 018-1 027.

慈敦伟，丁红，张智猛，等 . 2013b. 花生耐盐性评价方法的比较与应用 ［J］. 花生
学报，42（2）：28-35.

慈敦伟，杨吉顺，丁红，等 . 2018. 盐胁迫对花生植株形态建成及物质积累的影响
［J］. 花生学报，47（1）：11-18.

慈敦伟，张智猛，丁红，等 . 2015. 花生苗期耐盐性评价及耐盐指标筛选 ［J］. 生
态学报，35（3）：805-814.

崔宏亮，姚庆，李利民，等 . 2017. PEG 模拟干旱胁迫下花生品种萌发特性与抗旱
性评价 ［J］. 核农学报，31（7）：1 412-1 418.

戴高兴，邓国富，周萌 . 2006. 干旱胁迫对水稻生理生化的影响 ［J］. 广西农业科
学，37（1）：4-6.

戴高兴，彭克勤，皮灿辉 . 2003. 钙对植物耐盐性的影响 ［J］. 中国农学通报，19
（2）：97-101.

戴俊英，沈秀瑛，徐世昌，等 . 1995. 水分胁迫对玉米光合性能及产量的影响 ［J］.
作物学报，21（3）：356-363.

戴良香，刘孟娟，成波，等 . 2014. 干旱胁迫对花生生长发育和光合产物积累的影
响 ［J］. 花生学报，43（2）：12-17.

戴良香，宋文武，丁红，等 . 2011. 土壤水分胁迫对花生籽仁矿质元素含量的影响
［J］. 生态环境学报，20（5）：869-874.

丁红，戴良香，宋文武，等 . 2012. 不同生育期灌水处理对小粒型花生光合生理特
性的影响 ［J］. 中国生态农业学报，20（9）：1 149-1 157.

丁红，张智猛，戴良香，等 . 2013a. 干旱胁迫对花生生育中后期根系生长特征的影
响 ［J］. 中国生态农业学报，21（12）：1 477-1 483.

丁红，张智猛，戴良香，等 . 2013b. 干旱胁迫对花生根系生长发育和生理特性的影
响 ［J］. 应用生态学报，24（6）：1 579-1 585.

丁红，张智猛，戴良香，等 . 2013c. 不同抗旱性花生品种的根系形态发育及其对干
旱胁迫的响应 ［J］. 生态学报，33（17）：5 169-5 176.

丁红，张智猛，戴良香，等 . 2015. 水分胁迫和氮肥对花生根系形态发育及叶片生
理活性的影响 ［J］. 应用生态学报，26（2）：450-456.

董树亭 . 1991. 高产冬小麦群体光合能力与产量关系的研究 ［J］. 作物学报，17

（6）：461-469.

董文召，张新友，韩锁义，等.2012.中国花生发展及主产区的演变特征分析 [J].中国农业科技导报，14（2）：47-55.

董学会，李建民，何钟佩，等.2006.30%己乙水剂对玉米叶片光合酶活性与同化物分配的影响 [J].玉米科学，14（4）：93-96.

董钻，那桂秋.1993.大豆叶、粒关系的研究 [J].大豆科学，12（1）：1-7.

杜红，闫凌云，路红卫，等.2005.高产花生品种干物质生产对产量的影响 [J].中国农学通报（8）：112-114.

杜维广，张桂茹，满为群，等.1999.大豆光合作用与产量关系的研究 [J].大豆科学，18（2）：154-159.

杜占池，何妙光，杨宗贵.1982.遮阴对谷子和花生光合特性的影响 [J].植物生态学与地植物学丛刊，6（3）：219-226.

封海胜.1992.花生育种与栽培 [M].北京：农业出版社.

冯烨，郭峰，李宝龙，等.2013a.单粒精播对花生根系生长、根冠比和产量的影响 [J].作物学报，39（12）：2 228-2 237.

冯烨，李宝龙，郭峰，等.2013b.单粒精播对花生活性氧代谢、干物质积累和产量的影响 [J].山东农业科学，45（8）：42-46.

冯烨.2013.单粒精播对花生根系生长生理、根冠关系和产量的影响 [D].青岛：青岛农业大学.

符方平.2013.花生对盐胁迫的适应性及耐盐性评价 [D].长沙：湖南农业大学.

付晓，祝令晓，刘孟娟，等.2015.不同生育时期膜下灌水对花生生长发育及产量的影响 [J].新疆农业科学，52（12）：2 187-2 193.

付晓.2015.不同种植方式下盐碱地花生土壤盐分运移、生理特性及产量和品质的研究 [D].乌鲁木齐：新疆农业大学.

高飞，翟志席，王铭伦.2011.密度对夏直播花生光合特性及产量的影响 [J].中国农学通报（9）：329-332.

高国庆，周汉群，唐荣华.1995.花生品种抗旱性鉴定 [J].花生学报（3）：7-9.

高虹，林长华，何来新，等.1997.垄作油菜栽培技术 [J].现代化农业（2）：16.

高丽丽.2013.两个花生品种苗期钙素营养特性比较 [D].北京：中国农业科学院.

高荣嵘，杨莎，郭峰，等.2017.干旱-盐胁迫对花生幼苗渗透调节物质含量的影响 [J].山东农业科学，49（8）：26-29.

宫长荣，汪耀富.1995.淹水胁迫对烤烟生理生化特性的影响 [J].中国农业科学，28（1）：126-130.

龚明.1989.作物抗旱性鉴定方法与指标及其综合评价 [J].云南农业大学学报（自然科学版），4（1）：73-81.

顾学花，孙莲强，高波，等.2015.施钙对干旱胁迫下花生生理特性、产量和品质的影响 [J].应用生态学报，26（5）：1 433-1 439.

顾学花，孙莲强，张佳蕾，等．2013．施钙对干旱胁迫下花生生理特性及产量的影响［J］．花生学报，42（2）：1-8．

关义新，凌碧莹，林葆，等．2000．高产春玉米群体库及源库流的综合调控［J］．沈阳农业大学学报，31（6）：537-540．

郭安红，刘庚山，任三学，等．2004．玉米根、茎、叶中脱落酸含量和产量形成对土壤干旱的响应［J］．作物学报，9：888-893．

郭峰，万书波，李新国，等．2010．NaCl 胁迫对花生种子萌发的影响［J］．干旱地区农业研究，28（3）：177-181．

郭峰，万书波，王才斌，等．2008．不同类型花生单粒精播生长发育、光合性质的比较研究［J］．花生学报，37（4）：18-21．

郭峰，万书波，王才斌，等．2009．麦套花生氮素代谢及相关酶活性变化研究［J］．植物营养与肥料学报，15（2）：416-421．

郭峰．2007．套种对花生生理生化特性的影响［D］．青岛：青岛农业大学．

郭连旺，沈允钢．1996．高等植物光合机构避免强光破坏的保护机制［J］．植物生理学通讯，32：1-8．

郭庆法，王庆成，汪黎明．2004．中国玉米栽培学［M］．上海：上海科学技术出版社．

郭玉秋，董树亭，王空军，等．2002．玉米不同穗型品种产量、产量构成及源库关系的群体调节研究［J］．华北农学报，17（增刊）：193-198．

韩锁义，张新友，朱军，等．2016．花生叶斑病研究进展［J］．植物保护，42（2）：14-18．

郝乃斌，戈巧英，张玉竹，等．1989．高光效大豆光合特性的研究［J］．大豆科学，8（3）：283-287．

何宝国．2009．广东省花生产业的发展现状与对策研究［D］．武汉：华中农业大学．

何电源．1994．中国南方土壤肥力与栽培植物施肥［M］．北京：科技出版社．

何龙飞．1999．小麦铝毒害和钙缓解作用的机理［D］．南京：南京农业大学．

贺梁琼，高忠奎，周翠球，等．2009．广西主栽花生品种钙肥施用比较试验初报［J］．广西农业科学，40（2）：175-178．

侯林琳，张佳蕾，郭峰，等．2015．盐胁迫下外源 Ca^{2+} 对花生植株性状的影响［J］．山东农业科学，47（10）：25-28．

胡标林，余守武，万勇，等．2007．东乡普通野生稻全生育期抗旱性鉴定［J］．作物学报，33（3）：425-432．

胡博，陈燕萍，黄群声，等．2012．PEG 和环己酰亚胺处理对花生叶片 AhNCED1 基因及蛋白表达的影响［J］．仲恺农业工程学院学报，25（3）：6-9．

胡昌浩．1992．夏玉米群体光合速率与产量关系研究［J］．作物学报，18（3）：33-36．

胡晓辉，孙令强，苗华荣，等．2011．不同盐浓度对花生品种耐盐性鉴定指标的影

响 [J]. 山东农业科学, 11: 35-37.

胡志超, 王海鸥, 胡良龙. 2010. 我国花生生产机械化技术 [J]. 农机化研究, 32 (4): 240-243.

胡志超, 王海鸥, 彭宝良, 等. 2006. 国内外花生收获机械化现状与发展 [J]. 中国农机化学报 (5): 40-43.

胡志英. 2011. 我国花生出口面临的问题、原因及对策分析 [J]. 对外经贸实务 (8): 52-54.

湖南省农业厅. 1989. 湖南土壤 [M]. 北京: 农业出版社.

黄丕生, 王夫玉. 1997. 水稻群体源库质量特征及高产栽培策略 [J]. 江苏农业科学, 4 (2): 5-8.

黄咏梅. 2005. 花生铝毒害的生理生化特性研究 [D]. 南宁: 广西大学.

黄玉茜, 韩立思, 韩晓日, 等. 2011. 辽宁风沙区连作年限对花生光合特性和产量的影响 [J]. 沈阳农业大学学报, 42 (4): 438-442.

霍元元. 2017. 钙肥不同用量对辽宁主栽花生品种生理特性及产量的影响 [J]. 沈阳: 沈阳农业大学.

简令成, 王红. 2008. Ca^{2+}在植物细胞对逆境反应和适应中的调节作用 [J]. 植物学通报, 25 (3): 255-267.

江龙, 韦宏恩, 杨昌达, 等. 1999. 不同水稻品种的源库特性研究 [J]. 耕作与栽培, (增刊): 50-52.

姜慧芳, 段乃雄. 2006. 花生种质资源描述规范和数据标准 [M]. 北京: 中国农业出版社.

姜慧芳, 任小平, 段乃雄. 1999. 龙生型花生不同耐旱品种的根/冠比及其遗传分化 [J]. 云南大学学报: 自然科学版 (S3): 176-177.

姜慧芳, 任小平. 2004. 干旱胁迫对花生叶片 SOD 活性和蛋白质的影响 [J]. 作物学报, 30 (2): 169-174.

蒋春姬, 王宁, 王晓光, 等. 2017. 钙钼硼肥对花生生长发育及产量品质的影响 [J]. 中国油料作物学报, 39 (4): 524-531.

蒋薇, 刘登望, 李林. 2010. 作物涝害研究进展 [J]. 广西农业科学, 5 (41): 432-435.

蒋先军, 骆永明, 赵其国. 2000. 土壤重金属污染的植物提取技术及其应用前景 [J]. 农业环境保护, 19 (3): 179-183.

焦彦生, 郭世荣, 李娟, 等. 2008. 钙调素拮抗剂 W7 对低氧胁迫下黄瓜根系抗氧化系统的影响 [J]. 中国生态农业学报, 16 (5): 1 178-1 182.

矫岩林, 何东平, 王晓君, 等. 2008. 花生抗旱性研究进展 [J]. 河北农业科学, 12 (8): 7-8, 11.

金剑, 刘晓冰, 王光华, 等. 2004. 大豆生殖生长期根系形态性状与产量关系研究 [J]. 大豆科学, 23, (4): 253-257.

靳立斌, 张吉旺, 李波, 等. 2013. 高产高效夏玉米的冠层结构及其光合特性 [J].

中国农业科学，46（12）：2 430-2 439.

康涛，李文金，张艳艳，等 . 2015. 不同生育时期膜下滴灌对花生生长发育及产量的影响［J］. 花生学报，44（3）：35-40.

雷逢进，温祥珍，李亚灵，等 . 2013. 种植密度对不同矮生型西葫芦品种冠层源库特征及产量的影响［J］. 中国生态农业学报，21（7）：831-837.

李安东，任卫国，王才斌，等 . 2004. 花生单粒精播高产栽培生育特点及配套技术研究［J］. 花生学报，33（2）：17-22.

李潮海，刘奎，周苏玫，等 . 2002. 不同施肥条件下夏玉米光合对生理生态因子的响应［J］. 作物学报，28（2）：265-269.

李潮海，苏新宏，谢瑞芝，等 . 2001. 超高产栽培条件下夏玉米产量与气候生态条件关系研究［J］. 中国农业科学，34（3）：311-316.

李东广，余辉 . 2008. 花生垄作增产机理及配套栽培技术［J］. 农业科技通讯（2）：103-104.

李东霞，符海泉，杨伟波，等 . 2018. 不同钙处理对花生农艺性状和钙含量的影响［J］. 西南农业学报（2）：354-359.

李东霞，杨伟波，付登强，等 . 2014. 钙对两种基因型花生苗期生物量和叶片气孔数目的影响［J］. 热带农业科学，34（6）：27-30.

李付振 . 2005. 一个水稻早衰突变体 pse（t）的遗传分析、定位及生理学研究［D］. 杭州：浙江大学 .

李广前，万书波，张吉国，等 . 2008. 我国花生出口竞争力的影响因素及提升对策［J］. 山东农业工程学院学报（4）：58-60.

李瀚，杨吉顺，张冠初，等 . 2015. 花生品种萌发期耐盐性比较鉴定［J］. 花生学报，44（4）：48-52.

李继红 . 2012. 我国土壤酸化的成因与防控研究［J］. 农业灾害研究，2（6）：42-45.

李金才，董琦，余松烈 . 2001. 不同生育期根际土壤淹水对小麦品种光合作用和产量的影响［J］. 作物学报，27（4）：434-441.

李晶，吉彪，商文楠，等 . 2010. 密度和氮素水平对小黑麦氮代谢相关酶活性和子粒营养品质的影响［J］. 植物营养与肥料学报，16（5）：1 063-1 068.

李举华，林荣芳，刘兆丽，等 . 2008. 长期定位施肥对冬小麦叶面积指数及群体受光态势的影响［J］. 华北农学报，23（3）：209-212.

李俊庆，芮文利，齐敏忠，等 . 1996. 水分胁迫对不同抗旱型花生生长发育及生理特性的影响［J］. 中国农业气象，17（1）：11-13.

李俊庆 . 2004. 不同生育时期干旱处理对夏花生生长发育的影响［J］. 花生学报，33（4）：33-35.

李林，李宏志 . 1999. 珍珠豆型花生品种适宜播种方式研究［J］. 花生科技（增刊）：320-323.

李林，刘登望，熊璟，等 . 2008a. 花生生育早期耐涝性室内鉴定对大田期的意义

[J]. 作物学报, 34 (3)：477-485.

李林, 刘登望, 邹冬生, 等. 2008b. 自然湿涝条件下花生种质主要性状与产量的相关性 [J]. 中国油料作物学报, 30 (1)：62-70.

李林, 邹冬生, 刘登望, 等. 2004a. 花生等农作物耐湿涝性研究进展 [J]. 中国油料作物学报, 26 (3)：106-111.

李林, 邹冬生, 刘登望, 等. 2004b. 基于产量的花生基因型耐湿涝性综合评价 [J]. 中国油料作物学报, 26 (4)：29-35.

李玲, 潘瑞炽. 1991. CCC 提高花生幼苗抗旱性的研究 [J]. 植物学报：英文版 (1)：55-60.

李玲, 潘瑞炽. 1996. 植物生长调节剂提高花生产量和增强抗旱性研究 [J]. 花生科技 (1)：1-6.

李茂松, 李森, 李育慧. 2004. 中国近 50 年洪涝灾害灾情分析 [J]. 中国农业气象 (1)：40-43.

李美, 张智猛, 丁红, 等. 2014. 土壤水分胁迫对花生品质的影响 [J]. 花生学报, 43：28-32.

李美如, 陈思学, 李琳, 等. 1996. 盐或低温胁迫对花生幼苗下胚轴 ATP 酶和质膜中 PIP2 含量的影响 [J]. 西北植物学报, 16 (1)：17-22.

李鹏, 李春越, 王益权, 等. 2017. 施肥方式和园龄对洛川苹果园土壤钙素退化的影响 [J]. 应用生态学报, 28 (5)：1 611-1 618.

李湘龙, 柏斌, 吴俊, 等. 2012. 第二代测序技术用于水稻和稻瘟菌互作早期转录组的分析 [J]. 遗传, 34 (1)：102-112.

李向东, 王晓云, 余松烈, 等. 2002. 花生叶片衰老过程中光合性能及细胞微结构变化 [J]. 中国农业科学, 35 (4)：384-389.

李向东, 王晓云, 张高英, 等. 2001a. 花生衰老进程的研究 [J]. 西北植物学报, 21 (6)：1 169-1 175.

李向东, 王晓云, 张高英. 2000. 花生衰老的氮素调控 [J]. 中国农业科学, 33 (5)：30-35.

李向东, 王晓云, 张高英. 2001b. 花生叶片衰老与活性氧代谢 [J]. 中国油料作物学报, 23 (2)：31-34.

李新国, 王艳, 何利刚, 等. 2006. 钙对低温下柑橘愈伤组织渗透物质的调节 [J]. 华中农业大学学报, 25 (3)：295-299.

李艳大, 汤亮, 张玉屏. 2010. 水稻冠层光截获与叶面积和产量的关系 [J]. 中国农业科学, 43 (16)：3 296-3 305.

李阳生, 李绍清. 2000. 淹涝胁迫对水稻生育后期的生理特性和产量性状的影响 [J]. 武汉植物学研究, 18 (2)：117-122.

李应旺, 万书波, 吴兰荣, 等. 2010. 弱光胁迫对不同基因型花生生理特性的影响 [J]. 花生学报, 39 (2)：37-40.

李永春, 孟凡荣, 王潇, 等. 2008. 水分胁迫条件下 "洛旱 2 号" 小麦根系的基因

表达谱 [J]. 作物学报, 34 (12): 2 126-2 133.

李岳, 王月福, 王铭伦, 等. 2012. 施钙对花生衰老特性和产量的影响 [J]. 青岛农业大学学报, 29 (2): 89-93.

李忠, 周翠球, 钟瑞春, 等. 2007. 钙胁迫对不同基因型花生品种生长发育的影响 [J]. 南方农业学报, 38 (5): 519-521.

李子银, 陈受宜. 2000. 植物的功能-基因组学研究进展 [J]. 遗传, 22 (1): 57-60.

厉广辉, 万勇善, 刘风珍, 等. 2014a. 苗期干旱及复水条件下不同花生品种的光合特性 [J]. 植物生态学报, 38 (7): 729-739.

厉广辉, 万勇善, 刘风珍, 等. 2014b. 不同抗旱性花生品种根系形态及生理特性 [J]. 作物学报, 40 (3): 531-541.

厉广辉. 2014. 花生抗旱性状鉴定及不同品种抗旱的生理机制研究 [D]. 泰安: 山东农业大学.

梁晓艳, 郭峰, 张佳蕾, 等. 2015. 单粒精播对花生冠层微环境、光合特性及产量的影响 [J]. 应用生态学报, 26 (12): 3 700-3 706.

梁晓艳, 郭峰, 张佳蕾, 李林, 等. 2016. 不同密度单粒精播对花生养分吸收及分配的影响 [J]. 中国生态农业学报, 24 (7): 893-901.

梁晓艳. 2016. 单粒精播对花生源库特征及冠层微环境的调控 [D]. 长沙: 湖南农业大学.

廖伯寿, 周蓉, 雷永, 等. 2000. 花生高产种质的耐铝毒能力评价 [J]. 中国油料作物学报, 22 (1): 38-42.

林葆, 周卫. 1997. 棕壤中花生钙素营养的化学诊断与施钙量问题的探讨 [J]. 土壤通报 (3): 32-35.

凌启鸿, 张洪程, 蔡建中, 等. 1993. 水稻高产群体质量及其优化控制讨论 [J]. 中国农业科学, 26 (6): 1-11.

凌启鸿. 2000. 水稻群体质量理论与实践 [M]. 南京: 江苏科学技术出版社.

刘登望, 李林, 邹冬生, 等. 2009. 湿涝胁迫对不同种质花生生长和农艺性状的影响 [J]. 中国生态农业学报, 17 (5): 968-973.

刘登望, 李林. 2007. 湿涝对幼苗期花生根系 ADH 活性与生长发育的影响及相互关系 [J]. 花生学报, 36 (4): 12-17.

刘登望, 王建国, 李林, 等. 2015. 不同花生品种对旱涝胁迫的响应及生理机制 [J]. 生态学报, 35 (11): 3 817-3 824.

刘飞, 李林, 刘登望, 等. 2007. 湿涝对花生矿质营养的影响及其营养调控 [J]. 花生学报, 36 (4): 1-6.

刘飞. 2005. 湿涝对花生营养吸收和生长的影响及其营养调控研究 [D]. 长沙: 湖南农业大学.

刘峰, 张军. 2003. 不同含钙化合物的土壤处理对水稻早育秧苗素质、生理特性及超微结构的影响 [J]. 作物学报, 29 (1): 8-12.

刘国栋.1985. 铝对植物生长发育的影响 [J]. 湖南农学院学报，1：79-84.

刘鸿先，王以柔，郭俊彦.1989. 低温对植物细胞膜系统伤害机理的研究 [J]. 中国科学院华南植物研究所集刊，5：31-38.

刘吉利，王铭伦，吴娜，等.2009. 苗期水分胁迫对花生产量、品质和水分利用效率的影响 [J]. 中国农业科技导报，11（2）：114-118.

刘吉利，赵长星，吴娜，等.2011. 苗期干旱及复水对花生光合特性及水分利用效率的影响 [J]. 中国农业科学，44（3）：469-476.

刘晶晶，刘春生，李同杰，等.2005. 钙在土壤中的淋溶迁移特征研究 [J]. 水土保持学报，19（4）：53-56.

刘孟娟，丁红，戴良香，等.2015. 花针期灌水对花生植株生长发育及光合物质积累的影响 [J]. 中国农学通报，31（27）：75-81.

刘胜群，张天柱，闫璇铃，等.2012. 不同耐旱基因型玉米伤流及其伤流液中碳、氮代谢相关成分含量分析 [J]. 土壤与作物，1（1）：10-14.

刘淑云，董树亭，赵秉强.2007. 长期施肥对夏玉米叶片氮代谢关键酶活性的影响 [J]. 作物学报，33（2）：278-283.

刘伟，张吉旺，吕鹏，等.2011. 种植密度对高产夏玉米登海 661 产量及干物质积累与分配的影响 [J]. 作物学报，37（7）：1 301-1 307.

刘晓冰，金剑，王光华.2004. 行距对大豆竞争有限资源的影响 [J]. 大豆科学，23（3）：215-219.

刘秀梅，张夫道，张树清，等.2005. 纳米碳酸钙在花生上的施用效果研究 [J]. 植物营养与肥料学报，11（3）：385-389.

刘永惠，沈一，陈志德，等.2012. 不同花生品种（系）萌发期耐盐性的鉴定与评价 [J]. 中国油料作物学报，34（2）：168-173.

刘兆平，霍军生.2002.057 白藜芦醇的生物学作用 [J]. 环境卫生学杂志，29（3）：146-148.

刘忠民，山仑，邓西平.1998. 施肥和密度对春小麦产量根系及水分利用的影响 [J]. 水土保持研究（1）：70-75.

刘忠松，罗赫荣，等.2010. 现代植物育种学 [M]. 北京：科学出版社.

娄善伟，高云光，郭仁松，等.2010. 不同栽培密度对棉花植株养分特征及产量的影响 [J]. 植物营养与肥料学报，16（4）：953-958.

路兴花，吴良欢，庞林江.2009. 节水栽培水稻某些氮代谢生理特性研究 [J]. 植物营养与肥料学报，15（4）：737-743.

吕小莲，王海鸥，张会娟，等.2012. 国内花生机械化收获的现状与研究 [J]. 农机化研究，34（6）：245-248.

罗兴录，池敏青，黄小凤，等.2006. 木薯叶片可溶性糖含量与块根淀粉积累的关系 [J]. 中国农学通报，22（8）：289-291.

麻鑫聪.2016. 花生 RIL 群体芽苗期抗旱鉴定及遗传分析 [D]. 沈阳：沈阳农业大学.

马冲, 张成玲, 刘震, 等 . 2012. 烯效唑对花生生长调节作用研究 [J]. 中国农学通报, 28 (24): 222-225.

马均, 朱庆森, 马文波, 等 . 2003. 重穗型水稻光合作用、物质积累与运转的研究 [J]. 中国农业科学, 36 (4): 375-381.

马铁铮, 王静, 王强 . 2017. 物理改性方法提升花生蛋白溶解性的研究 [J]. 中国油脂, 42 (1): 93-98.

毛兴文 . 2000. 展望世界花生产业 [J]. 科技致富向导 (5): 38.

孟德云, 侯林琳, 杨莎, 等 . 2015. 外源多胺对盆栽花生盐胁迫的缓解作用 [J]. 植物生态学报, 39 (12): 1 209-1 215.

孟静静, 孙克香, 张佳蕾, 等 . 2015. 钙肥对酸性土壤春花生生长及产量的影响 [J]. 西北农业学报, 24 (5): 113-118.

孟维伟, 高华鑫, 张正, 等 . 2016. 不同玉米花生间作模式对系统产量及土地当量比的影响 [J]. 山东农业科学, 48 (12): 32-36.

聂呈荣, 凌菱生 . 1998. 花生不同密度群体施用植物生长调节剂对生长发育和氮素代谢的影响 [J]. 中国油料作物学报, 20 (4): 47-51.

牛明功, 王贤, 陈龙, 等 . 2003. 干旱、渍涝和低温胁迫对小麦生理生化特性的影响 [J]. 种子 (4): 19-21.

欧阳惠 . 2001. 水旱灾害学 [M]. 北京: 气象出版社 .

潘瑞炽, 董愚得 . 1995. 植物生理学 [M]. 第五版 . 北京: 高等教育出版社 .

潘瑞炽 . 1998. 一本质量较高的专著——《植物激素及其免疫检测技术》 [J]. 植物生理学报 (3): 239.

潘晓华, 邓强辉 . 2007. 作物收获指数的研究进展 [J]. 江西农业大学学报, 29 (1): 1-5.

蓬莱县气象站 . 1978. 花生生产与气象条件关系的初步分析 [J]. 花生科技 (3): 1-6.

钱建民, 王晓岑, 段雪娇, 等 . 2015. 微生物肥对马铃薯产量及品质的影响 [J]. 作物杂志 (1): 99-102.

秦立琴, 万书波, 孟静静, 等 . 2010. 高温及干旱胁迫对花生光合系统的影响机制 [C] //第六届中国逆境生理学与分子生物学学术研讨会论文摘要汇编 . 上海: 中国植物逆境生理学与分子生物学学术研讨会 .

秦立琴, 张悦丽, 郭峰, 等 . 2011. 强光下高温与干旱胁迫对花生光系统的伤害机制 [J]. 生态学报, 31 (7): 1 835-1 843.

邱才飞, 彭春瑞 . 2005. 花生抗旱高产优化施肥技术研究 [J]. 江西农业学报, 17 (3): 32-36.

邱柳, 刘登望, 熊路, 等 . 2012. 花生种质资源耐涝性鉴定的研究进展 [J]. 湖南农业科学 (7): 4-7.

邱柳 . 2012. 花生种质资源耐渍性鉴定研究 [D]. 长沙: 湖南农业大学 .

山东省福山县农林局 . 1977. 涝害对花生产量的影响 [J]. 花生科技 (1): 35.

尚书旗，刘曙光，王方艳，等 . 2005. 花生生产机械的研究现状与进展分析 [J]. 农业机械学报，36（3）：143-147.

邵长亮，王铭伦 . 2003. 关于花生产业化发展的几点思考 [J]. 花生学报，32（s1）：73-76.

沈宝云，余斌，王文，等 . 2011. 腐植酸铵、有机肥、微生物肥配施在克服甘肃干旱地区马铃薯连作障碍上的应用研究 [J]. 中国土壤与肥料（2）：68-70.

沈浦，罗盛，吴正锋，等 . 2015. 花生磷吸收分配及根系形态对不同酸碱度叶面磷肥的响应特征 [J]. 核农学报（12）：2 418-2 424.

沈一，刘永惠，陈志德，等 . 2012. 花生幼苗期耐盐品种的筛选与评价 [J]. 花生学报，41（1）：10-15.

沈毓骏，安克，王铭伦，等 . 1993. 夏直播覆膜花生减粒增穴的研究 [J]. 莱阳农学院学报，10（1）：1-4.

石德成 . 1993. 东北碱化草地主要成分 Na_2CO_3 对羊草危害因素分析 [J]. 草业学报（1）：1-5.

石运庆，苗华荣，胡晓辉，等 . 2015. 花生耐盐碱性鉴定指标的研究及应用 [J]. 核农学报，29（3）：442-447.

史普想，王铭伦，王福青，等 . 2007. 不同含水量的花生种子低温贮藏对种子活力及幼苗生长的影响 [J]. 安徽农学通报，13（12）：108-109.

宋传雪，高华援，赵长星，等 . 2014. 花生覆膜"W"栽培法对植株干物质积累及产量的影响 [J]. 东北农业科学，39（1）：37-40.

宋传雪，杨振玲，赵长星，等 . 2013. 花生覆膜"W"栽培法对植株生长动态的影响 [J]. 青岛农业大学学报（自然科学版），30（2）：102-106.

宋伟，赵长星，王月福，等 . 2011. 不同种植方式对花生田间小气候效应和产量的影响 [J]. 生态学报，31（23）：7 188-7 195.

宋雯雯，李文滨，韩雪，等 . 2010. 干旱胁迫下大豆幼苗根系基因的表达谱分析 [J]. 中国农业科学，43（22）：4 579-4 586.

苏培玺，杜明武，赵爱芬，等 . 2002. 荒漠绿洲主要作物及不同种植方式需水规律研究 [J]. 干旱地区农业研究，2：79-86.

孙爱清，万勇善，刘凤珍，等 . 2010. 干旱胁迫对不同花生品种光合特性和产量的影响 [J]. 山东农业科学（10）：32-38.

孙爱清，张杰道，万勇善，等 . 2013. 花生干旱胁迫响应基因的数字表达谱分析 [J]. 作物学报，39（6）：1 045-1 053.

孙东雷，卞能飞，陈志德，等 . 2017. 花生萌发期耐盐性综合评价及耐盐种质筛选 [J]. 植物遗传资源学报，18（6）：1 079-1 087.

孙虎，李尚霞，王月福，等 . 2007. 施氮量对花生叶片蔗糖代谢及产量的影响 [J]. 中国油料作物学报，29（4）：456-459.

孙克香，杨莎，郭峰，等 . 2015. 高温强光胁迫下外源钙对甜椒（*Capsicum fructescens* L.）幼苗光合生理特性的影响 [J]. 植物生理学报（3）：280-286.

孙庆芳.2016.花生种质资源抗旱性和叶片抗旱性状的研究［D］.泰安：山东农业大学.

孙宪芝，郭先锋，郑成淑，等.2008.高温胁迫下外源钙对菊花叶片光合机构与活性氧清除酶系统的影响［J］.应用生态学报，19（9）：1 983-1 988.

孙彦浩，刘恩鸿，隋清卫，等.1982.花生亩产千斤高产因素结构与群体动态的研究［J］.中国农业科学（1）：71-75.

孙彦浩，陶寿祥.1991.花生的钙素营养特点和钙肥施用的研究概况［J］.中国油料作物学报（3）：81-82.

孙雁君，张勇，杨宇芳.2011.南方红壤区环境因子及其侵蚀特征研究［J］.山西水土保持科技，4：19-22.

孙玉桃，李林，刘登望.2007.长江中游丘陵旱地花生合理密植技术研究［J］.湖南农业科学（6）：101-103.

谭彬.2011.湿涝厌氧环境下花生幼苗的呼吸代谢研究［D］.长沙：湖南农业大学.

谭红姣，刘登望，李林，等.2014.花生根系保护酶对不同生育期淹涝的响应［J］.中国油料作物学报，36（6）：819-823.

谭红姣.2015.瘠薄红壤旱地不同粒型花生品种生长发育及产量对施钙响应［D］.长沙：湖南农业大学.

谭忠.1998.花生品种形态性状与抗旱性关系的研究［J］.花生学报（1）：17-19.

唐湘如，官春云.2001.油菜栽培密度与几种酶活性及产量和品质的关系［J］.湖南农业大学学报（自然科学版），27（4）：264-267.

万丙良，查中萍，戚华雄.2009.钙依赖的蛋白激酶与植物抗逆性［J］.生物技术通报，1：7-10.

万书波，张建成，孙秀山.2005.中国花生国际市场竞争力分析及花生产业发展对策［J］.中国农业科技导报，7（2）：25-29.

万书波，张智猛，郭峰，等.2013a.花生优质高效生产农机农艺融合的必要性与发展趋势［J］.花生学报，42（4）：1-6.

万书波.2003.中国花生栽培学［M］.上海：上海科学技术出版社.

万书波.2017.农业供给侧结构性改革背景下花生生产的若干问题［J］.花生学报，46（2）：60-63.

万书波.2018.中国花生栽培学［M］.上海：上海科学技术出版社.

万勇善，曲华建，李向东，等.1999.花生品种高产生理机制的研究［J］.花生科技（增刊）：271-275.

汪仁，安景文，张士义，等.1999.施钙对花生产量、品质及钙素在植株体内分布的影响［J］.沈阳农业大学学报，30（4）：437-439.

王才斌，成波，孙秀山，等.1996.小麦花生两熟制高产生育规律及栽培技术研究［J］.中国油料，18（2）：37-40.

王才斌，成波，郑亚萍，等.1999.高产条件下不同种植方式和密度对花生产量、产量性状及冠层特征的影响 [J]. 花生科技 (1)：12-13.

王才斌, 孙秀山, 成波, 等 . 2005. 不同杀菌剂对花生叶斑病的防效及公害研究 [J]. 中国油料作物学报 (4)：72-75.

王才斌, 孙彦浩, 陶寿祥, 等 . 1992. 花生库源关系的研究 [J]. 花生科技 (1)：11-16.

王才斌, 万书波 . 2011. 花生生理生态学 [M]. 北京：中国农业出版社 .

王才斌, 吴正锋, 赵品绩, 等 . 2008. 调环酸钙对花生某些生理特性和产量的影响 [J]. 植物营养与肥料学报, 14 (6)：1 160-1 164.

王才斌, 郑亚萍, 成波, 等 . 2004. 花生超高产群体特征与光能利用研究 [J]. 华北农学报, 19 (2)：40-43.

王传堂, 王秀贞, 唐月异, 等 . 2015. 耐盐碱花生品种 (系) 田间筛选鉴定 [J]. 山东农业科学, 47 (11)：18-22.

王传堂, 王秀贞, 吴琪, 等 . 2016. 花生新品种 (系) 东营盐碱地种植丰产性初步评价 [J]. 山东农业科学, 48 (10)：69-73.

王传堂, 张建成主编 . 2013. 花生遗传改良 [M]. 上海：上海科学技术出版社 .

王芳, 万书波, 孟庆伟, 等 . 2012. Ca^{2+} 在植物盐胁迫响应机制中的调控作用 [J]. 生命科学研究, 16 (4)：362-367.

王芳, 杨莎, 郭峰, 等 . 2015. 钙对花生 (*Arachis hypogaea* L.) 幼苗生长、活性氧积累和光抑制程度的影响 [J]. 生态学报, 35 (5)：1 496-1 504.

王贺正, 马均, 李旭毅, 等 . 2005. 水稻开花期抗旱性鉴定指标的筛选 [J]. 作物学报, 31 (11)：1 485-1 489.

王贺正 . 2007. 水稻抗旱性研究及其鉴定指标的筛选 [D]. 雅安：四川农业大学 .

王洪波, 张晓军, 王月福, 等 . 2014. 结荚期淹水对花生农艺性状的影响 [J]. 青岛农业大学学报 (自然科学版), 3：183-186.

王建国, 张昊, 李林, 等 . 2017. 不同钙肥梯度与覆膜对低钙红壤花生根系形态发育及产量的影响 [J]. 中国油料作物学报 (6)：820-826.

王建国 . 2017. 水钙互作对南方红壤旱地花生产量影响机制 [D]. 长沙：湖南农业大学 .

王建华, 任士福, 史宝胜 . 2011. 遮阴对连翘光合特性和叶绿素荧光参数的影响 [J]. 生态学报, 31 (7)：1 811-1 817.

王桔红, 谢宗平, 陈文 . 2003. 衰老机理及抗衰老研究进展 [J]. 河西学院报 (2)：94-98.

王空军, 董树亭, 胡昌浩, 等 . 2002. 我国玉米品种更替过程中根系生理特性的演进 Ⅱ. 根系保护酶活性及膜脂过氧化作用的变化 [J]. 作物学报, 28 (3)：384-388.

王冕, 陈娜, 潘丽娟 . 2015-09-06. 一种花生耐盐碱高产高效栽培方法：中国, CN105145069. A [P].

王慜 . 2012. 矿质养分对花生渍涝胁迫的调控效应 [D]. 长沙：湖南农业大学 .

王启现 . 2005 . 中国花生生产与供求分析 [J]. 农业展望（3）：15-20.

王小纯，熊淑萍，马新明，等 . 2005 . 不同形态氮素对专用型小麦花后氮代谢关键酶活性及籽粒蛋白质含量的影响 [J]. 生态学报，215（4）：802-807.

王晓光，曹敏建，王伟，等 . 2005 . 钾对大豆根系形态与生理特性的影响 [J]. 大豆科学，24（2）：126-129，134.

王晓林，甄志高，段莹 . 2003 . 花生叶面积指数消长与产量的关系 [J]. 安徽农业科学，31（6）：940-941.

王秀贞，王传堂，张建成，等 . 2010 . 花生空荚原因分析 [J]. 花生学报，39（1）：33-35.

王旭军，徐庆国，杨知建 . 2005 . 水稻叶片衰老生理的研究进展 [J]. 中国农学通报，21（3）：187-210.

王旭清，王法宏，董玉红，等 . 2005a . 不同种植方式麦田生态效应研究 [J]. 中国生态农业学报，13（3）：119-122.

王旭清，王法宏，于振文，等 . 2005b . 垄作栽培对冬小麦根系活力和旗叶衰老的影响 [J]. 麦类作物学报，25（1）：55-60.

王移收 . 2006 . 我国花生产品加工业现状、问题及发展趋势 [J]. 中国油料作物学报，28（4）：498-502.

王媛媛 . 2013 . 钙、硫肥不同用量及配比对花生生理特性、产量和品质的影响 [D]. 泰安：山东农业大学 .

王之杰，郭天财，王化岑，等 . 2001 . 种植密度对超高产小麦生育后期光合特性及产量的影响 [J]. 麦类作物学报，21（3）：64-67.

王志强，王春丽，林同保 . 2008 . 外源钙离子对小麦幼苗氮素代谢的影响 [J]. 生态学报，28（8）：3 662-3 667.

王忠 . 2000 . 植物生理学 [M]. 北京：中国农业出版社 .

王忠 . 2006 . 植物生理学 [M]. 北京：科学技术文献出版社 .

王遵亲 . 1993 . 中国盐渍土 [M]. 北京：科学出版社 .

魏道智，戴新宾，许晓明 . 1998 . 植物叶片衰老机理的几种假说 [J]. 广西植物，18：89-96.

魏光成，闫苗苗 . 2010 . 3 种花生盐胁迫下生理指标变化的研究 [J]. 安徽农业科学，38（19）：10 026-10 027.

魏和平，利容千，王建波 . 2000 . 淹水对玉米叶片细胞超微结构的影响 [J]. 植物学报，42（8）：811-817.

吴佳宝，刘登望，卢山，等 . 2012 . 不同花生品种幼苗对旱涝胁迫的响应 [J]. 湖南农业科学（7）：95-97.

吴兰荣，陈静，许婷婷，等 . 2005 . 花生全生育期耐盐鉴定研究 [J]. 花生学报，34：20-24.

吴兰荣 . 2005 . 花生全生育期耐盐鉴定研究 [J]. 花生学报，34（1）：20-24.

吴凌云 . 2006 . 沿海花生钙素缺乏现状与防治措施 [J]. 福建农业（6）：12.

吴文新，陈家驹，周恩生，等 . 2001. 钙、硼对花生生长、产量和品质的影响 [J].
　　亚热带植物科学，30（2）：20-23.

吴正锋，孙学武，王才斌，等 . 2014. 弱光胁迫对花生功能叶片 RuBP 羧化酶活性
　　及叶绿体超微结构的影响 [J]. 植物生态学报，38（7）：740-748.

吴正锋，王才斌，李新国，等 . 2009. 苗期遮阴对花生（*Archis hypogaea* L.）光合
　　生理特性的影响 [J]. 生态学报，29（3）：1 366-1 373.

吴正锋，王才斌，万更波，等 . 2008. 弱光胁迫对两个不同类型花生生长发育及产
　　量的影响 [J]. 花生学报，37（4）：27-31.

吴正锋，王才斌，万书波，等 . 2010. 弱光胁迫对花生叶片光合特性及光合诱导的
　　影响 [J]. 青岛农业大学学报（自然科学版），27（4）：277-281.

武田友四郎，县和一 . 1966. 收量界限与多收理论 [J]. 日作记，34：275-280.

夏海勇，孟维伟，于丽敏，等 . 2015. 玉米花生间作在山东地区推广的现状与对策
　　[J]. 山东农业科学（3）：121-124.

夏叔芳，于新建，张振清 . 1981. 叶片光合产物输出的抑制与淀粉和蔗糖的积累
　　[J]. 植物生理学报，7（2）：135-141 .

熊路，曾红远，吴佳宝，等 . 2012. 花生钙素营养研究进展 [J]. 中国农学通报，
　　28（12）：13-17.

修俊杰，刘学良 . 2018. 施钙对花生干物质积累及产量的影响 [J]. 黑龙江农业科
　　学（1）：48-50.

徐孟亮，姜孝成，徐广洽等 . 1998. 干旱对水稻根系活力与结实性状的影响 [J].
　　湖南师范大学自然科学学报（9）：113-117.

许晶 . 2008. 拟南芥钙依赖型蛋白激酶（AtCPK6）功能的初步分析 [C] //第二届
　　上海市植物生理学青年学术研讨会论文摘要集 . 上海：第二届上海市植物生理学
　　青年学术研讨会 .

薛慧勤，孙兰珍，甘信民 . 1999. 花生品种抗旱性综合评价及其抗旱机理的数量分
　　析 [J]. 干旱地区农业研究（1）：83-87.

薛慧勤，孙兰珍 . 1997. 水分胁迫对不同抗旱性花生品种生理特性的影响 [J]. 干
　　旱地区农业研究（4）：82-85.

严君 . 2011. 花生食疗方集锦 [J]. 食品与健康（4）：37.

严美玲，矫岩林，李向东，等 . 2007a. 苗期灌水量对花生生理特性和产量的影响
　　[J]. 应用生态学报，18（2）：347-351.

严美玲，李向东，矫岩林，等 . 2004. 不同花生品种的抗旱性比较鉴定 [J]. 花生
　　学报，33（1）：8-12.

严美玲，李向东，林英杰，等 . 2007b. 苗期干旱胁迫对不同抗旱花生品种生理特
　　性、产量和品质的影响 [J]. 作物学报，33：113-119.

严美玲，李向东，王丽丽，等 . 2006. 花生苗期不同程度干旱胁迫对叶片某些酶活
　　性的影响 [J]. 中国油料作物学报，28（4）：440-443.

颜石，杨琨 . 2015. 花生间作套种研究进展 [J]. 现代农业科技（14）：11-12.

杨传婷，张佳蕾，张凤，等.2012.花生不同种植方式的耗水特点和水分利用效率差异研究 [J]. 山东农业科学，44（9）：34-37.

杨根平，高向阳，荆家海.1995.水分胁迫下对大豆叶片光合作用的改善效应 [J]. 作物学报，35：51-56.

杨根平，盛宏大，赵彩霞，等.1990.钙素和水分亏缺对大豆幼苗某些生理过程的影响 [J]. 西北农业大学学报，18（2）：84-87.

杨国枝，田明宝，郑芝荣，等.1988.水分胁迫条件下花生种子萌发特性和品种耐旱性的研究初报 [J]. 莱阳农学院学报（4）：12-16.

杨国枝，田明宝，郑芝荣，等.1991.水分胁迫条件下花生萎蔫对农艺性状的影响 [J]. 莱阳农学院学报，8（1）：11-14.

杨国枝，田明宝.1990.花生茎节茸毛及其与抗旱性关系的研究 [J]. 花生学报（4）：1-4.

杨静，黄漫红.2002.中国的花生生产：回顾与展望 [J]. 北京农学院学报，17（3）：35-40.

杨力，刘光栋，宋国菡，等.1998.山东省土壤交换性钙含量及分布 [J]. 山东农业科学（4）：17-21.

杨莎，侯林琳，郭峰，等.2017.盐胁迫下外源 Ca^{2+} 对花生生长发育、生理及产量的影响 [J]. 应用生态学报，28：894-900.

杨淑英，张建新，吕家珑，等.2000.外源甜菜碱对冬小麦抗旱性生理指标的影响研究 [J]. 西北植物学报，20：1 041-1 045.

杨伟强，王秀贞，张建成，等.2006.我国花生加工产业的现状、问题与对策 [J]. 山东农业科学（3）：105-107.

杨文平，郭天财，刘胜波，等.2008.行距配置对'兰考矮早八'小麦后期群体冠层结构及其微环境的影响 [J]. 植物生态学报，32（2）：485-490.

杨晓康，柴沙沙，李艳红，等.2012.不同生育时期干旱对花生根系生理特性及产量的影响 [J]. 花生学报，41（2）：20-23.

杨晓康.2012.干旱胁迫对不同抗旱花生品种生理特性、产量和品质的影响 [D]. 泰安：山东农业大学.

杨新道，王东，王传堂，等.2004.世界花生生产走势及我国外贸出口的对策 [J]. 中国农业科技导报，6（2）：69-73.

杨圆圆.2017.花生种质苗期耐盐性鉴定评价 [D]. 泰安：山东农业大学.

姚君平，罗瑶年，杨新道，等.1985.早、中熟花生不同生育阶段土壤水分亏缺对植株生育和产量的影响 [J]. 花生学报，2：1-8.

姚君平，杨新道.1992.光照强度对花生苗期和花针期植株生育的影响 [J]. 花生学报（4）：20-22.

姚珍珠，夏桂敏，王淑君，等.2016.花生对水分胁迫的响应研究进展 [J]. 中国油料作物学报，38（5）：699-704.

尹田夫.1983.大豆模拟株型的研究 [J]. 作物学报（3）：205-209.

于伯成，刘恒德，张智猛，等.2014.林间套播条件下不同拥土方式对花生一些性

状及产量的影响 [J]. 新疆农业科学, 51 (7): 1 197-1 204.

于俊红, 彭智平, 黄继川, 等. 2009. 水稻土施钙、硼对花生养分吸收及产量品质的影响 [J]. 热带作物学报, 30 (9): 1 261-1 264.

于天一, 林建材, 孙学武, 等. 2017a. 花生幼苗耐酸鉴定指标筛选及综合评价 [J]. 中国油料作物学报, 39 (4): 488-495.

于天一, 逄焕成, 任天志, 等. 2012 冬季作物种植对双季稻根系酶活性及形态指标的影响 [J]. 生态学报, 32 (24): 7 894-7 904.

于天一, 孙秀山, 石程仁, 等. 2014. 土壤酸化危害及防治技术研究进展 [J]. 生态学杂志, 33 (11): 3 137-3 143.

于天一, 王春晓, 路亚, 等. 2018. 不同改良剂对酸化土壤花生钙素吸收利用及生长发育的影响 [J]. 核农学报, 32 (8): 1 619-1 626.

余卫东, 冯利平, 盛绍学, 等. 2014. 黄淮地区涝渍胁迫影响夏玉米生长及产量 [J]. 农业工程学报, 30 (13): 127-136.

袁金华, 徐仁扣. 2012. 生物质炭对酸性土壤改良作用的研究进展 [J]. 土壤, 44 (4): 541-547.

岳寿松. 1989. 小麦生育后期的光合作用与产量 [J]. 山东农业大学学报, 20 (1): 89-94.

曾红远. 2013. 耐渍花生生育生理对不同耕种模式的响应 [D]. 长沙: 湖南农业大学.

翟云龙. 2005. 种植密度对高产春大豆生长发育及氮磷钾吸收分配的效应研究 [D]. 乌鲁木齐: 新疆农业大学.

张翠萍, 孟平, 李建中, 等. 2014. 磷元素和土壤酸化交互作用对核桃幼苗光合特性的影响 [J]. 植物生态学报, 38 (12): 1 345-1 355.

张大庚, 刘敏霞, 依艳丽, 等. 2012. 长期单施及配施过磷酸钙对设施土壤钙素分布的影响 [J]. 水土保持学报, 26 (1): 223-226.

张福锁. 1993a. 环境胁迫与植物营养 [M]. 北京: 北京农业大学出版社.

张福锁. 1993b. 环境胁迫与植物育种 [M]. 北京: 中国农业出版社.

张富厚, 王黎明, 郑跃进, 等. 2006. 不同种植密度对亚有限大豆主要性状的影响 [J]. 河南农业科学, 12: 44-45.

张冠初, 丁红, 戴良香, 等. 2016. 不同粒重、粒型花生种子吸水规律及萌发特性的研究 [J]. 核农学报, 30 (2): 372-378.

张冠初, 丁红, 杨吉顺, 等. 2014. 不同花生品种种子形状与吸水速率的研究 [J]. 花生学报, 43 (4): 26-31.

张海平, 单世华, 蔡来龙, 等. 2004. 钙对花生植株生长和叶片活性氧防御系统的影响 [J]. 中国油料作物学报, 26 (3): 33-36.

张宏, 周建斌, 刘瑞. 2011. 不同种植方式及施氮对半旱地冬小麦/夏玉米氮素累积、分配及氮肥利用率的影响 [J]. 植物营养与肥料学报, 17 (1): 1-8.

张会慧, 张秀丽, 许楠, 等. 2011. 外源钙对干旱胁迫下烤烟幼苗光系统 Ⅱ 功能的

影响 [J]. 应用生态学报, 22 (5): 1 195-1 200.

张吉民, 苗华荣, 李正超, 等. 2002. 花生加工利用、贸易现状与展望 [J]. 武汉工业学院学报 (2): 104-106.

张佳蕾, 郭峰, 李新国, 等. 2018c. 不同时期喷施多效唑对花生生理特性、产量和品质的影响 [J]. 应用生态学报, 29 (3): 874-882.

张佳蕾, 郭峰, 孟静静, 等. 2015a. 酸性土施用钙肥对花生产量和品质及相关代谢酶活性的影响 [J]. 植物生态学报, 39 (11): 1 101-1 109.

张佳蕾, 郭峰, 孟静静, 等. 2016a. 单粒精播对夏直播花生生育生理特性和产量的影响 [J]. 中国生态农业学报, 24 (11): 1 482-1 490.

张佳蕾, 郭峰, 孟静静, 等. 2016b. 钙肥对旱地花生生育后期生理特性和产量的影响 [J]. 中国油料作物学报, 38 (3): 321-327.

张佳蕾, 郭峰, 万书波, 等. 2015b. 壳寡糖对旱薄地花生叶片衰老及产量和品质的影响 [J]. 西北植物学报, 35 (3): 516-522.

张佳蕾, 郭峰, 杨佃卿, 等. 2015c. 单粒精播对超高产花生群体结构和产量的影响 [J]. 中国农业科学, 48 (18): 3 757-3 766.

张佳蕾, 郭峰, 杨莎, 等. 2018a. 不同肥料配施对酸性土钙素活化及花生产量和品质的影响 [J]. 水土保持学报, 32 (2): 270-275, 320.

张佳蕾, 郭峰, 张凤, 等. 2018d. 提早化控对高产花生个体发育和群体结构影响 [J]. 核农学报, 11: 2 216-2 224.

张佳蕾, 李向东, 杨传婷, 等. 2015d. 多效唑和海藻肥对不同品质类型花生产量和品质的影响 [J]. 中国油料作物学报, 37 (3): 322-328.

张佳蕾, 王媛媛, 孙莲强, 等. 2013. 多效唑对不同品质类型花生产量、品质及相关酶活性的影响 [J]. 应用生态学报, 24 (10): 2 850-2 856.

张佳蕾, 杨莎, 郭峰, 等. 2018b. 酸性土壤花生增施钙肥高产栽培技术研究 [J]. 山东农业科学, 50 (6): 150-153.

张建成, 宫清轩, 张正, 等. 2009 世界花生产业发展的回顾与展望 [J]. 世界农业 (2): 7-9.

张建成. 2005. 我国花生原料及制品出口现状和产业发展对策 [J]. 中国食物与营养 (1): 33-34.

张君诚, 张海平, 官德义, 等. 2006. 不同钙水平水培花生的生长表现及研究方法探讨 [J]. 种子, 25 (10): 51-52.

张君诚. 2004. 受钙影响花生 (Arachis hypogaea L.) 胚胎败育的分子机理研究 [D]. 福州: 福建农林大学.

张俊, 刘娟, 臧秀旺, 等. 2015b. 不同生育时期水分胁迫对花生生长发育和产量的影响 [J]. 中国农学通报, 31 (24): 93-98.

张俊, 刘娟, 臧秀旺, 等. 2015c. 不同生育时期干旱胁迫对花生产量及代谢调节的影响 [J]. 核农学报, 29 (6): 1 190-1 197.

张俊, 汤丰收, 刘娟. 2015a. 不同种植方式夏花生开花物候与结果习性 [J]. 中国生态农业学报，23（8）：979-986.

张俊，王铭伦，于旸，等.2010.不同种植密度对花生群体透光率的影响［J］.山东农业科学（10）：52-54.

张昆，万勇善，刘风珍.2010.苗期弱光对花生光合特性的影响［J］.中国农业科学，43（1）：65-71.

张铭.2017.不同花生品种对干旱胁迫与复水的响应及其机理［D］.泰安：山东农业大学.

张荣铣，藏新宾，许晓明.1999.叶片光合功能期与作物光合生产潜力［J］.南京师范大学学报（自然科学版），22（3）：376-386.

张思苏，余美炎，王在序，等.1988.应用^{15}N示踪法研究花生对氮素的吸收利用［J］.中国油料作物学报（2）：52-55，56.

张向前，杜世州，曹承富，等.2014.种植密度对小麦群体质量叶绿素荧光参数和产量的影响［J］.干旱地区农业研究，32（5）：93-99.

张艳军，赵江哲，张可伟.2014.植物激素在叶片衰老中的作用机制研究进展［J］.植物生理学报，50（9）：1 305-1 309.

张艳侠.2006.外源甜菜碱改善花生抗旱性的研究［D］.泰安：山东农业大学.

张智猛，慈敦伟，丁红，等.2013a.花生品种耐盐性指标筛选与综合评价［J］.应用生态学报，24（12）：3 487-3 494.

张智猛，慈敦伟，丁红，等.2014.花生种子大小和形状对出苗和幼苗建成的影响［J］.花生学报，43（1）：16-23.

张智猛，戴良香，丁红，等.2012a.中国北方主栽花生品种抗旱性鉴定与评价［J］.作物学报，38（3）：495-504.

张智猛，戴良香，丁红，等.2013b.不同生育期花生渗透调节物质含量和抗氧化酶活性对土壤水分的响应［J］.生态学报，33（14）：4 257-4 265.

张智猛，戴良香，胡昌浩.2005b.氮素对不同类型玉米蛋白质及其组分和相关酶活性的影响［J］.植物营养与肥料学报，11（3）：320-326.

张智猛，戴良香，宋文武，等.2012b.不同花生基因型对干旱胁迫的适应性［J］.中国油料作物学报，34（4）：377-383.

张智猛，戴良香，宋文武，等.2013c.干旱处理对花生品种叶片保护酶活性和渗透物质含量的影响［J］.作物学报，39（1）：133-141.

张智猛，胡文广，许婷婷，等.2005a.中国花生生产的发展与优势分析［J］.花生学报，34（3）：6-10.

张智猛，宋文武，李美，等.2012c.非充分灌溉对不同花生品种渗透调节物质含量和抗氧化活性的影响［J］.水土保持学报，26（5）：272-277.

张智猛，万书波，戴良香，等.2009.花生萌芽期水分胁迫品种适应性及抗旱性评价［J］.干旱地区农业研究，27（5）：173-182.

张智猛，万书波，戴良香，等.2010.花生品种芽期抗旱性指标筛选与综合性评价［J］.中国农业科技导报，12（1）：85-91.

张智猛，万书波，戴良香，等．2011a．花生抗旱性鉴定指标的筛选与评价［J］．植物生态学报，35（1）：100-109.

张智猛，万书波，戴良香，等．2011b．不同花生品种对干旱胁迫的响应［J］．中国生态农业学报，19（3）：631-638.

张智猛，万书波，戴良香，等．2011d．施氮水平对不同花生品种氮代谢及相关酶活性的影响［J］．中国农业科学，44（2）：280-290.

张智猛，吴正锋，丁红，等．2013d．灌水时期对花生生育后期土壤剖面水分变化和产量的影响［J］．花生学报，42（2）：14-20.

张智猛，张威，胡文广，等．2006．高产花生氮素代谢相关酶活性变化的研究［J］．花生学报，35（1）：8-12.

章爱群，贺立源，赵会娥，等．2008．根分泌物对活化土壤中难溶性磷的作用［J］．水土保持学报，22（5）：102-105.

赵长星，程曦，王月福，等，2012．不同生育时期干旱胁迫对花生生长发育和复水后补偿效应的影响［J］．中国油料作物学报，34（6）：627-632.

赵长星，邵长亮，王月福，等．2013．单粒精播模式下种植密度对花生群体生态特征及产量的影响［J］．农学学报，3（2）：1-5.

赵桂范，连成才，郑天琪，等．1995．种植方式对大豆植株干物质积累及养分吸收影响的研究［J］．大豆科学，14（3）：233-240.

赵会杰，薛延丰，董中东，等．2004．密度及追氮时期对大穗型小麦旗叶及籽粒碳水化合物代谢的影响［J］．河南农业大学学报，38（1）：1-4.

赵立群，崔素霞，张立新，等．2003．细胞培养技术在植物抗性生理研究领域中的应用［J］．植物学报，20（3）：346-353.

赵明，王树安，李少昆．1995．论作物产量研究的"三合结构"模式［J］．北京农业大学学报，21（4）：359-363.

赵明明，赵红娟．2018．山东省花生产品出口贸易对策研究［J］．对外经贸（2）：54-56.

赵秀芬，房增国，李俊良．2009．山东省不同区域花生基肥和追肥用量及比例分析［J］．中国农学通报，25（18）：231-235.

赵秀芬，房增国．2017．低钙胁迫对不同品种花生钙素吸收分配特性的影响［J］．华北农学报，32（2）：194-199.

赵营，同延安，赵护兵．2006．不同供氮水平对夏玉米养分累积、转运及产量的影响［J］．植物营养与肥料学报，12（5）：622-627.

赵跃．2016．辽宁主栽花生品种耐旱性差异及其对干旱胁迫的响应机制研究［D］．沈阳：沈阳农业大学．

甄志高，段莹，王晓林，等．2007．豫南旱地花生开花及干物质积累规律研究［J］．花生学报，36（2）：16-18.

郑广华．1980．植物栽培生理［M］．济南：山东科学技术出版社．

郑亚萍，孔显民，成波，等．2003．花生高产群体特征研究［J］．花生学报，32

（2）：21-25.

郑亚萍，王才斌，成波 . 2007. 不同品种类型花生精播肥料与密度的产量效应及优化配置研究 [J]. 干旱地区农业研究，25 (1)：201-204.

郑亚萍，许婷婷，郑永美，等 . 2012. 不同种植模式的花生单粒精播密度研究 [J]. 亚热带农业研究 (2)：82-84.

郑柱荣，张瑞祥，杨婷婷，等 . 2016. 盐胁迫对花生幼苗根系生理生化特性的影响 [J]. 作物杂志 (4)：142-145.

钟瑞春，陈元，唐秀梅，等 . 2013. 3 种植物生长调节剂对花生的光合生理及产量品质的影响 [J]. 中国农学通报，29 (15)：112-116.

周恩生，陈家驹，王飞，等 . 2008. 钙胁迫下花生荚果微区特征及植株生理生化反应变化 [J]. 福建农业学报，23 (3)：318-321.

周广生，周竹青，朱旭彤 . 2001. 用隶属函数法评价小麦的耐湿性 [J]. 麦类作物学报，21 (4)：34-37.

周海燕，李国龙，张少英 . 2007. 作物源库关系研究进展 [J]. 作物杂志 (6)：14-17.

周录英，李向东，王丽丽，等 . 2008. 钙肥不同用量对花生生理特性及产量和品质的影响 [J]. 作物学报，34 (5)：879-885.

周录英，李向东，王丽丽 . 2006. 氮、磷、钾、钙肥不同用量对花生光合性能及产量品质的影响 [J]. 花生学报，35 (2)：11-16.

周卫，林葆 . 1995. 花生荚果钙素吸收机制研究 [J]. 植物营养与肥料学报，1 (1)：44-51.

周卫，林葆 . 1996. 花生缺钙症状与超微结构特征的研究 [J]. 中国农业科学，29 (4)：53-57.

周卫，林葆 . 1997. 棕壤中花生钙素营养的化学诊断与施钙量问题的探讨 [J]. 土壤通报，28 (3)：127-130.

周卫，林葆 . 2001. 受钙影响的花生生殖生长及种子素质研究 [J]. 植物营养与肥料学报，7 (2)：205-210.

周伟军 . 1995. 作物涝渍逆境及其化控研究进展 [J]. 农业科技译丛（杭州）(3)：26-28.

周西 . 2012. 花生耐渍相关基因 AhGLB 的克隆与表达 [D]. 长沙：湖南农业大学 .

周相娟，姜微波，胡小松，等 . 2003. 赤霉素和乙烯对香菜叶片衰老的影响 [J]. 北方园艺 (3)：54-56.

周炎 . 2002. Ca^{2+} 对水稻幼苗生长的影响 . [J]. 贵州师范大学学报（自然科学版），20 (3)：12-14.

朱林，张春兰，沈其荣 . 2002. 施用稻草等有机物料对连作黄瓜根系活力、硝酸还原酶、ATP 酶活力的影响 [J]. 中国农学通报 (1)：17-19.

朱统国，高华援，周玉萍，等 . 2014. 花生耐盐性鉴定研究进展 [J]. 中国农学通报，30 (21)：19-23.

朱晓军, 杨劲松, 梁永超, 等. 2004. 盐胁迫下钙对水稻幼苗光合作用及相关生理特性的影响 [J]. 中国农业科学, 37 (10): 1 497-1 503.

祝令晓, 康涛, 慈敦伟, 等. 2015. 种植方式对盐碱地花生生长发育及产量的影响 [J]. 中国农学通报, 31 (15): 2-57.

庄伟建, 彭时莞, 张明来. 1992. 花生荚果发育过程中子叶细胞的超微结构和脂酶活性的研究, 34 (5): 333-338.

祖延林, 董又青, 段绍箴. 1985. 气象因素与花生产量的关系 [J]. 花生科技, 4: 23-25.

Abrol IP, Yadav JSP, Massoud FI. 1988. Salt-affected soils and their management [R]. Rome: FAO Soils Bulletin.

Adams JF, Hartzog DL, Nelson DB. 1993. Supplemental calcium application on yield, grade, and seed quality of runner peanut [J]. Agronomy Journal, 85 (1): 86-93.

AJ 圣安吉洛, 等. 1981. 花生栽培与利用 [M]. 济南: 山东科学技术出版社.

Arunyanark A, Jogloy S, Akkasaeng C, et al. 2010. Chlorophyll Stability is an Indicator of Drought Tolerance in Peanut [J]. Journal of Agronomy & Crop Science, 194 (2): 113-125.

Asada K, Takahashi M. 1987. Production and scavenging of active oxygen in photosynthesis. In Photoinhibition (eds Kyle DJ, Osmond CB, Amtzen CJ) [M]. Amsterdam: Elsevier Science Publishers.

Asada K. 1994. Production and action of active oxygen species in photosynthetic tissues. In: Foyer CH, Mullineaux PM (ed). Cause of photooxidative Stress and Amelioration of Defense Systems in Plants [M]. Boca Raton: CRC Press.

Asha S, Rao KN. 2001. Effect of waterlogging on the levels of abscisic acid in seed and leachates of peanut [J]. Indian J Plant Physiol, 6: 87-89.

Barber J, Norris J, Morris EP, et al. 1997. The structure, function and dynamics of photosystem two [J]. Physiol Plant, 100: 817-828.

Batelli G, Qiu Q, Zhu JK, et al. 2007. SOS2 promotes salt tolerance in part by interacting with the vacuolar H^+ - ATPase and upregulating its transport activity [J]. Molecular Cell Biology, 27 (22): 7 781-7 790.

Bekker AW, Hue NV, Yapa LGG, et al. 1994. Peanut growth as affected by liming, Ca-Mn interactions, and Cu plus Zn applications to oxidic Samoan soils [J]. Plant and Soil, 164 (2): 203-211.

Bernhard W, Andrea M, Barbara P, et al. 2011. Cross - talk of calcium - dependent protein kinase and MAP kinase signaling [J]. Plant Signaling & Behavior, 6 (1): 8-12.

Besson-Bard A, Pugin A, Wendehenne D. 2008. New insights into nitric oxide signaling in plants. Annu Rev Plant Biol [J]. 2008, 59 (1): 21-39

Bhagsari AS, Brown RH. 1986. Leaf photosynthesis and its correlation with leaf area [J].

Crop Science, 26: 127-132.

Bishnoi NR, Krishnamoorthy HN. 1990. Effect of waterlogging and gibberellic acid on nodulation and nitrogen fixation on peanut [J]. Plant Physiology & Biochemistry, 28 (5): 663-666.

Bishnoi NR. 1995. Effect of waterlogging and gibberellic acid on growth and yield of peanut (*Arachis hypogaea* L.) [J]. Indian Journal of Plant Physiology, 38 (1): 45-47.

Boonburapong B, Buaboocha T. 2007. Genome-wide identification and analyses of the rice calmodulin and related potential calcium sensor proteins [J]. BMC Plant Biol, 7: 4.

Boudsocq M, Lauriere C. 2005. Osmotic signaling in plants multiple pathways mediated by emerging kinase families [J]. Plant Physiology, 138 (3): 1 185-1 194.

Bush DS. 1993. Regulation of cytosolic calcium in plants [J]. Plant Physiol, 103: 7-13.

Caires EF, Rosolem CA. 1998. Lime effects on soil acidity and rootgrowth of peanut [J]. Bragantia, 57 (1): 175-184.

Caldwell CR. 1989. Analysis of aluminum and divalent cation on binding to wheat root plasma membrane protein using terbium phosphorescence [J]. Plant Physiol, 91: 233-241.

Chaiwanon J, Wang ZY. 2015. Spatiotemporal brassinosteroid signaling and antagonism with auxin pattern stem cell dynamics in Arabidopsis roots [J]. Curr. Biol., 25 (8): 1031-1042.

Chamlong K, Sorasak M, Bunlua S, et al. 1999. Effect of calcium rate on the decreasing of unfilled pod of peanut (Arachis hypogaea L.) grown in sandy loam soil in Yasothorn province [J]. The Journal of Soils and Fertilizers, 21 (4): 184-192.

Chandler JA, Battersby S. 1976. X ray microanalysis of zinc and calcium in ultra thin sections of human sperms cells using the pyroantimanate technique [J]. JHlstochem Cytochem, 24: 740-748.

Cheng NH, Pittmanv JK, Zhu JK, et al. 2004. The protein kinase SOS2 activates the Arabidopsis H$^+$/Ca^{2+} antiporter CAX1 to integrate calcium transport and salt tolerance [J]. Journal of Biological Chemistry, 279 (4): 2 922-2 926.

Cheval C, Aldon D, Galaud JP, et al. 2013. Calcium/calmodulin-mediated regulation of plant immunity [J]. Biochim Biophys Acta (13): 1 766-1 771.

Conocono EA, Egdane JA, Setter TL. 1998. Estimation of canopy photosynthesis in rice by means of daily increases in leaf carbohydrate concentration [J]. Crop Sci, 38: 987-995.

Cook A, Cookson A, Earnshaw MJ. 1986. The mechanism of action on calcium in the inhibition on high temperature-in-duced leakage of betacyanin from beet root discs [J]. New Phytologist, 102 (4): 491-497.

Costa V, Angelini C, De Feis I, et al. 2010. Uncovering the complexity of transcriptomes with RNA-Seq [J]. J. Biomed. Biotechnol. (5757): 853-916.

Cui KR, Xing GK. 2000. The induced and regulatory effect of plant hormones in somatic embryogesis [J]. Hereditasa, 2 (5): 349-354.

Damisch W. 1996. Biomass yield and topical issue in model wheat breeding programmers [J]. Plant Breeding, 107: 11-17.

Davies PJ. 1995. Plant hormone physiology, biochemistry and molecular biology [M]. Dordrecht, Netherlands: Kluwer Academic Publ.

Delhaize E, Ryan PR, Randall PJ. 1993. Aluminum torlerance in wheat (Triticum aestivum L.) (II. Aluminum-stimulated excretion of malic acid from root apices) [J]. Plant physiol, 103: 695-702.

Delhaize E, Ryan PR. 1995. Aluminum toxicity and tolerance in plants [J]. Plant Physiol, 7: 315-321.

Demmig-Adams B, Adams WWIII. 1996. Xanthophyll cycle and light stress in nature: uniform response to excess direct sunlight among higher plant species [J]. Planta, 198: 460-470.

Ding ZJ, Yan JY, Li CX, et al. 2015. Transcription factor WRKY46 modulates the development of Arabidopsis lateral roots in osmotic/salt stress conditions via regulation of ABA signaling and auxin homeostasis [J]. Plant J, 84 (1): 56-69.

Dionisio-Sese ML, Tobita S. 1998. Antioxidant responses of rice seedlings to salinity stress [J]. Plant Sci, 135: 1-9.

Dobney S, Chiasson D, Lam P, et al. 2009. The calmodulin-related calcium sensor CML42 plays a role in trichome branching [J]. J Biol Chem, 284: 31 647-31 657.

Donaldson L, Ludidi N, Knight MR, et al. 2004. Salt and osmotic stress cause rapid increases in Arabidopsis thaliana cGMP levels [J]. FEBS letters, 569: 317-320.

Droillare MJ. 2000. Protein kinases induced by osmotic stresses and elicitor molecules in tobacco cell suspensions: two cross-road MAP kinases and one osmoregulation-specific protein kinase [J]. FEBS Letters, 474 (2-3): 217-222.

Du L, Yang T, Puthanveettil SV, et al. 2011. Decoding of calcium signal through calmodulin: calmodulin binding proteins in plants coding and decoding of calcium signals in plants. In: Luan S, ed, Coding and Decoding of Calcium Signals in Plants [R]. Berlin: Springer Berlin Heidelberg.

Duan L, Dietrich D, Ng CH, et al. 2013. Endodermal ABA signaling promotes lateral root quiescence during salt stress in Arabidopsis seedlings [J]. Plant Cell, 25: 324-341.

El-Saadny S, Abd El-Rasoul SM, Hasan HM, et al. 2003. Effect of different sources of calcium and phosphorus on peanut plant grown on sandy soils [J]. Annals of Agricultural Science, 41 (1): 369-376.

Emrich SJ, Barbazuk WB, Li L, et al. 2007. Gene discovery and annotation using LCM-454 transcriptome sequencing [J]. Genome Res., 17 (1): 69-73.

Fan TWM, Hifashi RM, Lane AN. 1988. An in vivo^{1}H and ^{31}P NRM investigation of the effect of nitrate on hypoxic metabolism in maize roots [J]. Arch Biochem Biophys, 266: 592-606.

Feijo JA, Malh R, Obermeyer. 1995. 1ondynamics and its possible role during in vitro opollen germination and tube growth [J]. Protoplasma, 187: 155-167.

Flenet F, Kiniry JR, Board JE, et al. 1996. Row spacing effects on light extinction coefficient of corn, sorghum, soybean, and sunflower [J]. Agron J, 88: 185-190.

Flexas J, Escalona JM, Medrano H. 1998. Down-regulation of photosynthesis by drought under field conditions in grapevine leaves [J]. Australian Journal of Plant Physiology, 25: 893-900.

Fridovich I. 1998. An Over view of Oxyradicals in Medical Biology [J]. Advances in Molecular & Cell Biology, 25 (8): 1-14.

Galvan-Ampudia CS, Julkowska MM, Darwish E, et al. 2013. Halotropism is a response of plant roots to avoid a saline environment [J]. Curr Biol, 23: 2 044-2 050.

Galvan-Ampudia CS, Testerink C. 2011. Salt stress signals shape the plant root [J]. Curr Opin Plant Biol, 14: 296-302.

Gan S, Amasino RM. 1995. Inhibition of leaf senescence by autoregulated production of production of cytokinin [J]. Science, 70 (4): 1 986-1 988.

Geng Y, Wu R, Wee CW, et al. 2013. A spatio-temporal understanding of growth regulation during the salt stress response in Arabidopsis [J]. Plant Cell, 25: 2 132-2 154.

Giayetto OG, Cerioni A, Amín MS. 2005. 不同行距下两个花生品种的水分利用、生长发育和荚果产量 [J]. 花生学报, 34 (2): 5-13.

Golbeck JH, Bryant DA. 1991. Photosystem I. [J]. Curr Top Bioenerg, 16: 3-177.

Golbeck JH. 1987. Structure, function and organization of the photosystem I reaction center complex [J]. Biochim Biophys Acta, 895: 167-204.

Gossett DR, Millhollon EP, Lucas MC. 1994. Antioxidant Response to NaCl Stress in Salt-Tolerant and Salt-Sensitive Cultivars of Cotton [J]. Crop Sci, 34: 1 057-1 075.

Gulati JML, Lenka D, Jena SN. 2000. Root growth of groundnut (Arachis hypogaea) as influenced by irrigation schedules under different water table conditions [J]. Indian J Agr Sci, 70 (2): 122-124.

Guo F, Yang S, Feng Y, et al. 2016. Effects of heat and high irradiance stress on energy dissipation of photosystem II in low irradiance-adapted peanut leaves [J]. Russian Journal of Plant Physiology, 63 (1): 62-69.

Guo J H, Liu X J, Zhang Y, et al. 2010. Significant acidification in major Chinese croplands [J]. Science, 327 (5968): 1 008-1 010.

Guo Y, Halfter U, Zhu JK, et al. 2001. Molecular characteri－zation of functional domains in the protein kinase SOS2 that is required for salt tolerance [J]. Plant Cell, 13 (6): 1 383-1 400.

Hassan FAM, Mohamed SS, Enab AK. 2001. Preperation of dairy products enriched with sesame seed protein. Egyptian Journal of Food Science, 32 (6): 101-164.

Hetherington AM, Brownlee C. 2004. The generation of calcium signals in plants: a review [J]. Plant Biology, 55: 401-427.

Hodge A, Berta G, Doussan C, et al. 2009. Plant root growth, architecture and function [J]. Plant Soil, 321 (1-2): 153-187.

Hodges DM, Andrews CJ, Johnson DA, et al. 1997. antioxidant enzyme responses to chilling stress in differentially sensitive inbred maize lines [J]. J Exp Bot, 48: 1 105-1 113.

Hongpaisan J, Winters CA, Andrews SB. 2004. Strong calcium entry activates mitochon-drial super oxide generation, up regulating kinase signaling in hippocam palneurons [J]. Journal of Neuroscience, 24 (48): 10 878-10 887.

Hou L, Liu W, Li Z, et al. 2014. Identification and expression analysis of genes respon-sive to drought stress in peanut [J]. Russian J of Plant Physiology, 61 (6): 842-852.

Hu J, Yang H, Mu J, et al. 2017. Nitric Oxide Regulates Protein Methylation during Stress Responses in Plants [J]. Mol. Cell, 67 (4): 702-710.

Inoue K, Sakurai H, Hiyama T. 1986. Photoinactivation of photosystem I in isolated chlo-roplasts [J]. Plant Cell Physiol, 27: 961-968.

Ishikawa S, Wagatsuma T, Takano T. 2001. The plasma membrance intactness of root－tip cells is a primary factor for Al-tolerance in cultivars of five species [J]. Soil Sci Plant Nutr, 47: 489-501.

Ishitani M, Liu JP, Halfter U, et al. 2000. SOS3 function in plant salt tolerance requires N-myristoylation and calcium binding [J]. Plant Cell, 12 (9): 1 667-1 678.

Jakob B, Heber U. 1996. Photoproduction and detoxification of hydroxyl radicals in chlo-roplasts and leaves and relation to photoinactivation of photosystem I and II [J]. Plant Cell Physiol, 37: 629-635.

Jia W, Zhang J. 2008. Stomatal movements and long-distance signaling in plants [J]. Plant Signaling and Behavior, 3: 772-777.

Jiang Y, Huang B. 2001. Drought and heat stress injury to two cool-season turfgrasses in relation to antioxidant metabolism and lipid peroxidation [J]. Crop Sci, 41: 436-442.

Jibran R, Hunter DA, Dijkwel PP. 2013. Hormonal regulation of leaf senescence through integration of developmental and stress signals [J]. Plant Mol Biol, 82: 547-561.

Johnson MP, Pérez-Bueno ML, Zia A, et al. 2009. The zeaxanthin-independent and zeaxanthin-dependent qE components of nonphotochemical quenching involve common conformational changes within the photosystem II antenna in Arabidopsis [J]. Plant Physiol, 149 (2): 1 061-1 075.

Johnson N, Horton P. 1993. The dissipation of excess excitation energy in British plant species [J]. Plant Cell Environ, 16: 673-679.

Jones-Rhoades MW, Borevitz JO, Preuss D. 2007. Genome-wide expression profiling of the Arabidopsis female gametophyte identifies families of small, secreted proteins [J]. PloS Genet, 3 (10): 1 848-1 861.

Jongrungklang N, Toomsan B, Vorasoot N, et al. 2013. Drought tolerance mechanisms for yield responses to pre-flowering drought stress of peanut genotypes with different drought tolerant levels [J]. Field Crops Research, 144 (144): 34-42.

Jung H, Lee DK, Do Choi Y, et al. 2015. OsIAA6, a member of the rice Aux/IAA gene family, is involved in drought tolerance and tiller outgrowth [J]. Plant Sci, 236: 304-312.

Kato Y, Okami M. 2010. Root growth dynamics and stomatal behaviour of rice (*Oryza sativa* L.) grown under aerobic and flooded conditions [J]. Field Crops Research, 117: 9-17.

Ketring DL, Reid JL. 1993. Growth of Peanut Roots under Field Conditions [J]. Agron J, 85: 80-85.

Khan AR. 1983. Root porosity of peanut under varying soil-water regimes [J]. Zeitschrift fur Ackerund Pflanzenbau, 152: 219-223.

Kheira A A A. 2009. Macro management of deficit-irrigated peanut with sprinkler irrigation [J]. Agricultural Water Management, 96 (10): 1 409-1 420.

Kitomi Y, Ito H, Hobo T, et al. 2011. The auxin responsive AP2/ERF transcription factor CROWN ROOTLESS5 is involved in crown root initiation in rice through the induction of OsRR1, a type-A response regulator of cytokinin signaling [J]. Plant J, 67 (3): 472-484.

Kochian LV. 1995. Cellular mechanisms of aluminum toxicity and resistance in plants [J]. Annu Rev Plant Physiol Plant Mol Biol, 46: 237-260.

Krishnamoorthy HN, Goswami CL, Dayal J. 1981. The effect of waterlogging and growth retardants on peanut (*Arachis Hypogaea* L.) [J]. Indian Journal of Plant Physiology, 24 (4): 381-385.

Kudla J, liver Batisti č O, Hashimoto K. 2010. Calcium signals: the lead currency of plant information processing [J]. The Plant Cell, 22: 541-563.

Ladha JK, Kirk GJD, Bennett J, et al. 1998. Opportunities for increased nitrogen use efficiency from improved lowland rice germplasm [J]. Field Crop Res, 56 (2): 41-71.

Lambers H, Hayes PE, Laliberté E, et al. 2015. Leaf manganese accumulation and phosphorus acquisition efficiency [J]. Trends in Plant Science, 20 (2): 83-90.

Laurentius ACIV, Julia BS. 2015. Flood adaptive traits and process: an overview [J]. New Phytologist, 206: 57-73.

Lers A, Jiang WB, Lomaniec E, et al. 2010. Gibberellic acid and CO_2 additive effect in retarding postharvest senescence of parsley [J]. Journal of Food Science, 63 (1): 66-68.

Li X-G, Bi Y-P, Zhao S-J, et al. 2005. Cooperation of Xanthophyll Cycle with Water-Water Cycle in the Protection of PS II and PSI against Inactivation during Chilling Stress under Low Irradiance [J]. Photosynthetica, 43 (2): 261-266.

Li XG, Guo F, Meng JJ, et al. 2014. Energy dissipation in photosystem II complexes of peanut (*Arachis hypogaca* L.) leaves subjected to light flashes [J]. Plant Growth Regulation, 74 (2): 131-138.

Li Y, Meng J, Yang S, et al. 2017. Transcriptome analysis of calcium-and hormone-related gene expressions during different stages of peanut pod development [J]. Frontiers in Plant Science, 8: 32-35.

Lin H, Du W, Yang Y, et al. 2014. A calcium-independent activation of the *Arabidopsis* SOS2-like protein kinase24 by its interacting SOS3-like calcium binding protein1 [J]. Plant Physiol, 164 (4): 2 197-206.

Liu J, Jiang MY, Zhou YF, et al. 2005. Production of ployamines is enhanced by endogenous abscisic acid in maize seedlings subjected to salt stress [J]. JIPB, 47 (11): 1 326-1 334.

Liu Y, Zhang S. 2004. Phosphorylation of 1-aminocyclopropane-1-carboxylic acid synthase by MPK6, a stress-responsive mitogen-activated protein kinase, induces ethylene biosynthesis in Arabidopsis [J]. Plant Cell, 16 (12): 3 386-3 399.

Ma DM, Xu WR, Li HW, et al. 2014. Co-expression of the *Arabidopsis* SOS genes enhances salt tolerance in transgenic tall fescue (*Festuca arundinacea* Schreb.) [J]. Protoplasma, 251 (1): 219-231.

Ma JF, Tamai K, Yamaji N, et al. 2006. A silicon transporter in rice [J]. Nature, 440: 688-691.

Ma Z, Miyasaka SC. 1998. Oxalate exudation by taro in response to Al [J]. Plant Physiol, 118: 861-865.

Magnan F, Ranty B, Charpenteau M, et al. 2008. Mutations in AtCML9, a calmodulin-like protein from Arabidopsis thaliana, alter plant responses to abiotic stress and abscisic acid [J]. Plant J, 56 (4): 575-589.

Mahajan S, Tuteja N. 2007. Calcium Signaling Network in Plants [J]. Plant Signaling & Behavior, 2 (2): 79-85.

Malik AI, Colmer TD, Lambers H, et al. 2002. Short-term waterlogging has long-term effects on the growth and physiology of wheat [J]. New Phytol, 153: 225-236.

Martin PN. 1995. Canopy light interception, gas exchange and biomass in reduced height isolines of winter wheat [J]. Crop Sci, 35: 1 636-1 642.

Mason TS, MasKell EJ. 1928. Studies on the transport of in the cotton Plant, I. A stady-indiurnal variation in the carbohydrates of leaf, bark and wood, and of the effects of ringing [J]. Ann bot. 42: 189-189.

Matthew AJ, Hasegawa PM, Mohan SJ. 2007. Advances in Molecular Breeding Toward Drought and Salt Tolerant Crops [M]. Verlag New York: Springer.

Mcains MR, Webb AAR, Taylor JE, et al. 1995. Stimulus-induced osciilations in guard cell cytosolic free calcium [J]. Plant Cell, 7: 1 207-1 219.

McCord JM, Fridovich I. 1960. Superoxide dismutase: An enzymic function for erythrocuprein [J]. J Biol Chem, 224: 6 049-6 055.

Mccormack E, Braam J. 2003. Calmodulins and related potential calcium sensors of Arabidopsis [J]. New Phytol, 159: 585-598.

Mccormack E, Tsai YCH, Braam J. 2005Handling calcium signaling: Arabidopsis CaMs and CMLs [J]. Plant Science, 10 (8): 383-389.

Mead JF. 1976. Free radical mechanism of lipid damage, a consequence for cellular membranes. In Free Radical in Biology Chapter 2 (eds Pryor WA) [M]. New York: Academic Press.

Mehlmer N, Wurzinger B, Stael S, et al. 2010. The Ca^{2+}-dependent protein kinase CPK3 is required for MAPK-independent salt-stress acclimation in Arabidopsis [J]. Plant Journal, 63: 484-498.

Meng LS, Wang YB, Yao SQ, et al. 2015. Arabidopsis AINTEGUMENTA mediates salt tolerance by trans-repressing SCABP8 [J]. J Cell Sci, 128 (15): 2 919-2 927.

Minorsky PV. 1985. An heuristic hypothesis of chilling injury in plants: A role for calcium as the primary physiological transducer of injury [J]. Plant Cell&Environment, 8: 75-83.

Miyake C, Asada K. 1992. Thylakoid-bound ascorbate peroxidase in spinach chloroplasts and photoreduction of its primary oxidation product monodehydroascorbate radicals in thylakoids [J]. Plant Cell Physiol, 33: 541-553.

Miyasaka SC, Kochian LV, Shaff JE. 1989. Mechanism of aluminum tolerance in wheat. An investigation of genotypic differences in rhizosphere Ph, K^+ and H^+ Transport and root cell membrane potentials [J]. Plant Physiol, 91: 1 188-1 196.

Mroue S, Simeunovic A, Robert HS. 2018. Auxin production as an integrator of environmental cues for developmental growth regulation [J]. Journal of Experimental Botany, 69 (2): 201-212.

Munnik T, Meijer HJG. 2001. Osmotic stress activates distinct lipid and MAPK signaling pathways in plants [J]. FEBS Letters, 498: 172-178.

Naser V, Shani E. 2016. Auxin response under osmotic stress [J]. Plant Mol Biol, 91: 661-672.

Nautiyal PC, Ravindra V, Joshi YC. 1995. Gas exchange and leaf water relations in two peanut cultivars of different drought tolerance [J]. Biologia Plantarum, 37: 371-374.

Nichiponovich AA. 1954. Photosynthesis and the theory of obtaining high crop yield. Timiryasev Lecture [R]. Anussr: Moscow.

Nishiyama Y, Allakhverdiev NS, Murata N. 2006. A new paradigm for the action of reactive oxygen species in the photoinhibition of photosystem II [J]. Biochim Biophys Acta, 1757: 742-749.

Nolan T, Chen J, Yin Y. 2017. Cross-talk of Brassinosteroid signaling in controlling growth and stress responses [J]. Biochem J, 474 (16): 2 641-2 661.

Ogawa K, Kanematsu S, Takabe K, et al. 1995. Attachment of Cu, Zn-superoxide dismutase to thylakoid membranes at the site of superoxide generation (PSI) in spinach chloroplasts: detection by immuno-gold labelling after rapid freezing and substitution method [J]. Plant Cell Physiol, 36: 565-573.

Ohtsu K, Smith MB, Emrich SJ, et al. 2007. Global gene expression analysis of the shoot apical meristem of maize (Zea mays L.) [J]. Plant J. 52 (3): 391-404.

Oka K, Amano Y, Katou S, et al. 2013. Tobacco MAP kinase phosphatase (NtKP1) negatively regulates wound response and induced resistance against necrotrophic pathogens and lepidopteran herbivores [J]. Mol Plant Microbe, 26: 668-675.

Olivett GP, Cumming GR, Rhtertor B. 1995. Membrance potential depolarization of root cap cells precedes aluminum tolerance in snapbean [J]. Plant Physiol, 109: 123-129.

Pardee, Dennis. 2000. Divinatory and Sacrificial Rites [J]. Near Eastern Archaeology, 63 (4): 232.

Pattee HE, John EB, Signleton JA, et al. 1974. Composition changes of peanut furit parts during maturation [J]. Peanut Scienee, 1 (2): 57-63.

Peng Y, Lin W, Cai W, et al. 2007. Overexpression of a Panax ginseng tonoplast aquaporin alters salt tolerance, drought tolerance and cold acclimation ability in transgenic Arabidopsis plants [J]. Planta, 22: 729-740.

Peret B, Li GW, Zhao J, et al. 2012. Auxin regulates aquaporin function to facilitate lateral root emergence [J]. Nature Cell Biol, 14 (10): 991-998.

Poovaiah BW, Du L, Wang H, et al. 2013. Recent advances in calcium/calmodulin-mediated signaling with an emphasis on plant-microbe interactions [J]. Plant Physiol, 163: 531-542.

Qin LQ, Li L, Bi C, et al.2011.Damaging mechanisms of chilling-and salt stress to *Arachis hypogaea* L.leaves [J]. Photosynthetica, 31 (7): 1 835-1 843.

Qiu QS, Guo Y, Zhu JK, et al. 2004. Regulation of vacuolar Na$^+$/H$^+$ exchange in Arabidopsis thaliana by the salt-overly-sensitive (SOS) pathway [J]. Journal of Biological Chemistry, 279 (1): 207-215.

Rahman MA. 2006. Effect of calcium and Bradyrhizobium inoculation of the growth, yield and quality of groundnut (*A. hypogaea* L.) [J]. Bangladesh Journal of Scientific and Industrial Research (41): 181-188.

Reddy AS, Ali GS, Celesnik H, et al. 2011. Coping with stresses: roles of calcium- and calcium/calmodulin - regulated gene expression [J]. Plant Cell, 23: 2 010-2 032.

Reddy KR, Hodges HF, Mckinion JM. 1993. Temperature effects on pima cotton leaf growth [J]. Agronomy Journal, 85 (3): 681-686.

Reddy LJ, Nigam SN, Moss JP, et al. 1996. Registration of ICGV86699 Peanut Germplasm Line with Multiple Disease and Insect Resistance [J]. Crop Science, 36 (3): 821-821.

Sade N, Vinocur BJ, Diber A, et al. 2009. Improving plant stress tolerance and yield production: is the tonoplast aquaporin SlTIP2; 2 a key to isohydric to anisohydric conversion? [J]. New Phytol, 181: 651-661.

Sarkar RK, De RN, Reddy JN, et al. 1996. Studies on the submergence tolerance mechanism in relation to carbohydrate, chlorophyll and specific leaf weight in rice (Oryza sativa L.) [J]. J Plant Physiol, 149: 623-625.

Sarker AM, Rahman MS, Paul NK. 1999. Effect of soil moisture on relative leaf water content, chlorophyll, proline and sugar accumulation in wheat [J]. J Agron Crop Sci, 183: 225-229.

Schamel WW. 2008. Two-dimensional blue native polyacrylamide gel electrophoresis [J]. Curr Protoc Cell Biol Chapter, 6: 6-10.

Seki M, Umezawa T, Urano K, et al. 2007. Regulatory metabolic networks in drought stress responses [J]. Curr Opin Plant Biol, 10 (3): 296-302.

Senoo S. 2004. Research the dry matter distribution and flowering habits of high-yield peanut [N]. Chiba University Docter Paper.

Sergey S. 2011. Physiological and cellular aspects of phytotoxicity tolerance in plants: the role of membrane transporters and implications for crop breeding for waterlogging tolerance [J]. New Phytologist, 190: 289-298.

Smirnoff N, Rmm C. 1983. Variation in the structure and response to flooding of root aerenchyma in some wetland plants [J]. Ann Bot, 51 (2): 237-249.

Smucker A J M, Aiken R M. 1992. Dynamic root responses to water deficits [J]. Soil Scienc, 154 (4): 281-289.

Song Y, Wang L, Xiong L. 2009. Comprehensive expression profiling analysis of OsIAA gene family in developmental processes and in response to phytohormone and stress treatments [J]. Planta, 229: 577-591.

Sonoike K, Kamo M, Hihara Y, et al. 1997. The mechanism of the degradation of psaB gene product, one of the photosynthetic reaction center subunits of photosystem I, upon photoinhibition [J]. Photosynth Res, 53: 55-63.

Sonoike K. 1996a. Degradation of psaB gene product, the reaction center subunit of photosystem I, is caused during photoinhibition of photosystem I: Possible involvement of active oxygen species [J]. Plant Sci, 115: 157-164.

Sonoike K. 1996b. Photoinhibition of photosystem I: Its physiological significance in the chilling sensitivity of plants [J]. Plant Cell Physiol, 37: 239-247.

Staub JM, Wei N, Deng XW. 1996. Evidence for FUS6 as a component of the nuclear-localized COP9 complex in Arabidopsis [J]. Plant Cell, 8: 2 047-2 056.

Subramanian VB, Reddy GJ, Maheswari M. 1993. Photosynthesis and plant water status of irrigated and dry land cultivars of groundnut [J]. Ind J Plant Physiol, 36 (4): 236-238.

Sui XL, Mao SL, Wang LH, et al. 2007. Effects of low light intensity on gas exchange and chlorophyll fluorescence characteristics of capsicum seedlings [J]. Acta horticulturae sinica, 34 (3): 615-622.

Takahashi S, Katagori T, Hirayama T, et al. 2001. Hyper-osmotic stress induces a rapid and transient increase in inositol 1, 4, 5-trisp hosp hate independent of abscisic acid in Arabidopsis cell culture [J]. Plant and Cell Physiology, 42 (2): 214-222.

Takahashi S, Murata N. 2008. How do environmental stresses accelerate photoinhibition? [J]. Trends Plant Sci, 13: 178-182.

Taylor HM, Mason WK, Rowse HR. 1982. Responses of soybeans to two row spacing and two soil water levels [J]. Field Crop Res, 5: 1-4.

Terashima I, Noguchi K, Itoh-Nemoto T, et al. 1998. The cause of PSI photoinhibition at low temperatures in leaves of *Cucumis sativus*, a chilling-sensitive plant [J]. Physiol Plant, 103: 295-303.

van den Berg T, Korver RA, Testerink CC, et al. 2016. Modeling halotropism: a key role for root tip architecture and reflux loop remodeling in redistributing auxin [J]. Development, 143: 3 350-3 362.

Vanderbeld B, Snedden WA. 2007. Developmental and stimulus-induced expression patterns of Arabidopsis calmodulin-like genes CML37, CML38 and CML39 [J]. Plant Mol Biol, 64 (6): 683-697.

Vasellati V, Oesterheld M, Medan D, et al. 2001. Effects of Flooding and Drought on the Anatomy of *Paspalum dilatatum* [J]. Annals of Botany, 88 (3): 355-360.

Virdi AS, Singh S, Singh P. 2015. Abiotic stress responses in plants: roles of calmodulin-regulated proteins [J]. Front Plant Sci, 6: 809.

Wang S, Bai Y, Shen C, et al. 2010. Auxin-related gene families in abiotic stress response in Sorghum bicolor [J]. Funct Integr Genomics, 10: 533-546.

Watt MS, Clinton PW, Whitehead D, et al. 2003. Above-ground biomass accumulation and nitrogen fixation of broom (*Cytisus scoparius* L.) growing with juvenile *Pinus radiata* on a dryland site [J]. Forest Ecol Manag, 184 (3): 93-104.

Weber AP, Weber KL, Carr K, et al. 2007. Sampling the arabidopsis transcriptome with massively parallel pyrosequencing [J]. Plant Physiol, 144 (1): 32-42.

Weis E. 1982. The influence of metal cations and pH on the heat sensitivity of photosynthetic oxygen evolution and chlorophyll fluorescence in spinach chloroplasts [J]. Planta, 154 (1): 41-47.

Wick SM, Hepler PK. 1982. Selective locatization of intra cellular Ca^{2+} with potassium antimonite [J]. Histochem Cytochem, 30: 1 190-1 204.

Wise RR, Naylor AW. 1987. Chilling-enhanced photooxidation. Evidence for the role of singlet oxygen and superoxide in the breakdown of pigments and endogenous antioxidants [J]. Plant Physiol, 83: 278-282.

Wright GC, Hammer GL. 1994. Distribution of nitrogen and radiation use efficiency in peanut canopies [J]. Aust J Agric Res, 45 (3): 565-574.

Wright GC, Rao RC, Nageswara, et al. 1994. Water-Use Efficiency and Carbon Isotope Discrimination in Peanut under Water Deficit Conditions [J]. Crop Science, 34 (1): 92-97.

Yang S, Li L, Zhang J, et al. 2017. Transcriptome and differential expression profiling analysis of Ca^{2+} regulation in peanut (*Arachis hypogaea*) pod development [J]. Frontiers in Plant Science, 8: 1609.

Yang S, Wang F, Guo F, et al. 2013. Exogenous calcium alleviates photoinhibition of PS II by improving the xanthophyll cycle in peanut (*Arachis hypogaea*) leaves during heat stress under high irradiance [J]. PLos One, 8 (8): 1-10.

Yang S, Wang F, Guo F, et al. 2015. Calcium contributes to photoprotection and repair of photosystem II in peanut leaves during heat and high irradiance [J]. Journal of Integrative Plant Biology, 57 (5): 486-495.

Yokoi S, Bressan RA, Hasegawa PM. 2002. Salt Stress Tolerance of Plants [R]. JIRCAS Working Report.

Zeng H, Xu L, Singh A, et al. 2015. Involvement of calmodulin and calmodulin-like proteins in plant responses to abiotic stresses [J]. Front Plant Sci, 6: 600.

Zhang GC, Slaski JJ, Alchambault DJ. 1997. Alternation of plasma membrane lipids in aluminum-resistant and aluminum-sensitive wheat genotypes in response to aluminum stress [J]. Physiol Plantum, 99: 302-308.

Zhang SQ, Klessig DF. 2001. MAPK cascades in plant defense signaling [J]. Plant Science, 6 (11): 520-527.

Zhang WW, Meng JJ, Xing JY, et al. 2017. The K^+/H^+ antiporter AhNHX1 improved tobacco tolerance to NaCl stress by enhancing K+ retention [J]. J Plant Biol, 60: 259-267.

Zhou J, Wang X, Jiao Y, et al. 2007. Global genome expression analysis of rice in response to drought and high-salinity stresses in shoot, flag leaf, and panicle [J]. Plant Mol Biol, 63: 591-608.

Zhu JK. 2000. Genetic analysis of plant salt tolerance using Arabidopsis [J]. Plant Physiology, 124 (3): 941-948.

Zhu JK. 2001. Plant salt tolerance [J]. Trends in Plant Science, 6 (2): 66-71.

Zhu JK. 2002. Salt and drought stress signal transduction in plants [J]. Plant Biology, 53: 247-273.

2018 年 7 月万书波研究员与部分团队成员在山东省农业科学院济阳基地考察

山东省农业科学院花生栽培创新团队部分成员

CK   CA

施钙处理（CA）明显提高花生幼苗的生长发育

土壤施钙（上图）明显提高花生荚果的饱满度

双粒播一穴两株比较

单粒播两株比较

2015年平度花生单粒精播技术高产创建实收测产验收现场

2018年度花生高产创建莒南实收测产验收现场

2018年度印度尼西亚单粒精粒精播示范试验验田测产验收

2018年度苏丹花生单粒精糙试验糙种现场